AF395151

Mekanihkkársánit viđa gillii

Davvisámegillii, dárogillii, eŋgelasgillii, ruoŧagillii ja suomagillii

Petter Reinholdtsen
Oslo

Almmuheaddji ja teknihkalaš doaimmaheaddji: Petter Reinholdt-
sen.

Databasadoaimmaheaddji: Svein Lund.

Dát girji sisttisdoallá sullii 1200 sáni, mas leat čilgehus sámegillii ja dárogillii ja sullásaš sánit eará gillii. PDF:s ja bábergirjjis sáhttá ohcat sániid buot gielaide registaris.

Sánit leat merkejuvvon giellakodaiguin ISO-639-1 mielde: (en) Eŋgelasgiella, (nb) Girjedárogiella, (nn) Ođđadárogiella, (se) Dávvisámegiella, (sv) Ruoŧagiella ja (fi) Suomagiella.

Girjji vuođđu lea Filemaker Pro-databasa mas vuođđodieđut lea sátnečoaggin ja terminologiijabargu mii dahkkui 1990-logus. Dán barggu organiserii Sámi joatkkaskuvla ja boazodoalloskuvla, mii ruhtadii barggu ovttas Sámi oahpahusráđiin, Davviriikkalaš kultur-ráđiin ja Letterstedtska föreningeniin. Databasa geavahuvvui ráhka-dit sátnegirjji «Mekanihkkársánit : Mekanikerord = Mekaanisen alan sanasto = Mechanic's words», maid Sámi oahpahusráđđi alm-muhii 1999:s. Databasa ja girjji doaimmaheaddji lei Svein Lund, ja mielbargit ledje Aimo Aikio, Lars Erik Bønå, Nils Øivind Helander, Klemet I. Hætta, Nils Morten Hætta, Biret Kallio, Øyvind Moeng, Rolf Olsen, Aage Olsen, Anders Oskal, Inger-marie Oskal, Arne Johan Turi, Mai Britt Utsi, Niilo Vuomajoki ja Per Aarseth.

Denne boken inneholder rundt 1200 oppslagsord med forklaring på norsk og tilsvarende ord på andre språk. I PDF og papirutgave kan alle språkenes ord slås opp i registeret for å finne aktuelt oppslags-ord.

Ordene på ulike språk er markert med språkkoder i tråd med ISO-639-1: (en) Engelsk, (nb) Bokmål, (nn) Nynorsk, (se) Nordsamisk, (sv) Svensk og (fi) Finsk.

Boken er basert på en Filemaker Pro-database med grunnlags-data fra ordinnsamling og terminologiarbeid som ble gjort i første halvdel av 1990-tallet. Dette arbeidet ble organisert fra Samisk videregående skole og reindriftsskole og finansiert av denne skolen, samt Samisk utdanningsråd, Nordisk kulturråd og Letter-stedtska föreningen. Databasen ble brukt til å lage ordboken «Mekanihkkársánit : Mekanikerord = Mekaanisen alan sanasto = Mechanic's words» gitt ut i 1999 av Samisk utdanningsråd. Redak-tør for databasen og boken var Svein Lund, som forteller at øvrige bidragsytere var Aimo Aikio, Lars Erik Bønå, Nils Øivind Helander, Klemet I. Hætta, Nils Morten Hætta, Biret Kallio, Øyvind Moeng, Rolf Olsen, Aage Olsen, Anders Oskal, Inger-marie Oskal, Arne Johan Turi, Mai Britt Utsi, Niilo Vuomajoki og Per Aarseth.

Sátnelistu

absorberet

absorbere (nb) absorb (en) absorbera (sv) absorboida (fi)

(se): njammat alcces (gásaid, njalbbiid, čuovgga ja energiija birra)

(nb): ta opp i seg, suge opp (om gass, væske, lys, energi)

acetylena

acetylen (nb) acetylene (en) acetylen (sv) asetyleeni (fi)

(se): C_2H_2, gássa mii geavahuvvo sveisemii

(nb): C_2H_2, gass som brukes til sveising

adapter, lihttu

adapter (nb) adapter, adaptor (en) adapter (sv) adapteri, liitin (fi)

(se): heivehan- dahje čatnanbihttá

(nb): tilpasnings- eller overgangsstykke

aduseren

adusering (nb) tempering (en) aducering (sv) adusointi (fi)

(se): proseassa mas leikonruovddi čađđabihtát jorbbodit ja ruovdi šaddá sitkadeabbo

(nb): prosess der karbonflak i støypejern får kuleform, slik at jernet blir seigare

aduserruovdi

aduserjern (nb) malleable cast iron (en) aducerjärn (sv) adusoitu valurauta (fi)

(se): dáhkohahtti leikonruovdi mas leat jorbadashámat karbonbihtát

(nb): smibart støypejern der karbonet har kuleform

aggregáhta

aggregat (nb) aggregate (en) aggregat (sv) agregaatti (fi)

(se): ovttadat mas leat mašiinnat dahje komponeanttat

(nb): enhet satt sammen av maskiner eller komponenter

áhcagahttit

gløde (nb) anneal, glow (en) glödga (sv) hehkuttaa, kuumentaa (fi)

(se): báhkadit juoidá nu báhkasin ahte čuovgá, omd. váldit eret siskkáldas gealdagiid

(nb): hete noko opp så det lyser, for eksempel for å fjerne indre spenningar

áhcagastinárpu

glødetråd (nb) filament (en) glödtråd (sv) hehkulanka (fi)

(se): vuosttáldusárpu omd. elektralaš áhcagastinlámppáin ja elektralaš liggenommaniin

(nb): motstandstråd i for eksempel elektriske glødelamper og elektriske varmeovner

áhcagastingarra

glødeskall[nb], glødeskal[nn] (nb) scale, oxide scale (en) glödskal (sv) hehkutushilse, hilseyly (fi)

(se): assás oksidageardi mii gártá metálla ala alla báhkadeami geažil

(nb): tjukt oksidskikt danna på metall ved høg temperatur

áhcagastinlámpá

Geahča «čuovgapeara, áhcagastinlámpá».

áhcagastit

glø, gløde (nb) glow (en) glöda (sv) hehkua (fi)

(se): leat nu báhkas ahte čuovgá dola haga

(nb): vere så sterkt oppheita at det lyser utan flamme

áhcahit

Geahča «sveiset, áhcahit».

áibmočoaskuduvvon

luft(av)kjølt (nb) air cooled (en) luftkyld (sv) ilmajäähdytteinen (fi)

(se): mas lea áibmu čoaskudangaskaoapmin (mohtora birra)

(nb): om motor: som har luft som kjølemiddel

áibmofilttar

luftfilter (nb) air filter (en) luftfilter (sv) ilmansuodatin (fi)

(se): ráhkkanus mii váldá eret nana partihkkaliid ja / dahje amas gássaid áibmorávnnjis

(nb): anordning som fjerner faste partikler og/eller fremmede gasser i en luftstrøm

áibmomolsun

ventilasjon (nb) ventilation, venting, airing, aeration

(en) ventilation (sv) ilman-vaihto (fi)

(se): áimmu molsun lanjas

(nb): utskifting av luft i innelokale

áibmosirren

avlufting (nb) air bleeding, deaeration, air venting (en) avluftning (sv) ilmanpoisto (fi)

(se): áimmu eretváldin lievla- dahje čáhcedevdon rusttegiin; áimmu dahje eará gásaid doalvun eret áibmokanálaid čađa foarpmain dahje mašiinnain

(nb): fjerning av luft fra damp- eller vannfylte systemer; bortleding av innesluttet luft og annen gass gjennom luftekanaler i former eller maskiner

áibmoveažir

(trykk)lufthammer[nb], lufthammar[nn], muttertrekker[nb] (nb) air hammer, pneumatic hammer (en) lufthammare, tryckluftshammare (sv) paineilmavasara (fi)

(se): veažir mas deattaáibmu geavahuvvo addit dearpastaga.

(nb): hammer som bruker trykkluft som drivkraft

aiddolašvuohta

Geahča «dárkivuohta, aiddolašvuohta».

áigodat

intervall (nb) interval (en) intervall (sv) väliaika, väli (fi)

(se): áigi impulssaid dahje signálaid gaskkas

(nb): tid mellom impulser eller signaler

akkumuláhtor

akkumulator (nb) accumulator (en) ackumulator (sv) akku, akkumulaattori (fi)

(se): gealddehahtti ja gealddehuhtti neavvu mainna vurke energiija

(nb): opp- og utladningsbar anordning for energilagring

aksiála

aksiell (nb) axial (en) axial, axiell (sv) aksiaalinen (fi)

(se): mii doaibmá áksila miehtut

(nb): som virkar i akslingen si lengderetning

aksiálláger

aksiallager (nb) thrust bearing (en) axiallager, trycklager (sv) aksiaalilaakeri, päittäislaakeri (fi)

(se): láger mii váldá vuostá fámuid mat doibmet áksila miehtut, nuppi dahje goappašiid guvlui

(nb): lager for opptak av krefter i en eller begge retninger langs akslingen.

áksil

aksel, aksling (nb) shaft, axle (en) axel (sv) akseli (fi)

(se): sylinddarlaš stággu mii doallá mašiidnaosiid, sirdá fámuid dahje lihkadeami

(nb): sylindrisk stang som bærer maskindeler, overfører kraft eller bevegelse

aksilculci, aksildáhppa

akseltapp (nb) shaft journal, shaft extension (en) axeltapp (sv) akselitappi (fi)

(se): áksilgeahči mii doallá lágera dahje maid láger doallá

(nb): akselende som bæres av eller bærer et lager

aksildáhppa

Geahča «aksilculci, aksildáhppa».

ákšu

øks (nb) axe (en) yxa (sv) kirves (fi)

(se): čuollanneavvu mas lea náđđa

(nb): hoggereiskap med skaft

alasveisen

påleggssveising (nb) clad welding (en) påsvetsning (sv) päällehitsaus (fi)

(se): sveisenstreaŋggaid sveisen ávdnasa olggoža ala nanosmahttin dihtii ávdnasa dahje gollan ávdnasiid buhtadeapmái

(nb): sveising av sveisestrengar på overflata av eit materiale for å auke slitestyrken eller erstatte nedslitt materiale

álggalaš, álgo-

elementær (nb) basic (en) elementär (sv) alkio, alkeis- (fi)

(se): mii álgá vuođus, man ala visot eará lea huksejuvvon

(nb): grunnleggende, fundamental

álgguviđá olju, luondduviđá olju

råolje (nb) crude oil (en) råolja (sv) raakaöljy (fi)

(se): bajásváldon petroleum mii adnojuvvo álgoávnnasin destilleremii

(nb): utvunnet petroleum som brukes som råvare for destillering

álgguviđá ruovdi

råjern (nb) pig iron (en) tackjärn (sv) harkkorauta (fi)

(se): bealledagahat stállebuvttadusas, sisttisdoallá badjel 2% C

(nb): halvfabrikata i stålframstilling, inneholder over 2% C

álgo-

Geahča «álggalaš, álgo-».

álgoávnnas, luondduviđá ávnnas

råmateriale, råvare (nb) raw material (en) råmaterial, råvara (sv) raaka-aine (fi)

(se): ávnnas mii ii leat gieđahallon

(nb): ikke bearbeida emne, utgangspunkt for bearbeiding

álgobiire

Geahča «vuođđobiire, álgobiire».

álgodáhppa

spisstapp, forgjengetapp (nb) taper tap, pilot tap (en) förtapp (sv) aloituskierretappi, esikierretappi (fi)

(se): jeŋgendáhppa mii geavahuvvo vuosttažin jeŋgendáhpparáiddus, mas dábálaččat eai šatta olles jeaŋgat

(nb): gjengetappen som brukes først i et gjengetappsett, gir vanligvis ikke fulle gjenger

álgogealdda

Geahča «ovdagealdda, álgogealdda».

álgogealdu, vuođđogealdu

elementærladning (nb) elementary charge (en) elementärladdning (sv) alkeisvaraus (fi)

(se): protovnna dahje elektrovnna gealdu, e = 1,602 x 10-19 C (coulomb)

(nb): ladningen på et proton eller elektron, e = 1,602 x 10-19 C (coulomb)

alladeatta

høytrykk[nb], høgtrykk[nn] (nb) high pressure (en) högtryck (sv) korkeapaine (fi)

(se): teknihkalaš vuogádagain máŋga atmorfearalaš deatta gasain dahje njalbbiin

(nb): trykk på mange atmosfærer i tekniske systemer med væske eller gass

alladeattacirggon

høytrykkspyler[nb], høgtrykkspylar[nn] (nb) high pressure cleaner (en) högtrycksaggregat (sv) painepesuri, korkeapainepesulaite (fi)

(se): apparáhta mainna cirgu čázi alla deaddagiin

(nb): apparat for reingjøring med spyling av vatn under høgt trykk

allodatsárggon

høyderisser[nb], høgderissar[nn], rissefot (nb) surface gauge, marking gauge (en) ritskubb (sv) piirrotuskelkka, suuntapiirrin (fi)

(se): sárgunneavvu mas lea duolba juolgi ja čuolda masa sáhttá giddet sárgonálu dihto állodahkii

(nb): risseverktøy med plan fot og søyle der rissenål kan stilles i ønska høgde

áloravda

Geahča «háloravda, áloravda».

álvi

smiesse (nb) forge hearth (en) smideshärd, ässja (sv) ahjo (fi)

(se): árran bossunáimmuin báhkadan dihtii stáli mii galgá dáhkkojuvvot

(nb): eldstad med blåseluft for varming av stål for smiing

analoga

Geahča «analogalaš, analoga».

analogalaš, analoga

analog (nb) analogous, analogic (en) analog (sv) analoginen (fi)

(se): mii mihtida ceahkeheamit, omd. viissáriin

(nb): som måler trinnlaust, for eksempel med visar

apparáhta, rusttet

apparat (nb) apparatus, device (en) apparat (sv) laite, koje (fi)

(se): bargoneavvu dahje instrumeanta teknihkalaš dahje dieđalaš atnui; mašiidnaoassi dihto doaimma várás

(nb): reiskap eller instrument til teknisk eller vitskapelig bruk; maskindel som har ei særskild oppgåve

árja, energiija

energi (nb) energy (en) energi (sv) energia (fi)

(se): bargonákca, beaktu x áigi

(nb): evne til å gjøre arbeid, effekt x tid

armatuvra

armatur (nb) fittings, armature, fixture (en) armatur (sv) armatuuri, varuste (fi)

(se): molssahahtti biergasat bohccerusttegii dahje elektralaš rusttegii

(nb): utbyttbart utstyr til røranlegg eller elektrisk anlegg

árpogeassin

trådtrekking (nb) wire drawing (en) tråddragning (sv) langanveto (fi)

(se): árporáhkadeapmi dainna lágiin ahte árpu gessojuvvo unnit ja unnit ráiggiid čađa

(nb): laging av tråd ved å trekke den gjennom mindre og mindre hol

árvogássa

Geahča «jállogássa, árvogássa».

asynkronmohtor

asynkronmotor (nb) asynchronous motor (en) asynkronmotor (sv) epätahtimoottori, asynkroninen moottori (fi) (se): molsorávdnjemohtor mas jorranlohku ii vástit rávnnji periodalohkui, jeavddahis mohtor

(nb): vekselstraumsmotor der turtallet ikkje samsvarar med periodetalet for straumen

asynkruvnnalaš

asynkron (nb) asynchronous (en) asynkron (sv) asynkroninen, tahdistamaton (fi)

(se): mas ii leat seamma frekveansa, jeavddaheapmi

(nb): som ikke har samme frekvens

atninčilgehus

Geahča «geavahančilgehus, atninčilgehus».

atta

Geahča «dáhta, atta».

attán

Geahča «dovddan, attán».

automáhta

automat (nb) automaton (en) automat (sv) automaatti (fi)

(se): apparáhta mas lea mekanisma mii iešalddis lihkada go biddjojuvvo johtui

(nb): apparat med ein mekanisme som gjør at han når han blir sett i funksjon rører seg av seg sjølv

automáhtalaš

automatisk (nb) automatic (en) automatisk (sv) automaattinen (fi)

(se): iešdoaibmi, mii iešalddis lihkada go biddjojuvvo johtui

(nb): som når han blir sett i funksjon rører seg av seg sjølv

automáhtastálli

automatstål (nb) free cutting steel, free machining steel (en) automatstål (sv) automaattiteräs (fi)

(se): seagukeahttes ráhkadusstálli mii heive erenoamážit vuolahasčuohppamii

(nb): ulegert konstruksjonsstål spesielt eigna for sponskjærande bearbeiding

automašuvdna

Geahča «automatiseren, automašuvdna».

automatiseren, automašuvdna

automatisering, automasjon (nb) automatization, automation (en) automatisering, automation (sv) automaatio (fi)

(se): proseassa rievdadeapmi automáhtalaš doaibman

(nb): endring av en prosess til å fungere automatisk

ávdnen

Geahča «gieđahallan, ávd-nen».

ávdnet

Geahča «gieđahallat, ávd-net».

ávjjoheapmi

Geahča «basttoheapmi, ávjjoheapmi».

ávjočiehka

eggvinkel (nb) cutting angle, edge angle (en) eggvinkel (sv) teräkulma (fi)

(se): čiehka čuohppan-neavvu olggožiid gaskkas mat leat ávjju lagamusas

(nb): vinkel mellom dei plana overflatene nærast inntil egg

ávju

egg, skjær[nb], skjer[nn] (nb) edge, cutting edge (en) egg (sv) terä, leikkuusärmä (fi)

(se): bastilis ravda, šli-ipejuvvon ravda mainna čuohppá

(nb): skarp kant, kvest kant på skjærereidskap

ávnnas

materiale, emne (nb) material (en) material, ämne (sv) aine, aines, materiaali (fi)

(se): luondduviđádat mii galgá gieđahallojuvvot

(nb): råstoff som skal tilverkas

ávnnastat

Geahča «bargoávnnas, ávnnastat».

báddesahá

bandsag (nb) band saw (en) bandsåg (sv) vannesaha (fi)

(se): sahá mas lea geažehis sahádearri mii johtá guovtti skearru birra

(nb): sag der sagbladet er endelaust og går over to skiver

bádjebasttat

smitang[nb], smitong[nn] (nb) forge tongs (en) smidestång (sv) pajapihdit (fi)

(se): guhkesnađat basttat maiguin doallat stálleávd-nasa dáhkudettiin

(nb): langskafta tang for å holde stålemne for smiing

badjeldeatta

overtrykk (nb) overpres-sure, positive pressure (en) övertryck (sv) ylipaine (fi)

(se): deatta mii lea alit go at-mosfearadeatta

(nb): trykk på meir enn at-mosfæretrykket

bádjesveisen

essesveising, smisveising (nb) forge-welding (en) smidessvetsning (sv) pa-jahitsaus (fi) (se): sveisenvuohki: báhkadit stáli bájis ja dearpat oktii

(nb): sveising ved at man varmer opp stål i smiesse og smi det sammen

bádjeveažir

smihammer[nb], smihammar[nn] (nb) sledge hammer, forging hammer (en) skenhammare (sv) pajavasara (fi)

(se): dearpanneavvu mas lea stuorra oaivi ja oalle oanehis nađđa

(nb): slagredskap med kraftig hovud og relativt kort skaft

bádji

smie (nb) smithy, forge (en) smedja (sv) paja, työpaja (fi)

(se): rávddi barggahat

(nb): verkstad for smed

bagadas

Geahča «spintu, bagadas, bagaldat».

bagadasčuohpan

Geahča «spintočuohpan, bagadasčuohpan».

bagaldat

Geahča «spintu, bagadas, bagaldat».

báhkadit

varme opp, oppvarme (nb) heat (en) värma, upphetta, uppvärma (sv) kuumentaa (fi)

(se): lasihit muhtun áđa temperatuvrra olgguldas báhkademiin

(nb): auke temperaturen til noko ved ytre varmepåvirkning

báhkasgierdil

Geahča «báhkkagierdevaš, báhkasgierdil».

báhkkagieđahallan

varmebehandling (nb) heat treatment (en) värmebehandling (sv) lämpökäsittely (fi)

(se): stáli báhkadeapmi ja čoaskudeapmi rievdadan dihtii fysalaš iešvuođaid

(nb): oppvarming og avkjøling av stål for å endre dei fysiske eigenskapane

báhkkagierdevaš, báhkasgierdil

varmefast, varmebestandig[nb] (nb) heatproof, heat resistant (en) värmebeständig (sv) lämmönkestävä (fi)

(se): nana ávdnasa iešvuohta vuosttaldit báhkkasa rievdatkeahttá struktuvrra ja hámi

(nb): egenskapen hos et fast stoff å tåle høy temperatur uten å endre struktur og form

báhtter, batteriija

batteri (nb) battery (en) batteri, ackumulator (sv) akku, paristo (fi)

(se): oktiičadnojuvvon galvánalaš elemeanttat mat molsot kemiijalaš energiija elrávdnjin

(nb): gruppe av samankopla galvaniske element som formar om kjemisk energi til elektrisk straum

báhttergealddán

batterilader[nb], batteriladar[nn] (nb) battery charger (en) batteriladdare (sv) akkulaturi (fi)

(se): apparáhta mii lea láktojuvvon njuolga čuovgafierpmadahkii ja mainna gealdá báhtteriid

(nb): eit apparat som er direkte kopla til lysnettet og brukes til å lade batteri

báisaboaltu

ekspansjonsbolt (nb) expansion bolt, expansion-shell bolt (en) expanderbult (sv) kiilapultti, paisuntakuoripultti (fi)

(se): boaltu mii darvvihuvvo boaltoráigái báisaskuohpuin

(nb): bolt som forankres i boltehullet ved hjelp av ekspansjonshylse

báisan

ekspansjon (nb) expansion (en) expansion (sv) laajeneminen, leviäminen, kasvu (fi)

(se): viiddideapmi

(nb): utviding

báisaskuohppu

ekspansjonshylse (nb) expansion bush, expansion sleeve (en) expansionshylsa, expanderhylsa (sv) kiristysholkki, kiilaholkki (fi)

(se): máŋggaoasát skuohppu maid lea vejolaš viiddidit nu ahte deaddášuvvá bovraráiggi seinniid vuostá

(nb): delt hylse som kan utvides så den presser utover i ei boring

bajásdoalahus

Geahča «fuoladeapmi, fuolahus, bajásdoalahus».

bajildaslohkki

Geahča «gieralohkki, bajildaslohkki».

bananbunci

bananplugg, bananstikker (nb) banana plug (en) banankontakt (sv) banaanipistoke (fi)

(se): cogganbunci dávge metállasárgáiguin mii geavahuvvo geanuhisrávdnjeteknihkas (nb): stikkplugg med fjørande metallstrimlar, brukt i svakstraumsteknikken

barggahat, divohat, dagahat

verksted[nb], verkstad[nn] (nb) workshop (en) verkstad (sv) korjaamo (fi)

(se): latnja gos ráhkada ja / dahje divvu biergasiid

(nb): lokale der man lager og / eller reparerer utstyr

bargoávnnas, ávnnastat

arbeidsstykke (nb) workpiece (en) arbetsstycke (sv) työkappale (fi)

(se): ávnnasbihttá mainna lea bargame dahje mas galgá dahkat juoidá

(nb): emne som ein arbeider på eller skal lage noko av

bargobiras

arbeidsmiljø (nb) working environment (en) arbetsmiljö (sv) työympäristö (fi)

(se): čoahkkáigeassu biologalaš, dálkkaslaš, fysiologalaš, psykologalaš, sosiála ja teknihkalaš dagaldagain mat váikkuhit olbmui bargodilis

(nb): sammenfatning av de biologiske, medisinske, fysiologiske, psykologiske, sosiale og tekniske faktorer som i arbeidssituasjonen påvirker individet

bargobumbá

Geahča «neavvobumbá, bargobumbá».

bargodákta

arbeidsslag, arbeidstakt (nb) power stroke, working stroke (en) arbetstakt (sv) työtahti (fi)

(se): meanddi lihkadeapmi go ieš bargu dahkkojuvvo

(nb): stempelets bevegelse når det egentlige arbeid blir utført

bargomašiidna

arbeidsmaskin (nb) working machine (en) arbetsmaskin (sv) työkone (fi)

(se): mašiidna mii buktojuvvon energiijain dahká mekánalaš barggu

(nb): maskin som utfører mekanisk arbeid ved hjelp av tilført energi

bargomunni

arbeidsmonn, bearbeidingsmonn, -monn (nb) working margin, machining allowance (en) bearbetningstillägg, arbetsmån (sv) työvara (fi)

(se): ávnnasoassi mii báhcá roavvagieđahallama maŋŋil fiidnagieđahallamii

(nb): godstillegg med hensyn til fortsatt bearbeiding; materiale mellom målet ved grovbearbeiding og det endelige målet

bargoneavvu, reaidu

verktøy, verkty[nn] (nb) tool (en) verktyg (sv) työkalu (fi)

(se): giehtaneavvu dihto bargui

(nb): spesialisert handreiskap

bárra

barre (nb) ingot, bar (en) tacka (sv) harkko (fi)

(se): massiiva leikejuvvon metállabihttá

(nb): massivt støpt metallstykke

bárroguhkkodat

bølgelengde[nb], bølgjelengd[nn] (nb) wave length (en) våglängd (sv) aallonpituus (fi)

(se): oaneheamos gaska guovtte čuoggá gaskkas, main lea seamma dearbamohkkedilli

(nb): kortaste avstand mellom to punkt som har samme svingetilstand

basttat, doaŋggat

tang[nb], tong[nn] (nb) tongs, pliers (en) tång (sv) pihdit (fi)

(se): neavvu mainna doahpu dahje cikcu, biddjojuvvon oktii guovtti oasis mat mannet ruossalassii

(nb): reiskap til å gripe eller klype med, samansett av to delar som formar eit kryss

basttoheapmi, ávjjoheapmi

sløv, skjemt, ukvass (nb) blunt, dull (en) slö, oskarp (sv) tylsä (fi)

(se): ávjju birra: mii ii leat bastil

(nb): ukvass, om egg

bátneallodat

tannhøyde[nb], tannhøgd[nn] (nb) tooth depth (en) kugghöjd (sv) hampaan korkeus (fi)

(se): gaska bátnejuvlla siskkit ja olggut radiusa gaskkas

(nb): avstanden mellom ytre og indre radius på tannhjul

bátnejuohku

tanndeling, deling (nb) circular pitch, tooth pitch (en) kuggdelning, cirkulär delning (sv) hammasjako, jako (fi)

(se): bátnejuvlla juohkingierddu birramihttu juhkkojuvvon bátneloguin

(nb): tannhjulets delesirkelomkrets dividert med tanntalet

bátnejuvla, bátneráhtis

tannhjul (nb) gear wheel, cogwheel, toothed wheel (en) kugghjul (sv) hammaspyörä (fi)

(se): juvla mas lea olgguldas dahje siskkáldas bátnegierdu mii manná roahkkálagaid eará seammagaskkat bátnejuvllain dahje bátnestákkuin

(nb): hjul med utvendig eller innvendig krans av tenner som grip inn i tilsvarande mellomrom på eit anna tannhjul eller ei tannstong

bátnelohku

tanntall[nb], tanntal[nn] (nb) number of teeth (en) kuggtal (sv) hammasluku (fi)

(se): bátnejuvlla batnemearri

(nb): tallet på tenner i et tannhjul

bátneráhtis

Geahča «bátnejuvla, bátneráhtis».

bátnestággu

tannstang, tannstong[nn] (nb) rack, pitch rack, toothed bar (en) kuggstång (sv) hammastanko (fi)

(se): stággu bániiguin mat sáhttet mannat bátnejuvllain roahkkálagaid

(nb): stang med tenner som kan gå i inngrep med et tannhjul

batteriija

Geahča «báhtter, batteriija».

bávkkehus

Geahča «bávkkiheapmi, bávkkehus».

bávkkiheapmi, bávkkehus

eksplosjon (nb) explosion (en) explosion (sv) räjähdys (fi)

(se): jođánis, fáhkkadis lassáneapmi dahje bávkaleapmi

(nb): rask, brå auke eller sprenging

bázahasbohcci, eksosbohcci

eksosrør (nb) exhaust pipe (en) avgasrör (sv) pakoputki (fi)

(se): bohcci man čađa bázahasgássa beassá mohtoris olggos

(nb): rør som eksosgassen går gjennom frå motoren og ut i lufta

bázahasbohttu, eksosbohttu, jietnaváiddon

eksospotte, lyddemper[nb], lyddempar[nn] (nb) silencer, damper, muffler, exhaust box (en) ljuddämpare (sv) äänenvaimennin (fi)

(se): bohttu bázahasbohcis mii vuolida ja dássida bazahasgásaid deaddaga ja váiduda jiena

(nb): potte på eksosrøret for å minske og utjevne trykket i eksosgassen og redusere lyden

bázahasgarra

Geahča «buollángarra, bázahasgarra».

14

bázahasgássa, eksosa, eksosgássa

eksos, avgass (nb) exhaust (en) avgas (sv) pakokaasu (fi)

(se): gássa mii manná mohtoris olggos boaldima maŋŋil

(nb): utløpsgass fra motorer

bázahasmihtádas, eksosmihtádas

avgassanalysator, avgassmåler[nb], eksosmåler[nb], avgassmålar[nn], eksosmålar[nn] (nb) exhaust analyzer (en) avgasmätare (sv) pakokaasumittari (fi)

(se): mihtádas mainna mihtida bázahasgása vahátlaš gásaid

(nb): måler for å måle skadelige gasser i eksos

bázahasrusttet

eksosanlegg, avgassanlegg (nb) exhaust system (en) avgassystem (sv) pakoputkisto (fi)

(se): rusttet man čađa bázahasgásat mannet olggos mohtoris; suorgebohcci, bázahasbohccit ja bázahasbohttu

(nb): anlegg som avgassane går gjennom frå motoren og ut i lufta; manifold, eksosrør og eksospotte

bázahasveažir

slagghammer[nb], slagghammar[nn], slaggpikke (nb) slag hammer (en) slagghammare (sv) kuonavasara, kuonahakku (fi)

(se): luovččanhápmásaš veažir mainna dearpá bázahasgara eret maŋŋil sveisema

(nb): meiselforma hammer til å banke vekk slagg etter sveising

beaivvášsealla

solcelle (nb) solar cell (en) solcell (sv) aurinkokenno (fi)

(se): fotoelektralaš elemeanta mii rievdada beaivečuovgga elektralaš energiijan

(nb): fotoelektrisk element som omvandler sollys til elektrisk energi

beaktu

effekt (nb) effect (en) effekt (sv) teho (fi)

(se): energiija áigodagas, mihtiduvvo wattan (W)

(nb): energi pr. tidseining, målas i watt (W)

bealledagahat

halvfabrikat (nb) half finished goods, semi-products (en) halvfabrikat (sv) puolivalmiste (fi)

(se): gieđahallojuvvon, omd. leikejuvvon, ávnnas mii galgá gárvejuvvot viidáseappot (nb): produkt som skal foredlas vidare, for eksempel støpt emne

beallejođadas

halvleder[nb], halvleiar[nn] (nb) semiconductor (en) halvledare (sv) puolijohde (fi)

(se): elektralaš jođasávnnas mas lea jođihannákca metállaid ja erreldagaid jođihannávččaid gaskkas

(nb): en elektrisk leder med ledningsevne i området mellom metallers og isolatorers ledningsevne

beallejorbafiilu

halvrundfil (nb) half-round file (en) halvrundfil (sv) puolipyöreä viila (fi)

(se): fiilu man nubbi bealli lea duolbbas ja nubbi lea gierdooassi

(nb): fil der eine sida er flat og andre ein sirkelsektor

bealljebunci

ørepropp, øreplugg, øyre-[nn] (nb) ear plug (en) hörselskyddspropp, öronpropp (sv) korvatulppa (fi)

(se): gullosuodjalus mii coggojuvvo bealji sisa

(nb): hørselvern til å putte inn i øret

bealljegohput

øreklokker, øyreklokker[nn] (nb) earmuff (en) hörselskyddskåpa (sv) korvakupit, korvakuvut (fi)

(se): gullosuodjalus mii gokčá olgguldas bealji

(nb): hørselvern som dekker det ytre øret

bealljesuojan, gullosuojan

hørselsvern (nb) ear protection, hearing protection (en) hörselskydd (sv) kuulonsuojain (fi)

(se): persovnnalaš suodjalanneavvut vahágahtti jiena vuostá

(nb): personlig verneutrustning for å verne høreorgana mot skadelig lyd

beassansátni

passord (nb) password (en) lösenord (sv) tunnussana (fi)

(se): mearkaráidu mii suddje dieđuid dahje dataprográmmaid: dan galgá diehtit ovdal suddjejuvvon dieđuid beassá geavahit

(nb): rekke av teikn som vernar opplysningar eller dataprogram og som ein må vite for å få tilgang dit

bellečeahppi, bellerávdi, spelle-

blikkenslager[nb], blekkslagar[nn] (nb) tinsmith, tinman (en) bleckslagare, plåtslagare (sv) levyseppä, peltiseppä (fi) (se): fágabargi gii bargá asehis metállapláhtaiguin

(nb): fagarbeidar som arbeider med tynne metallplater

bellerávdi

Geahča «bellečeahppi, bellerávdi, spelle-».

belleskárrit, -skierat, spelle-

blikksaks[nb], blekksaks[nn] (nb) tin shears, tinsnips (en) plåtsax, blecksax (sv) peltisakset, levysakset (fi)

(se): giehtaskárrit maiguin čuohppá asehis metállapláhtaid

(nb): handsaks for å klippe tynne metallplater

belle, spelle

blikk[nb], blekk[nn] (nb) sheet metal, tin plate (en) bleck, plåt (sv) pelti (fi)

(se): asehis válsejuvvon metállapláhtta

(nb): tynnvalsa metallplate

bensiidna

bensin (nb) gasoline, petrol, benzine (en) bensin (sv) bensiini (fi)

(se): eananoljodestilláhta mii ea.ea. geavahuvvo boaldámuššan boaldinmohtoriin, vuoššančuokkis 20-240°C

(nb): destillat av jordolje som bl.a. brukes til drivstoff i forbrenningsmotorer, kokepunkt 20-240°C

bensinmohtor

bensinmotor (nb) petrol engine, gasoline motor (en) bensinmotor (sv) bensiinimoottori (fi)

(se): boaldinmohtor mas lea bensiidna boaldámuššan, cahkkehuvvo cahkkehangintaliiguin

(nb): forbrenningsmotor drevet med bensin, tenning med tennplugger

betoŋga

betong (nb) concrete (en) betong (sv) betoni (fi)

(se): semeantta, čázi ja lasáhusa buoššuduvvon seaguhus

(nb): herda blanding av sement, vatn og tilslag

bielká

bjelke (nb) beam, balk (en) balk (sv) palkki (fi)

(se): guoddi njuolggos ráhkadusoassi muoras, ruovddis dahje betoŋggas

(nb): berande rett konstruksjonsdel av tre, jern eller betong

bihttá

bit (nb) bit (en) bit (sv) bitti (fi)

(se): dieđu ovttadat; bihtá árvu lea okta dahje nolla

(nb): eining for data: verdien av ein bit er ein eller null

biila

bil (nb) car, motor-car (en) bil (sv) auto (fi)

(se): mohtorfievru golmmain dahje eanet juvllaiguin

(nb): motorkjøretøy med 3 eller fleire hjul

binára

binær (nb) binary (en) binär (sv) binaarinen (fi)

(se): man vuođđu lea guokteloguvuogádat

(nb): som bygger på totallssystemet

birrajohtu

periode, syklus (nb) cycle, period (en) period (sv) jakso (fi)

(se): áigodat dáhpáhusaid gaskkas mat jeavdalaččat geardduhuvvojit

(nb): tidsrom mellom hendingar som regelbunde tar seg opp att

bistevaš

permanent (nb) permanent (en) permanent (sv) kesto- (fi)

(se): mii bistá rievddakeahttá váikko man guhká

(nb): som held seg uendra i uavgrensa eller svært lang tid

blohkka

blokk (nb) block (en) block (sv) lohko, harkko (fi)

(se): bihttá nana ávdnasis

(nb): stykke av solid materiale

blohkka

blokk (nb) block, pulley block (en) block (sv) väkipyörä (fi)

(se): vinteráhkkanusa oassi ovttain dahje mottiin jorregevrriin

(nb): del av heiseanordning med ei eller flere trinser

boagán

belte (nb) belt, track (en) larvband, matta (sv) tela, telamatto (fi)

(se): doalvunneavvu meahccevuodjimii ja bargomašiinnaide, dábálaččat nannejuvvon gummis dahje stálleiađđasiin

(nb): framdriftsredskap for terrengkjøring og for arbeidsmaskiner, vanligvis av armert gummi eller stålledd

boaldámuš

brennstoff, drivstoff, brensel (nb) fuel (en) bränsle (sv) polttoaine (fi)

(se): ávnnas mii boalddidettiin addá energiija mii sáhttá geavahuvvot mohtoris, ommanis jna.

(nb): stoff som forbrenner og avgir energi som kan utnyttes i motor, ovn, e.l.

boaldin

forbrenning (nb) combustion (en) forbränning (sv) polttaminen (fi)

(se): báhkkadeaddji reakšuvdna boaldámuša ja oksygena gaskkas

(nb): varmegivende reaksjon mellom brensel og oksygen

boaldinmohtor

forbrenningsmotor (nb) combustion engine (en) förbränningsmotor (sv) polttomoottori (fi)

(se): báhkkafápmomašiidna mii boaldá boaldámuša mašiinna siste

(nb): varmekraftmaskin som forbrenn drivstoffet i maskinen

boallobeavdi

tastatur (nb) keyboard (en) tangentbord (sv) näppäimistö (fi)

(se): dábáleamos bierggas mainna dihtor stivrejuvvo, das leat bustávat ja mearkkat

(nb): det vanligaste utsyret for å styre ein datamaskin, bord med bokstavar og teikn

boaltu

bolt (nb) bolt (en) bult (sv) pultti (fi)

(se): sylinddarlaš stállebihttá, dávjá jeŋgejuvvon, oivviin dahje oaivvi haga

(nb): sylindrisk stålstykke, ofte med gjenger og eventuelt hode

boazzi

grad (nb) burr, rough edge (en) grad (sv) purse, jäyste (fi)

(se): bastilis ravda bargoávdnasis gieđahallama maŋŋil

(nb): skarp kant på arbeidsstykke etter bearbeiding

boazzuhuhttit

grade (nb) clean off burrs, remove burrs (en) grada (sv) poistaa jäysteet (fi)

(se): váldit eret bocciid (bastilis ravddaid) bargoávdnasis

(nb): fjerne skarpe kanter på arbeidsstykke

bohccebargi

rørlegger[nb], røyrleggjar[nn] (nb) plumber (en) rörläggare (sv) putkiasentaja (fi)

(se): fágabargi gii bidjá ja divvu bohcciid ja eará čáhcerusttegiid

(nb): fagarbeidar som legg og reparerer rør og anna utstyr for vatn og kloakk

bohccebasttat, bumpedoaŋggat

rørtang[nb], rørtong[nn] (nb) pipe tongs, assembly tong, pipe wrench (en) rörtång (sv) putkipihdit (fi)

(se): rihkkonjálmmat basttat main lea ceahkehis stellen

(nb): tang med rifla kjeftopning og trinnlaus regulering

bohccečuohpan

rørkutter[nb], rørkuttar[nn] (nb) pipe cutter (en) rörkapare (sv) putkenkatkaisin, putkileikkuri (fi)

(se): giehtaneavvu guvttiin čuohppanskearruin mat jorret go geassá neavvu bohcci birra

(nb): handverktøy med to roterende kuttekiver for å kutte av rør

bohccejeaŋga

rørgjenge (nb) pipe thread (en) rörgänga (sv) putkikierre (fi)

(se): jeaŋga bohccis ja bohcceosiin, mihtiduvvo dumán bohcci siskkáldas diamehtara mielde

(nb): gjenge på rør og rørdeler, måles i tommer etter innvendig dimensjon på røret

bohccesággi

spennstift, rørsplint (nb) plunger (en) fjädrande rörpinne (sv) putkisokka (fi)

(se): luddejuvvon bohccebihttá dávgestális

(nb): splitta rørbit av fjærstål

bohcci, revre

rør, røyr[nn] (nb) pipe (en) rör (sv) putki (fi)

(se): guhkes sylinddar man čađa njalbi dahje gássa golgá

(nb): lang sylinder for tranport av væske eller gass

bohkat

Geahča «bovret, bohkat, rádnet».

bonjisbovra

spiralbor (nb) twist drill, spiral drill (en) spiralborr (sv) kierukkapora (fi)

(se): bovra mas vuolahasat dolvojuvvojit eret bonjisgurra mielde

(nb): bor der spona føres ut gjennom et spiralspor slipt langs boret

bonjisgurra

spiralspor (nb) scroll, spiral groove (en) spiralspår (sv) kierreura (fi)

(se): gurra mii manná bonjisin bovrra mielde

(nb): spor som går i spiral oppover eit bor

bonjisjuvla

snekkehjul, snekkedrev, skruedrev (nb) worm gear,

worm wheel (en) snäckhjul (sv) kierukkapyörä (fi)

(se): bátnejuvla mas lea dakkár bátnehápmi ahte heive oktii bonjisskruvain

(nb): tannhjul med tannflanker utforma slik at linjekontakt oppnås ved inngrep med en snekkeskrue

bonjisskruvva

snekkeskrue (nb) worm (en) snäckskruv (sv) kierukka (fi)

(se): bátnejuvla mii sáhttá doaibmat ovttas bonjisjuvllain

(nb): tannhjul som kan gå i inngrep med et snekkehjul

bontelakta, spontalakta

falsskjøt[nb], falsskøyt[nn] (nb) rabbet, scarf (en) fals (sv)

(se): lakta mii lea šaddan go guokte pláhttaravdda leat máhccastuvvon latnjalassii

(nb): skjøt oppstått ved at kantene på platene er bøyd om hverandre

bonte, sponta

fals (nb) fold, flange, seam, joint (en) fals (sv) huullos, uurre (fi)

(se): máhcastuvvon pláhttaravda laktima várás

(nb): ombøygd kant på plate for skøyting

bontet, spontet

false (nb) fold, rebate, rabbet (en) falsa (sv) taivuttaa (fi)

(se): laktinvuohki: máhccut ravddaid ja deaddit / dearpat oktii

(nb): skjøte gjennom å bøye kantene på plater og presse / banke sammen

borahanáksil

mateaksel (nb) feed rod (en) matarspindel (sv) syöttöakseli (fi)

(se): áksil mii doalvu várvve váldomielgasa

(nb): aksling som driv hovudsleiden på ein dreiebenk

borahanbumpa, seavdinbumpa

matepumpe (nb) feed pump (en) matarpump (sv) syöttöpumppu (fi)

(se): bumpa mii doalvu juoidá, omd. boaldámuša mohtorii

(nb): pumpe som sørger for tilførsel av noe, for eksempel brensel til motor

borahanjuvla

Geahča «caggejuvla, borahanjuvla».

borahanskruvva

mateskrue, skruetransportør (nb) feed worm, screw feeder (en) skruvtransportör (sv) syöttöruuvi, ruuvikuljetin (fi) (se): stuorasoajat skruvva mainna doalvu ávdnasa kanálas

(nb): skrue med store vinger for framføring av materiale i en kanal

boraheapmi

mating (nb) feed, advance (en) matning (sv) syöttö (fi)

(se): dássidis doalvun, erenoamážit bargoneavvu ja bargoávdnasa gaskkasaš lihkadeami birra

(nb): jamn framføring av noko, særlig om bevegelse mellom verktøy og arbeidsstykke

borahit

mate (nb) feed (en) mata (sv) syöttää (fi)

(se): doalvut juoidá dássidit, erenoamážit bargoneavvu ja bargoávdnasa gaskasaš lihkadeami birra

(nb): føre fram noko som skal verke jamnt, særlig om bevegelse mellom verktøy og arbeidsstykke

borrat

etse (nb) etch (en) etsa (sv) syövyttää, etsata (fi)

(se): luvvet, hahpat; luvvadit, habahit

(nb): tære, løyse opp; la tære, løyse opp

bortnis

tange (nb) tang, cone (en) tånge (sv) ruoto (fi)

(se): oassi niibbis, bovrras jna. mii manná nađa sisa

(nb): den delen av kniv, bor eller lignende som går inn i skaft eller feste

bosonruopma, válloruopma

viftereim (nb) fan belt (en) fläktrem (sv) tuulettimen hihna (fi)

(se): ruopma mii geassá boaldinmohtora bosona

(nb): drivreim for vifte i forbrenningsmotor

boson, vállu

vifte (nb) fan (en) fläkt (sv) puhallin, tuuletin (fi)

(se): apparáhta soadjejuvllaiguin mii njammá / hoigá áimmu

(nb): apparat med skovlhjul som syg / driv fram luft

bossunnjunni

blåsespiss, luftpistol (nb) air blowing tube (en) luftpistol (sv) paineilmasuutin, paineilmapistooli (fi)

(se): bohcci mas lea ventiila luoitit deattaáibmosuotnjara

(nb): rør med ventil for å slippe ut trykkluftstråle

botkenbasttat

Geahča «cikcenbasttat, botkenbasttat».

botkkon

bryter[nb], brytar[nn] (nb) switch, circuit breaker, interrupter (en) brytare (sv) kytkin, katkaisin (fi)

(se): mekanisma mainna botke elrávnnji dahje molsu rávdnjebiiriid gaskkas

(nb): mekanisme som ein koplar straum av og på med eller vekslar mellom straumkrinsar

botnedáhppa

bunntapp[nb], botntapp[nn], sluttapp (nb) plug tap, finishing tap, bottoming tap (en) gradtapp (sv) viimeistelytappi (fi)

(se): jeŋgendáhpparáiddu loahpahandáhppa, addá jeaŋgaid olles diamehtera gitta botnái

(nb): siste gjengetapp i eit gjengetappsett, gir full diameter på gjengene heilt til botn

botnjanmomeanta

Geahča «jorranmomeanta, botnjanmomeanta».

botnjat

Geahča «hirret, botnjat, vihkket».

bovra, nábár, rádna, málgur

bor (nb) drill (en) borr (sv) pora (fi)

(se): bargoneavvu mainna bovre ráiggi

(nb): verktøy til å bore hol med

bovraskuohppu

borhylse (nb) tapered sleeve, drill coupling (en) borrchuck (sv) väliholkki, supistusholkki (fi)

(se): siskkáldas ja olgguldas morse-lávvolat skuohppu masa giddet bovrraid

(nb): hylse for bor med innvendig og utvendig morsekon

bovrenmašiidna, rádna

boremaskin (nb) drill, drilling machine (en) borrmaskin (sv) porakone (fi)

(se): jorri mašiidna mainna bovre, jorahuvvo elrávnnjiin dahje deattaáimmuin

(nb): roterende maskin for boring, drives med elektrisitet eller trykkluft

bovret, bohkat, rádnet

bore (nb) drill, bore (en) borra (sv) porata (fi)

(se): ráhkadit ráiggiid bovrraiguin

(nb): lage hol i noko med hjelp av bor

bronša

Geahča «bronsa, bronša».

bronsa, bronša

bronse (nb) bronze (en) brons (sv) pronssi (fi)

(se): metállaseaguhus veaikkis (Cu) ja dánis (Sn)

(nb): legering av koppar (Cu) og tinn (Sn)

buhtadit

kompensere (nb) compensate (en) kompensera, utjämna (sv) hyvittää, korvata, tasata, kompensoida (fi)

(se): dássadit

(nb): oppveie

buiku, buvku

tollekniv (nb) sheath knife (en) slidkniv, täljkniv (sv) puukko (fi)

(se): oanehis assásdearat niibi mainna čuohppá muorraávdnasiid

(nb): kort kniv med tjukt blad for trearbeid

bulvarat, jáffut

pulver (nb) powder (en) pulver (sv) pulveri, jauhe (fi)

(se): fiidnát gordnejuvvon nana ávnnas

(nb): finfordelt fast stoff

bumpa

pumpe (nb) pump (en) pump (sv) pumppu (fi)

(se): apparáhta mainna njammá dahje deaddila njalbbi dahje gása bohccejohtasa čađa

(nb): apparat til å suge eller presse væske eller gass gjennom en rørledning

bumpedoaŋggat

Geahča «bohccebasttat, bumpedoaŋggat».

bumpet

pumpe (nb) pump (en) pumpa (sv) pumpata (fi)

(se): njammat dahje deaddilit njalbbi dahje gása bohccejohtasa čađa

(nb): suge eller presse væske eller gass gjennom en rørledning

buncejođas

Geahča «ginttaljođas, buncejođas».

bunci, náhpul

plugg (nb) peg, pin, plug, stud (en) plugg (sv) tulppa, sulkutulppa (fi)

(se): sylinddar- dahje geailohámat bihttá mainna deavdá ráiggi

(nb): sylindrisk eller konisk tapp for å tette igjen et hull

buođđoventiila

sluseventil (nb) gate valve, slide valve (en) slussventil, slidventil (sv) luistiventtiili (fi)

(se): buođđunráhkadus bohccis main guokte lávgenolggoža johtet njuolga buohtalaga

(nb): stengeanordning for rørledning hvor to tetningsflater glir rettlinja mot hverandre

buohtalaslakta

parallelt grensesnitt (nb) parallel interface (en) parallell gränssnitt (sv) rinnakkaisliitäntä (fi)

(se): dihtorlakta mainna sirdá 8 bihtá oktanaga, báldalagaid

(nb): datatilkopling som overfører informasjon gjennom å sende 8 bit samtidig

buohtalatgoallus

Geahča «paralleallagoallus, buohtalatgoallus».

buolihahtti, cahkehahtti

brennbar (nb) combustible, inflammable (en) brännbar (sv) palava, syttyvä (fi)

(se): mii sáhttá buollit

(nb): som kan brenne

buollángarra, bázahasgarra

slagg (nb) slag, cinder (en) slagg (sv) kuona (fi)

(se): bázahasávnnas mii gokčá ja suodjala suddanávdnasa

(nb): avfallsstoff som legger seg ovapå og bekytter ei smeltemasse

buoššodanliibma, guovtteoasát liibma

herdelim, tokomponentlim (nb) two component glue (en) härdlim, tvåkomponentlim (sv) kaksikomponenttiliima (fi)

(se): liibma mas leat guokte oasi mat reagereba kemiijalaččat gaskaneaska

(nb): lim av to komponentar som reagerer kjemisk med kvarandre

buoššodanomman

herdeovn[nb], herdeomn[nn] (nb) hardening furnace, tempering furnace (en) härdugn (sv) karkaisu-uuni (fi)

(se): omman mainna báhkada stáli buoššodantemperatuvrii

(nb): omn for oppvarming av stål til herdetemperatur

buoššodeapmi, gállen

herding (nb) hardening, tempering (en) härdning (sv) karkaisu (fi)

(se): báhkkagieđahallat stáli vai šaddá garraseabbun

(nb): varmebehandling av stål for å gjøre det hardere

buoššodit, gállet

herde (nb) harden, temper (en) härda (sv) karkaista (fi)

(se): báhkadit ja čoaskudit stáli vai stuktuvra rievdá ja stálli garrá

(nb): behandle stål med varme og avkjøling for å endre strukturen og gjøre stålet hardere

burgit

demontere (nb) dismount, dismantle (en) demontera (sv) purkaa (fi)

(se): muhtin muddui dahje ollásit čoavdit osiid nuppiin osiin luovus billiskeahttá daid

(nb): ta utstyr helt eller delvis fra hverandre på en slik måte at delene ikke tar skade

buškosahá

Geahča «buvkosahá, buškosahá».

buváhat, šohkka

struper[nb], strupar[nn], choke (nb) choke (en) choke-spjäll (sv) rikastin (fi)

(se): buvihanspelle gássora áibmonjielus, geavahuvvo dábálaččat go mohtor lea galmmas

(nb): strupespjell i luftinntaket på ein forgassar, særlig nytta ved kald motor

buvihanventiila

strupeventil (nb) throttle valve, choke (en) strypventil (sv) virtavastusventtiili (fi)

(se): fásta dahje stellehahtti gáržodus golgansneaktačuohpastagas dárkkistan várás golgama

(nb): fast eller regulerbar reduksjon i strømningstverrsnittet for strømningskontroll

buvkosahá, buškosahá

stikksag, rotterumpe (nb) tenon saw, compass saw, dowel saw (en) sticksåg (sv) pistosaha (fi)

(se): giehtasahá mas lea seagga ja čohkojuvvon bláđđi

(nb): handsag med smalt og tilspissa blad

buvku

Geahča «buiku, buvku».

čađagolganmihtádas

gjennomstrømmingsmåler[nb], gjennomstrøymingsmålar[nn] (nb) flowmeter (en) flödesmätare (sv) virtausmittari (fi)

(se): mihtádas mainna mihtida čađagolgama dihto áigemearis

(nb): måleinnretning for måling av transportert mengde pr. tidsenhet

čađđa, karbon

karbon, kull[nb], kol[nn] (nb) carbon, coal (en) kol (sv) hiili (fi)

(se): C, vuođđoávnnas

(nb): C, grunnstoff

caggejuvla, borahanjuvla

palhjul, matehjul (nb) ratchet wheel (en) steghjul (sv) syöttöpyörä, säppipyörä (fi) (se): bátnejuvla mainna juohká dahje joraha logana, juogána jnv.

(nb): tannhjul for (deling eller) drift av teller, velger osv.

čáhcebumpedoaŋggat

vannpumpetang[nb], vasspumpetong[nn] (nb) water pump pliers (en) vattenpumptång (sv) vesipumppupihdit, moniotepihdit (fi)

(se): doaŋggat main leat rihkut njálmmis ja ceahkehis reguleren

(nb): tang med rifla kjeftar og trinnvis regulering

čáhcečalbmi, váhttar

vater, vaterpass (nb) level, water level (en) vattenpass (sv) vesivaaka (fi)

(se): neavvu mii čájeha njuolga lásku

(nb): instrument til å syne vassrett plan

čáhcečoaskuduvvon

vann(av)kjølt[nb], vass(av)kjølt[nn] (nb) water cooled (en) vattenkyld (sv) vesijäähdytteinen (fi)

(se): mas lea čáhci čoaskudangaskaoapmin (mohtora birra)

(nb): om motor: som har vann som kjølemiddel

čáhcesirrehat

vannutskiller[nb], vatnutskiljar[nn] (nb) water separator (en) vattenavskiljare (sv) vedenerotin (fi)

(se): lihtti mas čáhci sirrejuvvo deattaáibmofierpmádagas

(nb): beholder for utskilling av vann i trykkluftnettet

čáhkanrádji

gå-grense (nb) acceptance limit (en)

(se): rádjemihttu mii vástida bargoávdnasa stuorimus ávnnashivvodahkii: áksila bajit ja bovrenráiggi vuolit rádjemihttu

(nb): grensemål som tilsvarer maksimum av materiale i vedkommende arbeidsstykke, dvs. øvre grensemål for en aksel og nedre grensemål for ei boring

cahkehahtti

Geahča «buolihahtti, cahkehahtti».

cahkkehanboksa, CDI-boksa

tenningsboks, CDI-boks (nb) CDI-box (en) CDI-laatikko, CDI-rasia (fi)

(se): boksa elektrovnnalaš cahkkeheapmái

(nb): boks for elektronisk tenning

cahkkehangiesttus

tennspole, coil (nb) ignition coil, spark coil (en) tändspole (sv) sytytyspuola (fi)

(se): elektralaš indukšuvdnagiesttus mii lasiha gealdaga cahkkehangintaliidda

(nb): elektrisk induksjonsspole som transformerer opp spenning for tennpluggane

cahkkehanginttal

tennplugg (nb) spark plug, ignition plug (en) tändstift (sv) sytytystulppa (fi)

(se): áhta mii cahkkeha áibmo/bensiidna-seaguhusa vai meandi manná vulos

(nb): gjenstand som tenner luft-bensin-blandinga så stempelet går nedover

cahkkehanrusttet

tenningssystem, tenningsanlegg, tenning (nb) ignition system (en) tändsystem (sv) sytytyslaitteisto (fi)

(se): rusttet mainna cahkkehit bensinmohtora

(nb): mekanisme til å tenne ein bensinmotor

čálán

skriver[nb], skrivar[nn] (nb) printer (en) skrivare (sv) kirjoitin, tulostin (fi)

(se): čállinbierggas mii lakto dihtorii, cállá báhpirii

maid dihtora prográmmat ja gohččumat mearridit

(nb): skriveutstyr som koplas til datamaskin, skriv på papir det dataprogramma og kommandoane bestemmer

čalbmeboaltu

øyebolt[nb], augebolt[nn] (nb) eyebolt, eye bolt (en) ögleskruv, länkskruv, lyftögla (sv) silmukkaruuvi, nostosilmukka (fi)

(se): boaltu mii badjegeažis lea sojahuvvon riekkisin, mainna sáhttá loktet

(nb): bolt som øverst er bøyd som en ring, kan brukas til å løfte etter

čárva

Geahča «komprešuvdna, čárva».

čárvamihtádas

Geahča «komprešuvdnamihtádas, čárvamihtádas».

čárvenbasttat

Geahča «čárvendoaŋggat, čárvenbasttat».

čárvendoaŋggat, čárvenbasttat

griptang[nb], låsetang[nb], gripetong[nn], låsetong[nn] (nb) grab tongs (en) griptång (sv) lukkopihdit (fi)

(se): basttat main lea dávgegealdda / lássa nu

ahte sáhttá doallat bargoávdnasiid gitta

(nb): tang med fjærspenning/ låsing for å holde fast arbeidsstykker

čárvenruovdi

klemjern (nb) clamp, clamping plate (en) spännklov (sv) puristusrauta (fi)

(se): ruovdebihttá mainna čárve bargoávdnasa bargobeavdái

(nb): jernstykke for oppspenning av arbeidsstykke til arbeidsbord

čárvenskuohppu

klemhylse (nb) adapter sleeve, clamping bush (en) klämhylsa (sv) puristusholkki (fi)

(se): skuohppu maid sáhttá bidjat áksila ala ja čárvet dasa

(nb): hylse som tres innpå en aksling og strammes for å holde denne fast

čárvet, komprimeret

komprimere (nb) compress (en) komprimera (sv) puristaa kokoon (fi)

(se): deaddit čoahkkái

(nb): trykke saman

časkinbovrenmašiidna

slagboremaskin (nb) hammer drill, percussion drilling machine (en) slagborrmaskin (sv) iskuporakone (fi)

(se): bovrenmašiidna man bovrendoaibma boahtá das ahte meandi dearpá bovrra vuostá ja mašiidna jorada bovrra dearppastagaid gaskkas

(nb): boremaskin der borvirkningen framkommer ved at stempelet slår mot boret og maskinen snur boret mellom slaga

časkindávgadat

slagseighet[nb], slagseigleik[nn] (nb) impact resistance, impact strength (en) slagseghet (sv) iskusitkeys (fi)

(se): ávdnasa nákca vuosttaldit hápmerievdadeami dearpamiin

(nb): et materiales evne til å motstå formendring ved slag

časkinguhkkodat

slaglengde[nb], slaglengd[nn] (nb) length of stroke, piston travel (en) slaglängd (sv) iskunpituus (fi)

(se): guhkodat maid meandi sáhttá lihkadit sylindaris

(nb): den lengda stempelet kan bevege seg i en sylinder

časkinváiddon

Geahča «haŋkinváiddon, časkinváiddon».

čatnanávnnas

bindemiddel (nb) binding agent, adhesive, agglutinant (en) bindemedel (sv) sideaine, sidosaine (fi)

(se): ávnnas mainna čatná dahje gidde; ávnnas mii čatná šliipengortniid oktii šliipenskearrus

(nb): emne til å binde, feste eller halde saman med; materiale som held slipekorna saman i ei slipeskive

čavgaheivehus

drivpasning (nb) tight fit, drive fit (en) drivpassning (sv) pakotustiukkuus (fi)

(se): heivehus mas áksil lea veahá stuorat go bovrenráigi ja dárbbašuvvo gehppes fápmu bidjat daid oktii

(nb): pasning der akselen er litt større enn boringa og der det trengs lita kraft for å sette dei saman

čávgenbelle

Geahča «čávgenspelle, čávgenbelle».

čavgenmomeanta

tiltrekkingsmoment (nb) stud torque (en) kiristysmomentti (fi)

(se): momeanta (fápmu x giehta) mii geavahuvvo čavget skruvvačadnosa, mihtiduvvo Nm-an

(nb): det moment av kraft ganger arm som skal brukes for å trekke til en skrueforbindelse, måles i Nm

čavgenoalul

spennbakke (nb) clamping jaw (en) spännback (sv) kiristysleuka (fi)

(se): okta 2-4 luovus olloliin maiguin gidde bargoávdnasa omd. várvii

(nb): kvar av dei 2-4 lause kjeftane som grip om arbeidsstykket ved oppspenning i for eksempel dreibenk

čávgenskuohppu

spennhylse (nb) taper clamping sleeve (en) spännhylsa (sv) kiristysholkki (fi)

(se): luddejuvvon skuohppu mainna gidde / čárve čuohppanneavvuid

(nb): splitta hylse for fastspenning av skjæreverktøy

čávgenspelle, čávgenbelle

spennblikk (nb) loose jaws (en) suojapakat, leuansuojukset (fi)

(se): luovus metállapláhtat mat biddjojuvvojit čárvenolloliid ja bargoávdnasa gaskii suodjalan dihtii bargoávdnasa

(nb): lause plater av metall som leggas mellom spennbakkene og arbeidsstykket for å beskytte arbeidsstykket

CDI-boksa

Geahča «cahkkehanboksa, CDI-boksa».

čeabetgalljideapmi

Geahča «ravdadeapmi, čeabetgalljideapmi».

ceaggut

loddrett, vertikal (nb) perpendicular, vertical (en) lodrät, vertikal (sv) pystysuora, kohtisuora (fi)

(se): eanangravitašuvnna guvlui

(nb): i retning som jordgravitasjonen

ceahkeheapmi

trinnløs[nb], trinnlaus (nb) stepless (en) steglös (sv) portaaton (fi)

(se): mas eai leat fásta ceahkit

(nb): om regulering: utan faste trinn

čiehka

vinkel (nb) angle (en) vinkel (sv) kulma (fi)

(se): guovtti háltti gaskavuohta, mihtiduvvo grádan

(nb): forholdet mellom to retninger, måles i grader

čiehka

Geahča «viŋkil, čiehka».

čiehkamihtádas, grádaviŋkil

gradvinkel (nb) angle gauge, angulometer, bevel protractor (en) lutningsmätare, inklinometer (sv) kaltevuusmittari, kulmamittari (fi)

(se): stellehahtti viŋkil mas lea grádajuohku, mainna mihtida vitnjutvuođa / álli

(nb): stillbar vinkel med gradinndeling

čiehkaruovdi

vinkeljern (nb) angle iron, angle bar, corner iron (en) vinkeljärn (sv) kulmateräs (fi)

(se): stálleávnnas man sneaktačuohpastat lea njulggočiehka

(nb): stålmateriale med tverrsnitt som rett vinkel

čiehkasirddan

vinkeltransportør (nb) semi-circular protractor (en) vinkeltransportör (sv) yleiskulmamitta (fi)

(se): neavvu mainna lohká ja merke čiegaid teknihkalaš sárgumis

(nb): reiskap for avlesing og merking av vinklar under teknisk teikning

čiehkaskruvvaruovdi, roaŋkeskru

vinkelskrujern, vinkeltrekker[nb], vinkeltrekkjar[nn] (nb) angle screwdriver, bent screwdriver (en) vinkelskruvmejsel (sv) kulmaruuvitaltta (fi)

(se): skruvvaruovdi mii lea sojahuvvon 90° goappašiid geažis

(nb): skrujern som er bøyd i rett vinkel i begge endar

čiehkašliipa, viŋkilšliipa

vinkelsliper[nb], vinkelslipar[nn] (nb) angular grinder (en) vinkelslipmaskin (sv) kulmahiomakone (fi)

(se): šliipenmašiidna man jorri jorahuvvo čiehkamolssona bokte, nu ahte jorris lea 90° čiehka mohtoráksila ektui

(nb): slipemaskin der spindelen drivas via ein vinkelveksel så at utgåande spindel er vinkla mot motorakselen, vanligvis 90°

čielgesahá

buesag[nb], bogesag[nn], vedsag (nb) wood saw, billett saw (en) bågsåg (sv) kaarisaha (fi)

(se): stuora sahá mas lea dávgi masa sahádearri goappašiid geažit leat giddejuvvon

(nb): stor vedsag med bue som begge endane av sagbladet er festa til

cikcenbasttat, botkenbasttat

avbitertang[nb], avbitartong[nn] (nb) cutting pliers (en) avbitartång (sv) leikkurit, leikkuripihdit (fi)

(se): basttat maiguin čuohppá metállastreaŋgga

(nb): tang for kutting av metalltråd

cirggangeahči

Geahča «cirgganjunni, cirggangeahči».

cirgganjunni, cirggangeahči

spylespiss (nb) washing nozzle, rinsing nozzle (en) munstycke (sv) suutin, suutinventtiili (fi)

(se): šláŋŋa njunni, mainna regulere čázi deaddaga ja biđgema

(nb): spiss for slange med regulering av vanntrykk og spredning

cirggon

dyse (nb) nozzle, spray nozzle, jet (en) dysa (sv) suutin (fi)

(se): neavvu mii gavjadahttá njalbbi ; njálbmebihttá reguleret njalbe- dahje gássarávnnji

(nb): forstøverorgan for væske; munnstykke til å regulere væske- eller gassstraum

cirgoventiila

injektor (nb) injector (en) insprutningsventil (sv) ruiskutusventtiili (fi)

(se): ventiila mas boaldámuš cirgojuvvo sylindarii

(nb): ventil for innsprøyting for eksempel av brennstoff i sylinder

cirgun

injeksjon, innsprøyting (nb) injection (en) insprutning (sv) ruiskutus (fi)

(se): boaldámuša cirgun sylindarii

(nb): innsprøyting, for eksempel av brennstoff i sylinder

čoahkkisvuohta

tetthet[nb], tettleik[nn], densitet, massetetthet (nb) density (en) densitet (sv) tiheys (fi)

(se): gorri mássa ja voluma gaskkas

(nb): forhold mellom masse og volum

coakcečoavdda

Geahča «sŋiran, coakcečoavdda».

čoaskasahá

kaldsag (nb) cold saw (en) kallsåg (sv) kylmäsaha (fi)

(se): elektralaš metállasahá mas lea njulges sahádearri, ovddos-maŋos-lihkadeamit ja čoaskudeapmi

(nb): elektrisk sag for metall med rett sagblad, att- og framrørsle og kjøling

čoaskudannjalbi

kjølevæske (nb) coolant (en) kylvätska (sv) jäähdytysneste (fi)

(se): njalbi mainna čoaskuda / vuoiddada čuohpadettiin vuolahasaid

(nb): væske for kjøling / smøring ved sponskjæring

čoaskudanrusttetiskkan

kjølesystemtester[nb], kjølesystemtestar[nn] (nb) densimeter (en) täthetsmätare (sv) jäähdyttimen koestuslaite (fi)

(se): iskkan mainna iská lea go boaldinmohtora čoaskudanrusttet divttis

(nb): testinstrument for å kontrollere om kjølesystemet på en forbrenningsmotor er tett

čoavddagalljodat

nøkkelvidde[nb], nøkkelvidd[nn] (nb) width across flats, span of jaws (en) nyckelvidd, nyckelgap (sv) avainväli, kita (fi)

(se): guovtti parallealla doahpunolggoža gaska skruvvaoaivvis dahje muhtteris

(nb): avstanden mellom to parallelle gripeyter på mutter eller skruehovud

čoavddavuolggahus

selvstarter[nb], sjølvstartar[nn] (nb) starter (en) käynnistin (fi)

(se): elektralaš rusttet mainna vuolggaha boaldinmašiinna geavatkeahttá giehtaveivve dahje vuolggahanbátti

(nb): elektrisk apparat for start av forbrenningsmotor uten bruk av handsveiv eller startsnor

čoavdit

løs(n)e[nb], løyse[nn] (nb) loosen (en) lossa (sv) hellittää (fi)

(se): luvvet giddejuvvon oasi, omd. skruva

(nb): ta laus ein faststående del, eks. skrue

čohkačiehka

spissvinkel (nb) acute angle (en) spetsvinkel (sv) kärkikulma (fi)

(se): vuolahasčuohppanneavvu čiehka, čuohppanávjju ja oalgeávjju gaskkas; bonjisbovrra gieračiehka

(nb): vinkel på sponskjærande verktøy, mellom skjæreggplan og biskjæreggplan: toppvinkel på spiralbor

čohkkedat

sete (nb) seat (en) säte (sv) istuin (fi)

(se): sadji gos olmmoš čohkká fievrrus

(nb): sitteplass i kjøretøy

čohkket, monteret

montere (nb) assemble, mount (en) montera (sv) koota (fi)

(se): bidjat oktii

(nb): sette saman

čohkkosággi

konpinne (nb) taper pin (en) konpinne (sv) kartiotappi (fi)

(se): geailohámat lohkkasággi / lássesággi

(nb): kjegleforma låsepinne

čohkolaš

Geahča «lávvolat, čohkolaš».

čohkolašvárven

Geahča «lávvolatvárven, čohkolašvárven».

čuggen, gaskatčuohppan

avstikking (nb) cutting off (en) avstickning (sv) katkaisu, leikkuu, leikkaaminen (fi)

(se): bargoávdnasa gaskat čuohppan várvves čuggenstáliin

(nb): det å skjære et arbeidsstykke tvert av i dreiebenk med stikkstål

34

čuggenstálli

stikkstål (nb) slotting tool (en) stickstål (sv) pistoterä, pistin (fi)

(se): várvenstálli mainna čuohppá gaskat

(nb): dreiestål for avstikking

čugget, gaskatčuohppat

stikke av (nb) cut off (en) sticka av (sv) katkaista, pistää (fi)

(se): čuohppat bargoávdnasa gaskat várvves čuggenstáliin

(nb): kutte av arbeidsstykke i dreibenk med stikkstål

culci, dáhppa

tapp (nb) gudgeon, pivot, journal, trunnion (en) tapp (sv) tappi (fi)

(se): geailohámat dahje sylindarhámat áhta dahje áksilgeahči

(nb): konisk eller sylinderforma gjenstand eller akselende

čuohpastat

Geahča «sneaktačuohpastat, čuohpastat, sneaktagovva».

čuohppanáigi

inngrepstid (nb) ingreppstid (sv) koskenaika (fi)

(se): čuohppanneavvu birra: áigi go lea čuohpame

(nb): om skjæreverktøy: den tida verktøyet skjærer

čuohppanávjučiehka

innstillingsvinkel (nb) setting angle, cutting edge angle (en) ställvinkel (sv) asetuskulma (fi)

(se): čuohppanneavvu čiehka bargoávdnasa ektui

(nb): skjæreverktøyets angrepsvinkel i forhold til arbeidsstykket

čuohppančikŋodat

kuttdybde[nb], kuttdjupn[nn] (nb) cutting depth (en) skärdjup (sv) leikkuusyvyys, lastuamissyvyys (fi)

(se): mihttu mii muitala man čiekŋalit čuohppá vuolahasaid

(nb): mål på hvor djupe kutt man tar ved sponskjærende bearbeiding

čuohppanleaktu

skjærehastighet[nb], skjerefart[nn] (nb) cutting speed (en) skärhastighet (sv) leikkuunopeus, lastuamisnopeus (fi)

(se): leaktu bargoneavvoávjju ja bargoávdnasa gaskkas

(nb): den relative hastighet mellom verktøyegg og arbeidsstykke

čuohppanskearru

kutteskive (nb) cutting disc (en) kapslipskiva (sv) katkaisulaikka (fi)

(se): asehis šliipenskearru mainna čuohppá ávdnasa

(nb): tynn slipeskive for kutting av materiale

čuokkissveisen

punktsveising (nb) spot welding (en) punktsvetsning (sv) pistehitsaus (fi)

(se): sveisenvuohki mas sveisejuvvo dušše smávva čuoggáid

(nb): sveisemetode der sveisen blir avgrensa til små område

čuokkissveisenapparáhta

punktsveiseapparat (nb) spot welder, spot welding machine (en) punktsvetsningsmaskin (sv) pistehitsauskone (fi)

(se): elektralaš vuosttaldussveisenapparáhta mas sveisenrávdnji mánná guovtti oktiiguoski elektroda gaskkas ja sveisa ii leat go smávva čuoggát

(nb): apparat for elektrisk motstandssveising der sveisestraumen går mellom to kontaktelektrodar og sveisen blir avgrensa til små område

čuoldabovrenmašiidna

søyleboremaskin (nb) upright drilling machine, vertical drilling machine, pillar drilling machine (en) pelarborrmaskin (sv) pylväsporakone (fi)

(se): bovrenmašiidna man bovrenoaivvi sáhttá sirdit bajás ja vulos čuoldda mielde

(nb): bormaskin der borhodet kan reguleras opp og ned etter en søyle

čuonan

gnist[nb], gneiste[nn] (nb) spark (en) gnista (sv) kipinä (fi)

(se): buolli dahje čuovgi oasáš mii girdá áimmus; čuovgi áibmomolekyla oanehis gealddahuhttimis

(nb): brennande eller lysande partikkel som fyk i lufta; lysande luftmolekyl ved kortvarig utladning

čuonancahkkehat

gnisttenner[nb], gneistetennar[nn], gass- (nb) gas igniter (en) gaständare (sv) kaasunsytytin (fi)

(se): neavvu mainna ráhkada čuotnama mii cahkkeha gása

(nb): reiskap til å lage gneiste for å tenne gass

čuovgadávgi

lysbue[nb], lysboge[nn] (nb) electric arc (en) ljusbåge (sv) valokaari (fi)

(se): šerres dávgehámat elrávdnjedolla guovtti nábi gaskkas

(nb): intens, bogeforma loge av elektrisitet mellom to polar

čuovgafierpmádat

lysnett (nb) mains, power network, power grid (en) el-nät (sv) sähköverkko (fi)

(se): elektralaš jođadas-fierbmádat dábálaš geavahusa várás, dábálaččat 220V

(nb): nett av elektriske ledninger for vanlig forbruk, i regelen 220V

čuovgapeara, áhcagastinlámpá

lyspære (nb) bulb, lamp bulb (en) glödlampa (sv) hehkulamppu (fi)

(se): lásepeara mii addá elektralaš čuovgga go laktojuvvo elrávdnjebiirii

(nb): glasspære som gir elektrisk lys når den koples inn i en strømkrets

cuozza, membrána

membran (nb) membrane, diaphragm (en) membran (sv) kalvo (fi)

(se): čávga fanahuvvon geardi / cuozza mii geahpasit heailu

(nb): stramt utspent hinne som lett kan settes i svingninger

čuvgehus

belysning, illuminans (nb) illuminance (en) belysningsstyrka, illuminans (sv) valaisu, valaistusvoimakkuus (fi)

(se): čuovgahivvodat mii dihto áiggis ja olggošovttahagas deaivá muhtun olggoža

(nb): lysmengde som pr. tids- og flateeining fell inn mot ei flate

dagahat

Geahča «barggahat, divohat, dagahat».

dáhkkal

talje (nb) tackle, hoist pulley (en) talja, blocktyg (sv) talja (fi)

(se): loktenneavvu mas lea fásta ja johtti blohkka, dábálaččat moatte skearruin iešguđege blohkas

(nb): løftereidskap med ei fast og ei rørlig blokk, oftast med fleire skiver i kvar blokk

dáhkohahtti

smibar (nb) forgeable, malleable, ductile (en) smidbar (sv) taottava (fi)

(se): maid sáhttá dáhkumiin hábmet

(nb): som er mogleg å forme ved smiing

dáhkut

smi (nb) forge (en) smida (sv) takoa (fi)

(se): hábmet metállaáđaid, erenoamážit báhkaduvvon stális

(nb): forme ting av metall, særlig stål i oppheita tilstand

dáhppa

Geahča «culci, dáhppa».

dáhta, atta

data (nb) data (en) data (sv) tieto, data (fi)

(se): diehtu maid galgá viidasit gieđahallat

(nb): opplysning for videre bearbeiding

dákta

takt, stempelslag (nb) stroke, piston stroke (en) takt, kolvslag (sv) tahti, männän isku (fi)

(se): meanddi lihkadeapmi sylindaris vulos dahje bajás

(nb): rørsla til stemplet frå eine til andre enden av sylinderen

dárkilastin

justering (nb) adjusting, adjustment (en) justering (sv) tarkistus (fi)

(se): dárkilis stellen

(nb): nøyaktig innstilling

dárkilastit

justere (nb) adjust (en) justera (sv) tarkistaa (fi)

(se): stellet dárkilit

(nb): stille inn nøye

dárkivuohta, aiddolašvuohta

presisjon, nøyaktighet[nb], grannsemd[nn] (nb) precision, accuracy (en) precision, noggrannhet (sv) tarkkuus, täsmällisyys (fi)

(se): mihttu mii čájeha man dárkil muhtun mihtádas lea, dahje man dárkilit muhtun bargu lea dahkkon dihto mihtuid ektui

(nb): mål for kor nøyaktig eit måleinstrument er, eller kor nøyaktig eit arbeid er utført i forhold til gitte mål

dárkkistanbihttá

passbit (nb) gauge block (en) passbit (sv) mittapala (fi)

(se): šliipejuvvon buoššoduvvon stállebihttá, dákkár bihtát iesguđetge sturrodagas geavahuvvo dárkilastinmihtideapmái ja stellemii

(nb): finslipt herda stålbit, finnes i sett av forskjellig dimensjoner for kontrollmåling og innstilling

dárkkistit

kontrollere (nb) control (en) kontrollera (sv) tarkastaa (fi)

(se): iskat ahte juoga lea ortnegis

(nb): undersøke om noe er i orden

dárkkistus

kontroll (nb) inspection, control (en) kontroll (sv) tarkastus (fi)

(se): bearráigeahčču, iskkadeapmi leat go mihtut dahje doaibma dihto gáibádusaid mielde

(nb): tilsyn, ettersyn, undersøkelse av om mål eller funksjon er i samsvar med visse krav

dássádat

balanse, likevekt, jamvekt (nb) balance (en) balans (sv) tasapaino (fi)

(se): dilli go fápmomomeanttat áksása birra leat ovtta stuorrát

(nb): tilstand der kraftmoment om ein akse er like store

dássehisvuohta

ubalanse (nb) unbalance (en) obalans (sv) epätasapaino (fi)

(se): dat ahte juoga ii leat dássádis

(nb): ustabilitet, manglende likevekt

dássenjuvla

svinghjul (nb) flywheel (en) svänghjul (sv) vauhtipyörä (fi)

(se): juvla mii geavahuvvo dásset mašiinna mannama

(nb): hjul som brukes til å stabilisere gangen til en maskin

dásserávdnji

likestrøm, likestraum[nn] (nb) direct current (en) likström (sv) tasavirta (fi)

(se): elrávdnji mii álo manná ovtta guvlui

(nb): strøm som heile tida går i samme retning

dásset

avbalansere, stabilisere (nb) balance, counterbalance (en) utbalancera,stabilisera (sv) tasapainottaa (fi)

(se): rievdadit jorri áđa deaddodássema nu ahte šaddá dássedin; oččodit juoidá stáđisin

(nb): endre vektfordeling på roterende gjenstand slik at den blir i balanse; få noe til bli stabilt, i likevekt

datnejugaheapmi

tinnlodding, mjuklodding, bløtlodding[nb] (nb) soft soldering, tin soldering (en) tennlödning (sv) tinajuotos (fi)

(se): jugaheapmi datneseaguhusain liigeávnnasin

(nb): lodding med tinnlegering som tilsettmateriale

datni

tinn (nb) tin (en) tenn (sv) tina (fi)

(se): Sn, vuođđoávnnas

(nb): Sn, grunnstoff

dávgegealdda

fjærspenning[nb], fjørspenning[nn] (nb) spring tension (en) fjäderspänning (sv) jousenjännitys (fi)

(se): veadjoenergiija mii lea geldojuvvon spirála- dahje duolbadávggis

(nb): potensiell energi lagra i spent spiral- eller bladfjær

dávgerovvi

sprengskive, fjærskive[nb], fjørskive[nn] (nb) rupture disc, spring washer (en) fjäderbricka (sv) jousialuslaatta, jousialuslevy (fi)

(se): luddejuvvon vuolášskearru dávgestális

(nb): kløyvd underlagsskive av fjærstål

dávgesahá, ruovdesahá

baufil, skjærfil[nb], skjerfil[nn], buesag[nb], bogesag[nn] (nb) hack saw, bow saw (en) bågfil, bågsåg (sv) rautasaha, kaarisaha (fi)

(se): giehtasahá mas lea rámma ja seagges molssohahtti sahádearri, geavahuvvo metállačuohppamii

(nb): handsag med ramme og smalt sagblad som kan skiftas ut, brukas til å skjære metall

dávgestálli

fjærstål[nb], fjørstål[nn] (nb) spring steel (en) fjäderstål (sv) jousiteräs (fi)

(se): seaguhuvvon, fatnilis stálli mas ráhkada ea.ea. spirála- ja duolbadávggiid

(nb): legert stål med stor elastisitet for produksjon av bl.a. spiral- og bladfjærer

davggas

Geahča «fadnil, vadnil, dávggas».

dávggas

Geahča «fadnil, vadnil, dávggas».

dávggasbuoššodeapmi

seigherding (nb) tempering (en) seghärdning (sv) nuorrutus, päästökarkaisu (fi)

(se): buoššodeapmi ja dan maŋŋil devkkodahttin mii dahká stáli dávggasin ja fátnilnanosin

(nb): herding med påfølgende anløping av stål for å gi stålet stor seighet og strekkfasthet

dávggasbuoššoduvvon stálli

seigherda stål (nb) tempered steel (en) seghärdat stål (sv) nuorrutettu teräs, päästökarkaistu teräs (fi)

(se): stálli mii lea buoššo-
duvvon nu ahte lea sihke
garas ja dávggas

(nb): stål som er herda slik
at det er både hardt og seigt

dávggasvuohta, sitkatvuohta

seighet[nb], seigleik[nn]
(nb) toughness (en) seghet
(sv) sitkeys (fi)

(se): ávdnasa nákča so-
jahuvvot ja fanahuvvot

(nb): et materiales evne til å
bøyes og tøyes

dávgi

fjær[nb], fjør[nn] (nb)
spring (en) fjäder (sv) jousi
(fi)

(se): mašiidnaoassi fadnilis
ávdnasis mii hápmeriev-
dadeami geažil eambbo ja
eambbo čoaggá ja vuorku
energiija

(nb): maskindel av elastisk
materiale som gjennom for-
mendringar i stigande grad
magasinerer energi

dávji

frekvens (nb) frequency (en)
frekvens (sv) taajuus (fi)

(se): heiludusat áigeovt-
tadagas mihtiduvvo hertzan
(Hz)

(nb): svingningar pr. tid-
seining, målas i hertz (Hz)

dávžan

Geahča «sadjin, dávžan».

dávžat

Geahča «sadjit, dávžat».

dávžžan

Geahča «sadjin, sad-
jingeađgi, dávžžan».

deaddeheivehus

presspasning (nb) heavy
force fit, heavy shrink fit
(en) presspassning (sv)
puristustiukkuus, luja pako-
tustiukkuus (fi)

(se): heivehus mas áksil
deaddiluvvo ráiggi sisa, mii
lea veahá unnit go áksil,
ja dohko báhcá čavga ja
lihkatkeahttá

(nb): pasningen av ein ak-
sel som er dreve inn i eit
hol litt mindre enn han sjølv,
og som blir ståande fast og
urørlig der

deaddemunni

pressmonn, pressmonn (nb)
fit, tolerance of fit (en)
pressmån (sv)

(se): oktiigullevaš osiid mi-
htuid gaskkasaš erohus, go
siskkit oassi lea stuorat

(nb): skilnad på måla for de-
lar som hører saman, når
målet for inste delen er
størst

deaddinboallu

trykknapp (nb) push button
(en) tryckknapp (sv) painike
(fi)

(se): giehtagieđahallon ok-
tavuohtaráhkkanus, boallu

masa deaddilit čoavdit dahje laktit juoidá

(nb): håndbetjent kontaktanordning, knapp til å trykke på for å utløse eller kople til noko

deaddit

presse (nb) press (en) pressa (sv) painaa, puristaa (fi)

(se): čohkket dahje burgit osiid deaddinneavvuin

(nb): montere eller demontere deler ved hjelp av presseverktøy

deahkka

dekk (nb) tyre (en) däck (sv) rengas (fi)

(se): gummejuvla mii monterejuvvo felgii, dábálaččat devdojuvvon deattaáimmuin

(nb): gummihjul for montering på felg, som regel fylt med luft under trykk

deahpanit

deformere (nb) deform (en) deformera (sv) muotava (fi)

(se): rievdadit hámi

(nb): endre formen på noko

dearba, dearbastihkka, heailu, šlimpa

pendel (nb) pendulum (en) pendel (sv) heiluri (fi)

(se): áhta mii heaŋgá ja sáhttá heailut ovddos maŋos vuoiŋŋastandilis

(nb): hangande lekam som kan svinge att og fram frå ei kvilestilling

dearbastihkka

Geahča «dearba, dearbastihkka, heailu, šlimpa».

dearbbadit, heailut

pendle (nb) weave, oscillate (en) pendla (sv) heilua (fi)

(se): šlivgasaddat áigodaga mielde ovddos maŋos, omd. sveisedettiin

(nb): svinge periodisk fram og tilbake, for eksempel ved sveising

dearpannanosvuohta

bankefasthet[nb], bankefastleik[nn] (nb) anti-knock value (en) knackningsbeständighet (sv) nakutuksenkestävyys (fi)

(se): bensiinna nákca buollit mohtoris dearpatkeahttá, namuhuvvo oktanlohkun

(nb): en bensins evne til å forbrenne jevnt i en motor uten banking, uttrykkes i oktantall

dearrebihttá

Geahča «gomuhanávju, dearrebihttá».

deattaáibmu

trykkluft (nb) compressed air (en) tryckluft (sv) paineilma (fi)

(se): áibmu mas lea nu alla deatta ahte dat sáhttá

geavahuvvot jorahit mašiinna

(nb): luft med så høyt trykk at den kan brukes til drift av maskin eller lignende

deattamihtádas, manomehtar

trykkmåler[nb], trykkmålar[nn], manometer (nb) pressure gauge, manometer (en) manometer (sv) painemittari, manometri (fi)

(se): mihtádas mainna mihtida njálbbiid ja gásaid deaddaga

(nb): måler for trykk i væsker og gasser

deattán

presse (nb) press (en) press (sv) puristin, puristuskone (fi)

(se): mašiidna mainna deaddá juoidá vai čohkket, burgit, hábmet dahje ráhkadit minstara

(nb): maskin til å legge trykk på noko som skal monteras, demonteras, formast eller pregast

deattarádjenventiila

trykkbegrensingsventil (nb) pressure reducing valve, p. control valve (en) tryckreduceringsventil (sv) paineenalennusventtiili (fi)

(se): ventiila mii luoitá njalbbi dahje gása olggos go

deatta goargŋu dihto dási badjelii

(nb): ventil som slipp ut væske eller gass når trykket overstig eit visst nivå

deattareguláhtor

trykkregulator (nb) pressure regulator, pressure governor (en) tryckregulator (sv) paineensäädin (fi)

(se): ventiila mii vuolida ja regulere deaddaga

(nb): ventil som reduserer og regulerer trykket

deavddádas

Geahča «notkkaldat, deavddádas».

deavdinniibi

Geahča «sparkel, deavdinniibi».

denna

Geahča «kondeansajávkkadas, denna».

devkkodahttin

anløping (nb) annealing (en) anlöpning (sv) päästö, päästäminen (fi)

(se): stáli liekkadeapmi boaššodeami maŋŋil vuolidit dan garrodaga ja smirrodaga

(nb): varmebehandling etter herding for å redusere hardhet og sprøhet

devkkodahttit

anløpe (nb) anneal (en) anlöpa (sv) päästää (fi)

(se): liekkadit stáli boaššodeami maŋŋil vuolidit garrodaga ja smirrodaga

(nb): varmebehandle etter herding for å redusere hardhet og sprøhet

diesel

Geahča «dieselolju, diesel».

dieselmohtor

dieselmotor (nb) diesel engine (en) dieselmotor (sv) dieselmoottori (fi)

(se): boaldinmohtor mas lea dieselolju boaldámuššan, cahkkehuvvo alla deaddagiin

(nb): forbrenningsmotor drevet med dieselolje, tenning pga. høyt trykk

dieselolju, diesel

dieselolje, diesel, solar (nb) diesel oil (en) dieselolja (sv) dieselöljy (fi)

(se): eananoljodestilláhta mii ea.ea. geavahuvvo boaldámuššan boaldinmohtoriin, vuoššančuokkis 180-380°C

(nb): destillat av jordolje som brukes til drivstoff i forbrenningsmotorer, kokepunkt 180-380°C

dievaslaš

massiv (nb) solid (en) massiv (sv) täyteinen (fi)

(se): mii lea čađa nanos

(nb): kompakt, som er av fast materiale tvers gjennom

differensiála

differensial (nb) differential (en) differential (sv) tasauspyörästö (fi)

(se): molsson mii sirdá mohtorfámu geassinjuvllaide nu ahte dat besset jorrat iešguđetge jorranloguin

(nb): veksel som fører over motorkrafta til drivhjula slik at dei kan gå med ulik fart

differensiálgiddehat

differensialsperre (nb) differential lock (en) differentialspärr (sv) tasauspyörastön lukitus (fi)

(se): lákta mii dagaha ahte differensiála sáhttá biddjojuvvot doaimmastis eret, ja mii hehtte maŋŋejuvlla jorrat luovusit

(nb): kopling som gjør at differensialen kan settas ut av funksjon og hindrar eine bakhjulet i å spinne fritt

digitála

Geahča «digitálalaš, digitála».

digitálalaš, digitála

digital (nb) digital (en) digital (sv) digitaalinen, numeerinen (fi)

(se): mii guoská loguide, sturrodagat lohkohámis;

man vuođđu lea binára systema; mii mihtiduvvo cehkiin

(nb): som gjeld tall, størrelser i tallform; som bygger på det binære systemet; som mæler trinnvist

dihtor

datamaskin (nb) computer (en) dator, datamaskin (sv) tietokone (fi)

(se): mašiidna mii bargá muhtin programmerengiela gohččumiid mielde

(nb): maskin som arbeider etter kommandoar i eit programmeringsspråk

dioda

diode (nb) diode (en) diod (sv) diodi (fi)

(se): guovtte-nábat elektrovnnalaš komponeanta mas lea sierranas vuosttáldus guovtte guvlui

(nb): to-pols elektronisk komponent med forskjellig resistans i de to retningene

divodeaddji

Geahča «mekanihkkár, divodeaddji».

divohat

Geahča «barggahat, divohat, dagahat».

divvun

reparasjon (nb) repair, restore, mend (en) reparation (sv) korjaus (fi)

(se): ortnegii bidjan vai doaibmá nugo galgá

(nb): det å sette noko i stand slik at det virkar som det skal

divvut

reparere (nb) repair (en) reparera (sv) korjata (fi)

(se): bidjat juoidá ortnegii vai doaibmá nugo galgá

(nb): sette noko i stand slik at det virkar som det skal

doaibma

drift (nb) operation, running (en) drift (sv) käyttö (fi)

(se): vuohki mo muhtin mašiidna dahje ráhkkanus doaibmá, omd. viđjedoaibma

(nb): måten ein maskin eller eit apparat fungerer på, eks. kjededrift

doaibmanmearri

Geahča «váikkuhusmearri, doaibmanmearri».

doaimmahis gássa

inaktiv gass, inert gass (nb) inert gas (en) inert gas (sv) inerttikaasu (fi)

(se): gássa mii ii báljo čatnas eará ávdnasiiguin; sveisengásaid birra: mii suodjala suddama reagerekeahttá metállain

(nb): gass som ikke lett inngår kjemiske forbindelser med andre stoffer; om sveisegass: som beskytter smeltebadet men ikke reagerer med metallet

doaimmár

prosessor, regneenhet[nb], rekneeining[nn] (nb) processor (en) processor (sv) prosessori, suoritin (fi)

(se): dihtora siskkimuš man birra olles bierggas lea ráhkaduvvon; gieđahallá dieđu prográmma mielde ja stivre dihtora osiid doaibmama

(nb): kjerna i datamaskinen som heile maskinen er laga omkring, bahandlar informasjon etter program og styrer funksjonane til dei andre delene av datamaskinen

doalan

holder[nb], haldar[nn] (nb) holder (en) hållare (sv) pidin, kiinnitin (fi)

(se): ráhkkanus mainna gidde bargoneavvu dahje bargobihtá

(nb): innretning til å sette / halde fast eit verktøy eller eit arbeidsstykke

doaŋggat

Geahča «basttat, doaŋggat».

doapparlihtti, ruskalihtti

søppeldunk (nb) garbage can, trash barrel, dustbin (en) avfallskärl (sv) roskalaatikko, roskasäiliö (fi)

(se): lihtti masa bálkestit doabbariid / ruskkaid

(nb): dunk for å kaste avfall i

doaresávju

tverregg (nb) lateral edge, cross edge (en) tväregg (sv) poikkisärmä (fi)

(se): čuohppanávju bovragierragis

(nb): skjæreegg for enden på bor

doaresbielká

travers (nb) traverse, transom, cross beam, cross bar (en) travers, tvärbalk (sv) silta, poikkiparru, poikittaispalkki (fi)

(se): bielká mii manná doarrás, omd. barggahaga robi vuolde

(nb): tverrgående bjelke, for eksempel under taket i et verksted

doaresbielkálovtton

traverskran, løpekran (nb) traverse crane, overhead travelling crane (en) traverskran (sv) siltanosturi (fi)

(se): vinta / lovtton mii heaŋgá doaresbielkkás ja mii sáhttá dolvojuvvot dan mielde

(nb): kran som henger i tverrgående bjelke og kan forflyttes langs denne

doaresbielkávávdna

traversvogn, løpekatt (nb) travelling trolley, crane carriage (en) traversvagn (sv) nostovaunu, juoksuvaunu (fi)

(se): vávdna mii sáhtá dolvojuvvot doaresbielkká mielde

(nb): vogn som kan føres langs travers

doaresmielggas

tverrsleide (nb) cross slide, cross tool slide (en) tvärslid (sv) poikittaisluisti, poikkitaiskelkka (fi)

(se): várvve mielggas, váldomielgasis doarrás

(nb): sleide tvers over hovedsleiden på dreiebenk

doddjonolggoš

bruddflate[nb], brotflate[nn] (nb) surface of fracture (en) brottyta (sv) murtopinta (fi)

(se): olggoš mii boahtá ovdan go juoga doddjo

(nb): flate som kjem fram der noko blir brote

doddjonvuolahas

bruddspon[nb], brotspon[nn] (nb) swarf (en) kortspån (sv) katkolastu, murtolastu (fi)

(se): oalle oanehis vuolahasat mat šaddet go várve, bovre, jeŋge ja jursá

(nb): relativt korte spon ved dreiing, fresing, gjenging og boring

dollačuohpan

skjærebrenner[nb], skjerebrennar[nn] (nb) cutting torch, cutting burner (en) skärbrännare (sv) leikkauspoltin (fi)

(se): neavvu mainna čuohppá stáli gássadolain (O_2 + C_2H_2)

(nb): reiskap til å skjere stål med gassflamme (O_2 + C_2H_2)

dollaveažir

platinastift, stift, avbryterkontakt[nb], avbrytar[nn] (nb) contact set, contact breaker (en) brytarspets (sv) katkojan kärki (fi)

(se): mekanisma bensinmohtora juogánis mii čatná ja botke elrávnnji cahkkehangistosii

(nb): mekanisme i fordeler på bensinmotor som slutter og bryter strøm til tennspole

dovddan, attán

føler[nb], følar[nn], sensor, giver[nb], gjevar[nn] (nb) detector, sensor, probe (en) givare, sensor (sv) ilmaisin, anturi, sensori (fi)

(se): mihtádasa elemeanta masa muhtin sturrodat váikkuha nu ahte addá signála mii čájeha dán sturrodaga

(nb): element i måleutstyr som reagerer direkte på en størrelse, slik at elementet gir ut et signal som representerer denne størrelsen

duhppen

krymping (nb) shrinking, shrinkage (en) krympning (sv) kutistuminen, kutistuma (fi)

(se): skuohpu bidjan áksilii nu ahte skuohppu báhkaduvvo vai stuorru ja darvána go čoasku ja manná čoahkkái

(nb): montering av hylse på aksling ved at hylsa oppvarmes slik at den utvides og blir stående fast ved at den krymper når den avkjøles

duhppet

krympe på (nb) shrink on, crimp (en) krympa på (sv) asentaa kutistamalla (fi)

(se): bidjat skuohpu áksilii báhkademiin ja čoaskudemiin

(nb): montere hylse på aksling ved oppvarming og avkjøling

dulbenjurssán

planfres (nb) facing cutter, surface cutter (en) planfräs (sv) tasojyrsin, otsajyrsin (fi)

(se): jurssán mas leat ávjjut geažis ja mii jursá duolbbasin

(nb): fres for plane flater, fres med skjær på enden

dulbenšliipenmašiidna

planslipemaskin (nb) surface grinding machine (en) planslipmaskin (sv) tasohiomakone (fi)

(se): šliipenmašiidna mainna šliipe duolbbasin

(nb): slipemaskin for å slipe flater plane

dulbet

plane (nb) plane, face (en) plana (sv) tasoitta (fi)

(se): dahkat duolbbasin

(nb): jevne ut, gjøre plan

dulka

tolk (nb) gauge (en) tolk (sv) tulkki (fi)

(se): mihtidanneavvu mainna guorahallá jeŋgejuvvon dahje várvejuvvon bargoávdnasa mihtu

(nb): måleverktøy for kontroll av mål på gjenga eller dreid arbeidsstykke

dulpensveisen

stukesveising (nb) butt welding (en) stuksvetsning (sv) tyssähitsaus (fi)

(se): sveisen mas bargoávdnasat deaddiluvvojit čoahkái alla temperatuvrras

(nb): sveising gjennom at ar-
beidsstykke blir pressa i hop
ved høg temperatur

dulpet

stuke (nb) close a rivet, up-
set, clinch, jalt (en) stuka
(sv) tyssätä (fi)

(se): oanidit ja gassudit
návlli dahje boalttu nor-
damiin geahčái

(nb): gjøre ein nagle eller
bolt kortare og tjukkare
med støytar mot enden

dumájeaŋga

tommegjenge (nb) inch
thread, imperial thread (en)
tumgänga (sv) tuumakierre
(fi)

(se): jeaŋga man diamehtar
mihtiduvvo eŋgelas dumán
(25.4 mm) ja goargŋun
mihtiduvvo jeaŋgalohkun
juohke dumái

(nb): gjenge der diameteren
måles i engelske tommer
(25,4 mm) og stigninga i
gjenger pr. tomme

dumámihtádas

Geahča «mehtarmihtádas,
dumámihtádas».

duŋke, jeahkka

jekk (nb) jack (en) domkraft
(sv) nosturi, tunkki (fi)

(se): bumpa- dahje
skruvvamekanisma loktema
várás lossa diŋggaid

(nb): pumpe- eller skrue-
mekanisme til å løfte tunge
ting

duobussillen

filtrering (nb) filtering, fil-
tration (en) filtrering (sv)
suodatus (fi)

(se): proseassa mainna fil-
tariin váldá partihkaliid eret
njalbbis dahje gásas

(nb): prosess for å fjerne
partikler fra væske eller
gass ved hjelp av filter

duobussillet

filtrere (nb) percolate, filter,
strain (en) filtra (sv) suodat-
taa (fi)

(se): váldit partihkkaliid
eret njalbbis dahje gásas fil-
tariin

(nb): fjerne partiklar frå
væske eller gass ved hjelp
av filter

duobussilli

Geahča «filttar, duobus-
silli».

duohpahuvvat, duohpašuvvat

krympe (nb) shrink (en)
krympa (sv) kutistua (fi)

(se): čoahkkái mannat

(nb): minske i format

duohpašuvvat

Geahča «duohpahuvvat,
duohpašuvvat».

duohppa

filt (nb) felt (en) filt (sv) huopa (fi)

(se): gákkis oktiiduh- ppejuvvon ulluin dahje guolggain, adno omd. geal- lamii

(nb): stoff av sammenpressa ull eller hår, brukes bl.a. til pusseskiver

duojár

håndtverker[nb], hand- verkar[nn] (nb) crafts- man, crafter, artisan (en) hantverkare (sv) käsityöläi- nen (fi)

(se): bargi gii duddjo

(nb): person som driv med eit handverk

duolbabasttat, njunnebasttat

nebbtang[nb], spisstang[nb], flattang[nb], nebbtong[nn], spisstong[nn], flattong[nn] (nb) flat pliers, flat nose pli- ers (en) flacktång (sv) lat- tapihdit (fi)

(se): basttat main lea duolba njálbmi mii seaggu geaži guvlui

(nb): tang med flate kjeftar som smalnar mot enden

duolbabeavdi

planbord (nb) surface plate (en) riktplatta (sv) oikotaso, väritaso (fi)

(se): stálleblohkka dahje assás skearru duolba olggožiin man ala bidjá bar- goávdnasa go merke

(nb): stålblokk eller tjukk skive med planhøvla over- flate til å legge arbidsstykke på når ein merkar opp

duolbadávgi

bladfjær[nb], bladfjør[nn] (nb) leaf spring, plate spring (en) bladfjäder (sv) lehti- jousi (fi)

(se): dávgi ovttain dahje eanet stállebláđiin

(nb): fjær av et eller flere stålblad

duolbajeaŋga

Geahča «njealječiegat- jeaŋga, duolbajeaŋga».

duolbaluovččan

flatmeisel (nb) flat chisel (en) flatmejsel (sv) lat- tataltta (fi)

(se): luovččan mas lea guhkes, njulges ávju

(nb): meisel med lang, rett egg

duolbaruopma

flatreim (nb) flat transmis- sion belt (en) flatrem (sv) lat- tahihna (fi)

(se): ruopma man sneak- tačuohpastat lea ovttaas- sosaš

(nb): reim med jamntjukt tverrsnitt

duolbaskearru

planskive (nb) face plate, face chuck (en) planskiva (sv) tasolaikka (fi)

(se): duolba ruovdeskearru mii giddejuvvo várvve jorrái ja masa skruvvet bargoávdnasa

(nb): rund skive som skrues på spindelen i en dreiebenk og som man skrur fast arbeidstykket til

duolbastálli

flatstål, flatjern (nb) flat steel (en) plattstål (sv) lattateräs (fi)

(se): stálleávnnas mas lea njeallječiegat sneaktačuohpastat ja lea oalle govdat ássodaga ektui

(nb): stålmateriale med rektangulært tverrsnitt og relativt stor bredde i forhold til tykkelsen

duolbbas

plan, flat (nb) flat (en) plan (sv) taso, tasainen (fi)

(se): 2- dimenšuvnnalaš

(nb): to-dimensjonal

duolbbasinjorahit

plandreie (nb) face, dress (en) plansvarva (sv) tasosorvata (fi)

(se): várvet bargobihtá duolbbasin, várvet radiála borahanlihkademiin

(nb): dreie plant av arbeidsstykke, dreie med radial matingsbevegelse

duolmman

pedal (nb) pedal (en) pedal (sv) poljin, jalkapoljin (fi)

(se): juolgepláhttá mekanismmas mii joraha, vuolggaha dahje bisseha fievrru, mašiinna dahje čuojanasa

(nb): fotplate i mekanisme som driv, set i gang eller stoppar framkomstmiddel, maskin, instrument o.l.

duolvačáhcebohcci

avløpsrør, kloakkrør (nb) drain pipe, outlet tube, sewer pipe (en) avloppsrör (sv) viemäriputki (fi)

(se): bohcci man čađa duolvačáhci golgá

(nb): rør for transport av avløpsvatn

duorrannávli

Geahča «návli, duorrannávli».

duorranveažir

Geahča «jorbaveažir, duorranveažir».

duorrat

klinke (nb) rivet (en) nita (sv) niitata (fi)

(se): dearpat metállanávlli geaži vai návli deakčasa ja doallá osiid čoahkis (nb): hamre til enden på metallnagle slik at naglen kan halde to deler saman

durra

dor (nb) drift, punch (en) dorn (sv) tuurna (fi)

(se): sylinddar- dahje geailohámat boalta mainna dearpá dahje viiddida ráiggiid, dearpá návlliid olggos ráiggis, dearpá spiikkáriid muora sisa jna.

(nb): sylindrisk eller konisk bolt til å slå eller utvide hol, drive ut naglar, slå spikrar djupare inn osv

dustehat

støtfanger[nb], støytfangar[nn] (nb) bumper, buffer (en) stötfångare (sv) puskuri (fi)

(se): bielká biilla ovddageahčen ja maŋágeahčen mii sáhttá váldit vuostá norddastemiid

(nb): bjelke framme og bak på kjøretøy til å ta i mot støyt

dynámalaš

dynamisk (nb) dynamic, dynamical (en) dynamisk (sv) dynaaminen (fi)

(se): mii lea jođus, mas lea jođihanfápmu

(nb): som er i rørsle, som har drivande kraft

eahpeguovddášlaš

eksentrisk (nb) excentric (en) excentrisk (sv) epäkeskinen (fi)

(se): mii lea olggobealde guovddáža; mas ii leat seamma guovddáš

(nb): som ligg utafor sentrum; som ikkje har samme sentrum

ednen

jording (nb) earthing, grounding, bonding (en) jordning (sv) maadoitus (fi)

(se): ráhkadus mii čatná elektralaš johtasa eatnamii

(nb): innretning som koplar ein elektrisk ledningsdel til jord

ednenjođas

jordledning[nb], jordingsledning[nb], jordleidning[nn], jordingsleidning[nn] (nb) earth wire, earth lead, earth conductor (en) jordledare (sv) maajohdin, maadoitusjohdin ukkosenjohdin (fi)

(se): jođas mii čatná elektralaš rusttega eatnamii

(nb): ledning som kopler elektrisk anlegg til jord

ednet

jorde (nb) earth, ground, bond (en) jorda (sv) maadoittaa (fi)

(se): čatnat elektralaš rusttega eatnamii

(nb): kople elektrisk anlegg til jord

eksosa

Geahča «bázahasgássa, eksosa, eksosgássa».

eksosbohcci

Geahča «bázahasbohcci, eksosbohcci».

eksosbohttu

Geahča «bázahasbohttu, eksosbohttu, jietnaváiddon».

eksosgássa

Geahča «bázahasgássa, eksosa, eksosgássa».

eksosmihtádas

Geahča «bázahasmihtádas, eksosmihtádas».

el-čuggestat, ráigeguoskkahat

stikkontakt, kontakt (nb) socket, contact (en) vägguttag, väggkontakt, kontakt (sv) pistorasia (fi)

(se): goallostusoassi ráiggiiguin elrávnnji várás, njiŋŋálasoassi

(nb): koplingsdel med hull, hun-kopling for strøm

el-culci, sággeguoskkahat

støpsel, plugg (nb) plug (en) stickpropp (sv) tulppaliitin, pistotulppa (fi)

(se): goalustusoassi sákkiiguin elrávnnji várás, varisoassi

(nb): han-delen av en pluggbar forbindelse

elektralaš, elektrihkalaš

elektrisk (nb) electric(al) (en) elektrisk (sv) sähköinen (fi)

(se): mii lea geldojuvvon elektrisitehtain, mii jođiha dahje ráhkada elektrisitehta

(nb): som er ladd med, leier eller produserer elektrisitet

elektrihkalaš

Geahča «elektralaš, elektrihkalaš».

elektrihkkár

elektriker[nb], elektrikar[nn] (nb) electrician (en) elektriker (sv) sähköasentaja (fi)

(se): fágabargi gii čohkke ja divvu elektralaš rusttegiid

(nb): fagarbeidar som driv med elektrisk installasjon og vedlikehald

elektrisitehta

elektrisitet (nb) electricity (en) elektricitet (sv) sähkö (fi)

(se): energiija mii dagaha elektralaš fápmodoaimma ja mii ovdána go atomain lea dássehisvuohta elektrovnnaid ja protovnnaid gaskkas

(nb): energi som er årsak til elektrisk kraftverknad og som utviklar seg ved overskot på visse elementærpartiklar i atom

elektroda

elektrode (nb) electrode (en) elektrod (sv) elektrodi (fi)

(se): jođasoassi mii doalvu elrávnnji eará gálvui

(nb): leiarelement som fører elektrisk straum over i eit anna medium

elektronihkka

elektronikk (nb) electronics (en) elektronik (sv) elektroniikka (fi)

(se): oassi elektroteknihkas mii guoská elektronrávnnjiid stivremii

(nb): del av elektroteknikken som gjelder styring av elektronstrømmer

elektrovnnalaš

elektronisk (nb) electronic (en) elektronisk (sv) sähköinen, elektroninen (fi)

(se): mii guoská elektronihkkii dahje lea huksejuvvon dan ala

(nb): som gjeld eller bygger på elektronikken

energiija

Geahča «árja, energiija».

eretsveisen

frasveising[nb], fråsveising[nn], med-, venstre- (nb) leftward welding (en) motsvetsning (sv) myötähitsaus (fi)

(se): asehis ávdnasiid gássasveisen mas gássadolla dolvo eret suddamis

(nb): gassveising der gassflammen føres fra smeltebadet, for tynne materialer

erreldat

isolator (nb) insulator, separator (en) isolator (sv) eriste, eristin (fi)

(se): ávnnas mii ii jođit elrávnnji

(nb): materiale som ikke leder elektrisk strøm

errenbáddi

isolerband, isolasjonstape (nb) insulating tape, friction tape (en) isolerband (sv) eristysnauha (fi)

(se): liibmabáddi mainna erre elektralaš jođadasa

(nb): limband for isolasjon av elektrisk leiar

erren, guđju

isolasjon (nb) isolation, insulation (en) isolation (sv) eristys (fi)

(se): suodjalus elrávnnji, čoaskima, báhka dahje jiena vuostá

(nb): vern mot elektrisk straum, kulde, varme eller lyd

erret

isolere (nb) isolate, insulate (en) isolera (sv) eristää (fi) (se): atnit jođihis ávdnasa hehttet elrávnnji, báhka dahje jiena leavvamis guvlui gosa ii galgga

(nb): bruke ikke-ledende materiale til å hindre at elektrisk strøm, varme eller lyd sprer seg i uønska retning

erttet

ribbe (nb) rib, fin, web, gill (en) spant, utsprång, ribba (sv) rima, ripa (fi)

(se): geaiggo oasit nanosmahttimii; metállaravddat mat addet stuora báhkadandahje čoaskudanolggoža

(nb): forsterking på skallkonstruksjon for å hindre knekk; metallrand som gir stor hete- eller kjøleflate

fabrihkka

fabrikk (nb) factory, manufacturing plant (en) fabrik (sv) tehdas (fi)

(se): fitnodat mii mašiinnaiguin valljuda ovttat gálvvuid

(nb): verksemd som masseproduserer varer ved hjelp av maskinar

fadnil, vadnil, dávggas

elastisk (nb) elastic, flexible (en) elastisk (sv) joustava (fi)

(se): mii sáhttá máhccat álgohápmái noađoheami maŋŋil

(nb): som har evne til å gå tilbake til opprinnelig form og volum etter ei belastning

fállu

meny (nb) menu (en) meny (sv) valikko (fi)

(se): listu dihtoršearmmas maš oidnojit dat vejolašvuođat main galgá válljet ovtta vai dihtor bargagoahtá ovddosguovlluid

(nb): oversikt på dataskjerm over mulige funksjoner å velge mellom

fanasmohtor

Geahča «maŋŋegeašmohtor, fanasmohtor».

fápmočuohpan

kraftavbiter[nb], kraftavbitar[nr boltsaks (nb) bolt cutter, multipower end cutting nippers (en) bultsax, kraftavbitare (sv) voimaleikkurit, pulttisakset (fi)

(se): fámolaš cikcenbasttat mas lea molsson

(nb): kraftig avbitertang med utveksling

fápmonađđa

kraftarm, leddhandtak (nb) swivel handle, swivel rod (en) ledhandtag (sv) nivelväännin (fi)

(se): nađđa skruvvaneavvuide, omd. gohppačoavdagii

(nb): handtak til skruverktøy, for eksempel koppnøkkel

fápmosirdin

kraftoverføring (nb) power transmission (en) kraftöverföring (sv) voimansiirto (fi)

(se): ráhkkanus mii sirdá fámu mohtoris jorahanjuvllaide

(nb): overføring av kraft frå motor til drivhjul

fápmoválddahat

kraftuttak (nb) power drive (en) kraftuttag (sv) voimanottolaite, voiman ulosotto (fi)

(se): áksilculci mii lea čadnon mohtorii ja mii sirdá fámu bargomašiidnii

(nb): akseltapp som står i samband med motoren og som overfører kraft til arbeidsmaskin

fárppal

trommel (nb) drum, barrel (en) trumma (sv) rumpu (fi)

(se): skoavddas sylinddar mii sáhttá jorrat iežas áksása birra

(nb): hol sylinder som kan rotere om sin eigen akse

fárppalgoazan

trommelbrems (nb) drum brake (en) trumbroms (sv) rumpujarru (fi)

(se): goazan mas goahcangápmagat čarvot goahcangearddi fárpala sisolggoža vuostá

(nb): brems der bremsesko trykker bremsebelegg mot innersida av trommelen

faskkon

skrape (nb) scraper (en) skrapa (sv) kaavin (fi)

(se): stálleneavvu mainna fasku

(nb): stålredskap til å skrape med

faskut

skrape (nb) scrape (en) skrapa (sv) kaapia (fi)

(se): buhtistit dahje váldit gearddi eret ávdnasis bastilis neavvuin

(nb): skave, gjøre reint med kvass reiskap

fatnannannodat

strekkfasthet[nb], strekkfastleik[n (nb) tensile strength (en) draghållfasthet (sv) vetolujuus (fi)

(se): nana ávdnasiid nákca vuosttaldit geassinfámuid

(nb): fasthet mot dragende krefter

fealga

felg (nb) rim, felly, felloe (en) fälg (sv) vanne (fi)

(se): profilerejuvvon juvlariekkis masa deahkka biddjojuvvo

(nb): profilert hjulring for montering av dekk

fiellosahá, snihkkársahá

snekkersag[nb], snikkarsag[nn] (nb) joiner's saw (en) snickarsåg (sv) käsisaha, nikkarinsaha (fi)

(se): njulges sahá fiellosahemii

(nb): rett stikksag for saging av trematerialer

fierbmegealdda

nettspenning (nb) mains voltage, line voltage (en) nätspänning (sv) verkkovirta, verkkojännite (fi)

(se): sisaboahtti elektralaš gealdda geavaheaddji geahčen

(nb): innkommende elektrisk spenning hos forbruker

fierdin, snađđen

lepping (nb) lapping (en) läppning (sv) hierto (fi)

(se): fiidnašliipen nu ahte guokte olggoža ruvvejuvvojit nubbi nuppi vuostá ja daid gaskkas lea olju dahje eará njalbi bulvariiguin

(nb): finsliping ved at to flater gnis mot hverandre ved hjelp av et mellomliggende medium (leppepulver + leppeolje eller leppevæske)

fierra, rággu

spant (nb) rib, frame (en) spant (sv) kaari, laita (fi)

(se): sodju lista mii ollá giellasis fanasravdda rádjái

(nb): bøyd ribbe som går frå kjølen til relingane i eit båtskrog

fievrran

transportør (nb) conveyor, transporter (en) transportör (sv) kuljetin (fi)

(se): áhta mii jámma doalvu gálvvuid dihto luotta

(nb): utstyr for kontinuerlig transport av gods i bestemt bane

fiidnagieđahallan, loahppagieđahallan

finbearbeiding (nb) finish (en) färdigbehandling, slutbehandling (sv) hienotyöstö, viimeistely (fi)

(se): gieđahallan gárvvisteapmái

(nb): bearbeiding til endelig mål og overflatefinhet

fiidnagortnat

finkorna (nb) fine-grained (en) finkornig (sv) hienojyväinen, -rakeinen (fi)

(se): mas leat unna šliipengortnážat (šliipenskearru dahje sáttobáhpára birra)

(nb): som har små slipekorn (om slipeskive eller sandpapir)

fiidnajeaŋga

fingjenge (nb) fine thread (en) fingänga (sv) hienokierre, toajakierre (fi)

(se): jeaŋga mas lea unnán goargŋun diamehtara ektui

(nb): gjenge med liten stigning i forhold til diameteren

fiila

Geahča «vuorká, fiila».

fiilet

file (nb) file (en) fila (sv) viilata (fi)

(se): gieđahallat bargoávdnasa fiilluin

(nb): bearbeide arbeidsstykke med fil

fiilogazza

filklo (nb) filing vice, hand vice (en) filklove (sv) viilain, ruuvipuristin (fi)

(se): gazza mainna gidde unna bargoávdnažiid fiilema dihtii

(nb): klo for fastspenning av lite arbeidsstykke for filing

fiilogušta

filbørste (nb) file brush (en) filborste (sv) viilaharja (fi)

(se): stállegušta mainna buhtista fiillu

(nb): stålbørste for reingjøring av fil

fiilu

fil (nb) file (en) fil (sv) viila (fi)

(se): bargoneavvu buoššoduvvon stális, das leat máŋga ávjju mat leat čuppojuvvon rihkkun olggožii

(nb): skjæreverktøy av herda stål med mange tenner som er skåret inn som riller i overflata

filttar, duobussilli

filter (nb) filter, strainer (en) filter (sv) suodatin (fi)

(se): silis ávnnas man čađa sille njalbbi dahje gása váldit eret nana partihkkaliid

(nb): porøst stoff til å sile væske eller gass gjennom for å fjerne faste partikler

fitnodat

bedrift, foretak[nb], føretak[nn] (nb) manufacturing plant, works, company (en) företag (sv) yritys (fi)

(se): ealáhusdoaibma ovttas buvttadusrusttegiin, visttiin jna. mat gullet dasa

(nb): eining i næringslivet med produksjonsutstyr, bygningar m.m. som høyrer til

fluksa

fluks (nb) flux (en) flöde (sv) magneettivuo (fi)

(se): magnehtalaš rávdnji, mihtiduvvo weberan [W]

(nb): magnetisk strøm, måles i weber (W)

fluksasuhkodat

flukstetthet[nb], flukstettleik[nn] (nb) flux density (en) flödestäthet (sv) magneettivuon tiheys (fi)

(se): magnehttagieddi mii manná ceaggut dihto areala čađa, mihtiduvvo teslan (T)

(nb): størrelsen av et magnetfelt som passerer loddrett gjennom et bestemt areal, måles i tesla (T)

foarbma, hoarbma

form (nb) mould (en) form (sv) muotti (fi)

(se): málle man sisa sáhttá leiket golgi mássa mii dan siste goiká ja garrá

(nb): hul gjenstand eller konstruksjon som ein kan helle ei flytande masse i og som stivnar der

fuođđarrájan

forhøster[nb], forhaustar[nn] (nb) forage harvester (en) fälthack (sv) niittosilppuri (fi)

(se): mašiidna mii čuohppá suinniid, guohkká daid ja bossu daid vovdnii

(nb): maskin som slår gras, hakkar det og blæs det ut i ei vogn

fuoladeapmi, fuolahus, bajásdoalahus

vedlikehold[nb], vedlikehald[nn], service (nb) maintenance, service (en) underhåll, skötsel, service (sv) kunnossapito, huolto (fi)

(se): buotlágán doaimmat main ulbmil lea doallat neavvuid dohkálaš dilis

(nb): all virksomhet med formål å holde utstyr i tilfredsstillende driftsmessig stand

fuolahas

Geahča «vuolahas, fuolahas, smáhkku».

fuolahus

Geahča «fuoladeapmi, fuolahus, bajásdoalahus».

gaffaltrukka

gaffeltruck (nb) fork lift truck (en) gaffeltruck (sv) haarukkatrukki (fi)

(se): mohtorfievru mainna lokte ja fievrrida gálvvuid

(nb): motordreve kjøretøy for løfting og transport av varer på paller

gáiddusstivren

fjernstyring, fjernkontroll (nb) remote control (en) fjärrmanövrering (sv) kaukoohjaus (fi)

(se): rusttet guhkilmas stivrejupmái

(nb): styring av ein mekanisme frå avstand

gáidu

avvik (nb) deviation, divergence (en) avvikelse (sv) poikkema (fi)

(se): erohus dihto mihtu ja referansamihtu (vuođđomihtu) gaskkas

(nb): differansen mellom ein verdi (mål) og ein referanseverdi (basismål)

gákkan, ruovdegákkan

brekkjern, kubein (nb) crow bar (en) bräckjärn, kofot (sv) sorkkarauta (fi)

(se): sojahuvvon ja luddejuvvon stállestággu mainna gággá juoidá

(nb): bøygd og kløyvd stålstang til å bryte opp noko med

galján

brotsj, rømmer (nb) reamer, broach, reaming bit (en) brotsch, upprymmare (sv) kalvin, väljennin, avennin (fi)

(se): jorri bargoneavvu fiidnagieđahallamii mas leat njulges dahje bonju čuohppanávjjut ja mii geavahuvvo stuoridit dahje hábmet ráiggi

(nb): roterende finbearbeidingsverktøy med rette eller spiralskårne skjæreegger brukt til å utvide eller forme til et hull

galjidit

brotsje, opprømme (nb) ream, broach (en) brotscha, upprymma (sv) kalvia, väljentää (fi)

(se): stuoridit dahje hábmet ráiggi sierralágán máŋgaávjjut bovrrain

(nb): utvide eller forme til et hol ved hjelp av fleiregga spesialbor

galkan

tilbakeslag, bakslag (nb) kick, recoil, backfire (en) bakslag (sv) takatuli (fi)

(se): gássadola mannan ruovttoluotta sveisenboalddana ja muhtimin gássašláŋggaid sisa

(nb): at gassflammen slår innover i sveisebrenneren og evt gasslangene

gallehit

mette (nb) saturate (en) mätta (sv) kyllästää (fi)

(se): deavdit ávdnasa eanemus lági mielde eará ávdnasiin

(nb): la eit emne ta opp i seg størst mogleg mengd av eit anna emne

gállen

Geahča «buoššodeapmi, gállen».

gállet

Geahča «buoššodit, gállet».

galljudanoaivi

utboringshode[nb], utboringshovud[nn] (nb) boring head, drilling head (en) arborrhuvud (sv) avarrusistukka, avarruspää (fi)

(se): stellehahtti oaivi várvenstáliin mainna bovrenmašiinnas dahje jursanmašiinnas viiddida sylindariid

(nb): stillbart hode med dreiestål for utboring av sylindre i bormaskin eller fres

galmmihanmekanihkkár

kuldemontør (nb) cooling system fitter (en) kylmontör (sv) kylmäkonekorjaaja, kylmäkoneasentaja (fi)

(se): fágabargi gii čohkke ja divvu galmmihan- ja čoaskudanrusttegiid

(nb): fagarbeider som monterer og reparerer anlegg for kjøling og frysing

garahanbasttat

avisoleringstang[nb], avisoleringstong[nn] (nb) stripping pliers (en) skaltång (sv) kuorintapihdit (fi)

(se): basttat maiguin váldá errema eret elektralaš johtasiin

(nb): tang for å fjerne isolasjon frå elektriske leidningar

garasvuohta, garradat

hardhet[nb], hardleik[nn] (nb) hardness (en) hårdhet (sv) kovuus (fi)

(se): nana ávdnasa nákca vuosttaldit amas ávdnasiid sisabeassama

(nb): evne hos eit fast materiale til å gjøre motstand mot inntrenging av fremmede legemer

gardnjil

albue[nb], olboge[nn], rørkne (nb) elbow, elbow bend (en) rörkrök (sv) putken mutka (fi)

(se): bohcceoassi mii rievdada bohcci háltti 90°

(nb): rørdel nytta til å endre retninga til rør med 90°

garradat

Geahča «garasvuohta, garradat».

garrajugahit

hardlodde (nb) braze (en) hårdlöda (sv) kovajuottaa (fi)

(se): jugahit báhkademiin badjel 450°C

(nb): lodding ved oppvarming over 450°C

garrametálla

hardmetall (nb) hard metal (en) hårdmetall (sv) kovametalli (fi)

(se): ávnnas mii adnojuvvo ávjun vuolahasčuohppamii,

lea gárra gortniin ja čatnanávdnasiin deddojuvvon alla deattuin

(nb): sintra materiale med harde emne som hovudkomponent og med metallisk bindefase, brukas til skjær for sponskjæring

garramuitu

Geahča «garraskearru, garramuitu».

garraskearru, garramuitu

platelager, harddisk (nb) hard disc (en) hårddisk (sv) kiintolevy, kovalevy (fi)

(se): dávggasmeahttun skearru vurket dáhtáid dihtorii, das lea stuorra kapasitehta ja dieđuid sáhttá boaibmut jođánit

(nb): lagringsenhet for data med stiv skive som normalt ikke kan tas ut av maskinen, den har stor kapasitet og data kan hentes ut raskt

garvinrádji

ikke-gå-grense[nb], ikkje-gå-grense[nn] (nb) non-acceptance limit (en)

(se): rádjemihttu mii vástida muhtun bargoávdnasa unnimus ávnnashivvodahkii: áksila vuolit ja bovrenráiggi bajit rádjemihttu

(nb): nedre grensemål for aksel og øvre grensemål for boring

gaskaáksil

mellomaksel (nb) countershaft, intermediate shaft (en) mellanaxel (sv) väliakseli (fi)

(se): áksila transmišuvnna ja jođihanáksila gaskkas fievrruin main lea mohtor ovddabealde ja jođihanjuvllat maŋábealde

(nb): aksel mellom transmisjon og drivaksel på kjøretøy som har motor foran og bakhjulsdrift

gaskačiehka

klaringsvinkel, frivinkel (nb) clearance angle, relief angle (en) släppningsvinkel (sv) päästökulma (fi)

(se): čuohppanneavvu čiehka čuohppanávjju vuloravddas

(nb): vinkelen under skjæreeggen

gaskadáhppa

mellomtapp, midttapp (nb) second tap, plug tap (en) mellantapp (sv) keskimmäinen kierretappi (fi)

(se): jeŋgendáhppa mii lea gaskamusas jeŋgendáhpparáiddus

(nb): gjengetapp som brukes som den mellomste i et sett med tre gjengetapper

gaskaheivehus

mellompasning (nb) transition fit (en) mellanpassning (sv) välitiukkuus (fi)

(se): heivehus áksila ja bovrenráiggi gaskkas mii lea menddo gárži johtit, muhto ii leat doarvái gárži darvánit

(nb): pasning mellom aksling og boring som er for trang til å gli, men ikkje trang nok til å sitte skikkelig fast

gaskaolggoš

klaringsflate, friflate (nb) clearance surface, flank (en) släppningsyta (sv) päästöpinta (fi)

(se): čuohppanneavvu olggoš čuohppanávjju vuloravddas

(nb): flata under skjæreeggen

gaskatčuohppan

Geahča «čuggen, gaskatčuohppan».

gaskatčuohppat

Geahča «čugget, gaskatčuohppat».

gaskkus

mellomlegg, skims (nb) shim (en) mellanlägg (sv) täytelevy, sovituslevy (fi)

(se): asehis ávnnas maid bidjá osiid gaskii justadit gaskka

(nb): tynt materiale til å legge mellom deler for å regulere avstand

gássaduolmman

gasspedal (nb) accelerator (pedal) (en) gaspedal (sv) kaasupoljin (fi)

(se): duolmman mainna rievdada mohtora jorranlogu

(nb): pedal controlling rotational speed of engine

gássor

forgasser[nb], forgassar[nn] (nb) carburettor (en) förgasare (sv) kaasutin (fi)

(se): mohtoroassi mas golgi boaldámuš rievdaduvvo gavjan

(nb): motordel der flytande brensel blir forstøva

gavjadeapmi

forstøvning[nb], forstøving (nb) atomizing, atomization (en) atomisering, finfördelning (sv) sumuttuminen, sumutus (fi)

(se): golgi boaldámuša cuvken unna binná oasážin

(nb): nedbryting av flytende brensel til mikroskopiske partikler

gavjanjaman

Geahča «noavki, gavjanjaman».

gávvaruovdi, jorreruovdi

svingjern (nb) die stock (en) svängjärn, gängkloppa (sv) väännin, kierresorkka (fi) (se): naḍḍa jeŋgendáhppii dahje jeŋgenbáhkkii

(nb): handtak for gjenge-tapp eller gjengebakke

gazzadoaŋggat, lihtdoaŋggat

hovtang[nb], hovtong[nn], tversavbiter[nb], tver-savbitar[nn] (nb) nail puller, nippers, pincers (en) hov-tång (sv) hohtimet (fi)

(se): cikcenbasttat main leat doaresávjjut

(nb): knipetong, avbitar-tong med tverregger

gazzalakta

klokopling (nb) claw cou-pling (en) klokoppling (sv) kynsikytkin (fi)

(se): čoavddehahtti lakta mas leat gaccat dahje bánit mat mánnet roahkkái

(nb): løysbar kopling med klør eller tenner som grip inn i kvarandre

geahčebihttá

Geahča «njálbmebihttá, geahčebihttá».

geahčedoalan

bakdokke, pinoldokke (nb) tail stock (en) dubbdocka, pinoldocka (sv) kärkipylkkä (fi)

(se): várvve oassi maid sáhttá hoigat njuolga ovd-dos maŋos ja giddet dihto

sadjái ja mii doarju bar-gobihtá várvedettiin dahje mainna boraha bovrraid

(nb): del av dreiebenk som ein kan skyve etter vangen og feste der, støtte arbei-dsstykket med under drei-ing eller mating bor med

geahčedulbenjurssan

endeplanfres (nb) shell end mill, end face mill (en) änd-planfres (sv) lieriöotsajyrsin (fi)

(se): sylinddarlaš jurssan mas leat ávjjut sihke geažis ja gilggas

(nb): sylindrisk fres som har egger både på enden og sida

geahčegaskačiehka

endeklaringsvinkel (nb) back clearance, end-play angle (en) baksläppn-ingsvinkel (sv) päästökulma (fi)

(se): čuohppanneavvu čiehka oalgeávjju vuloravd-das

(nb): vinkel på skjæreverk-tøy i underkant av bieggen

geahpametálla

lettmetall (nb) light metal (en) lättmetall (sv) kevyt-metalli (fi)

(se): metálla mas lea iešmássa < 5

(nb): metall med tetthet < 5

64

geahpidanventiila

reduksjonsventil (nb) reduction valve (en) tryckreduceringsventil (sv) paineenalennusventtiili (fi)

(se): ventiila mainna vuolida deaddaga, omd. deattaáimmus

(nb): ventil til å minske trykket av t.d. komprimert luft

gealdda

spenning (nb) voltage (en) spänning (sv) jännite (fi)

(se): elektralaš potensialaerohus, mihtiduvvo voltan (V)

(nb): potensialforskjell, målas i volt (V)

gealdda

spenning (nb) tension, stress (en) spänning (sv) jännitys (fi)

(se): siskkáldas fámut nana ávdnasis

(nb): indre krefter i fast materiale

gealddehahtti

oppladbar (nb) rechargeable (en) laddningsbar (sv) uudelleen ladattava (fi)

(se): rávdnjegáldu iešvuohta; gealddahuhttima maŋŋil sáhttá geldojuvvot fas

(nb): eigenskap hos straumkjelde; kan ladas opp att etter utladning

gealdit

lade (nb) charge (en) ladda (sv) ladata, varata (fi)

(se): čoaggit elektralaš energiija akkumuláhtoris dahje kondensáhtoris

(nb): samle opp elektrisk energi i ein akkumulator eller kondensator

geallat

Geahča «šelget, geallat».

gearru

Geahča «skearru, gearru».

gearsi, jargŋa

flens (nb) flange (en) fläns (sv) laippa (fi)

(se): ravda mii geaigá olggos omd. bohccis

(nb): utståande kant, krage t.d. på rør

geasán

avtrekker[nb], avtrekkjar[nn], ters, avdrager[nb], avdragar[nn] (nb) puller, wheel puller (en) avdragare (sv) ulosvedin, irrotin (fi)

(se): bargoneavvu mainna geassá mašiidnaosiid eret ákselis dahje olggos ráiggis

(nb): verktøy til å trekke av maskindeler fra aksling eller ut av boring

geavahančilgehus, atninčilgehus

bruksanvisning[nb], bruksrettleiing[nn] (nb) manual,

operating instructions (en) bruksanvisning (sv) käyttöohje (fi)

(se): čilgehus mo geavahit / atnit muhtin biergasa

(nb): rettleiing i kordan bruke ein gjenstand

geavja

hendel, spak (nb) handle, lever, bar (en) spak (sv) vipu (fi)

(se): nađđa mainna regulere dahje vuolggaha ráhkkanusa

(nb): handtak til å regulere eller sette i funksjon ein reidskap / maskin

geavja

Geahča «nađđa, geavja».

geavli

bøyle, bøyel (nb) bow, clamp, stirrup, loop (en) bygel (sv) lenkki, sanka, sinkilä (fi)

(se): dávgehámat dahje sojahuvvon bihttá mainna guoddá, doallá dahje čatná juoidá

(nb): bogeforma eller tilbøygd stykke til å bære i, halde i eller spenne fast noko

gehtegat

kjetting (nb) chain (en) kätting (sv) ketjut (fi)

(se): roavva viđji ráhkaduvvon rieggáhápmásaš lađđasiin

(nb): grov kjede av ringforma lenker som er hekta inn i kvarandre

generáhtor

generator, dynamo (nb) generator, dynamo (en) generator, dynamo (sv) generaattori, laturi, dynamo (fi)

(se): elektralaš indukšuvdnamašiidna mii rievdada mekánalaš energiija elektralaš energiijan

(nb): elektrisk induksjonsmaskin som formar om mekanisk energi til elektrisk energi

geson

Geahča «njaman, geson».

giddehat

kjoks, chuck (nb) chuck (en) chuck (sv) istukka (fi)

(se): iešguovddášahtti giddenneavvu olloliiguin, dábálaččat golbma

(nb): sjølvsentrerande oppspenningsverktøy med bakkar, oftast tre

giddehatčoavdda

kjoksnøkkel (nb) chuck wrench (en) chucknyckel (sv) istukka-avain (fi)

(se): čoavdda mainna gidde bargoávdnasa giddehahkii

(nb): nøkkel for oppspenning av arbeidsstykke i kjoks

giddejuvvon rávdnjebiire

slutta strømkrets[nb], lukka krets[nb], slutta krins[nn], lukka krins[nn] (nb) closed circuit (en) sluten stömkrets (sv) suljettu piiri (fi)

(se): rávdnjebiire mii lea laktojuvvon nu ahte elrávdnji jorrá biires

(nb): stømkrets som er kopla saman slik at støm går rundt i kretsen

giddenáksil

oppspenningsdor (nb) clamp arbor (en) spänndorn (sv) kiinnityskara, kiinnitystuurna (fi)

(se): áksil masa giddet bargoávdnasa dahje jursanneavvu

(nb): aksel for oppspenning av arbeidsstykke eller freseverktøy

giddenmekanisma

sperremekanisme, sperre (nb) locking device, catch (en) spärranordning, spärr (sv) säppi, lukitsin, salpa (fi)

(se): mekanisma mii caggá nu ahte juoga ii beasa mannat gosage dahje sáhttá mannat dušše ovddosguvlui ii ge ruovttoluotta

(nb): mekanisme som hindrar ei rørsle slik at noko anten ikkje kan røre seg nokon veg eller bare kan gå framover men ikkje tilbake

giddenskruvva

settskrue, festeskrue (nb) set screw, fixing screw (en) stoppskruv, fästskruv (sv) kiinnitysruuvi, pidätinruuvi (fi)

(se): skruvva mii doallá juoidá gitta, dávjá oaivvi haga

(nb): skrue som held fast noko, stoppeskrue, ofte utan hovud

giddet

spenne opp, spenne fast, feste (nb) fasten, tighten, fix (en) spänna fast, fästa (sv) kiinnittää (fi)

(se): bidjat bargoávdnasa / bargoneavvu gitta giddenráhkkanussii

(nb): sette fast arbeidsstykke / verktøy i festeanordning

giebahuhttit, gožuhuhttit

sote (nb) soot (en) sota (sv) noeta (fi)

(se): gieba ráhkadit, omd. boaldinmohtoras

(nb): lage sot, for eksempel om forbrenningsmotorar

gieđahallan, ávdnen

bearbeiding[nb], tilarbeiding[nn] (nb) finishing, machining (en) bearbetning (sv) työstö (fi)

(se): ávdnasa hámi rievdadeapmi, dan ávnnasmeari geahpedeapmi dahje ávdnasa iešvuođaid rievdadeapmi

(nb): endring av formen på eit arbeidsstykke, fjerning av materiale frå det eller endring av eigenskapane til materialet

gieđahallat, ávdnet

bearbeide[nb], tilarbeide[nn] (nb) prepare, process, treat (en) bearbeta (sv) työstää, valmistaa (fi)

(se): rievdadit ávdnasa hámi, geahpedit dahje lasihit ávnnasmeari dahje rievdadit ávdnasa iešvuođaid

(nb): endre formen på eit arbeidsstykke, fjerne eller legge til materiale eller endre eigenskapane til materialet

gieddi

felt (nb) field (en) fält (sv) kenttä (fi)

(se): dáhtabasas koartta oassi mii lea várrejuvvon dihtolágán dieđuid, omd. čujuhusa dahje agi várás; lea juohke koarttas seamma sajis

(nb): i databasar del av ein post som er reservert for ein viss type informasjon, t.d. adresse eller alder, i kvar post er feltet på same stad

giehpa, gožu

sot (nb) soot (en) sot (sv) noki (fi)

(se): fiidnagoartnat čađđa ráhkaduvvon dievasmeahttun boaldimiin

(nb): findelt karbon laga ved ufullstendig forbrenning

giehtaanulaš

manuell (nb) manual (en) manuell (sv) käsikäyttöinen, käsi- (fi)

(se): gieđaiguin jorahuvvon, mašiidnafámu haga

(nb): handdreve, ikkje maskinell

gieralohkki, bajildaslohkki

topplokk (nb) cylinder head cover, cylinder cover (en) cylinderhuvud, topplock (sv) sylinterinkansi (fi)

(se): bajit oassi boaldinmohtoras, bajábealde sylindara

(nb): øvre del av en forbrenningsmotor, over sylinderen

gierdočoavdda

Geahča «nástečoavdda, gierdočoavdda».

gierdodahkki

passer[nb], passar[nn], stikkpasser (nb) divider, calipers, compasses (en) passare (sv) harppi (fi)

(se): neavvu mas leat guokte juolgi čadnon oktasaš oaivái ja mainna ráhkada gierdduid ja merke mihtuid (nb): instrument med to rørlige bein festa til eit felles hovud, til å lage sirklar og sette av mål med

gierdomihtádas

krumpasser[nb], fotpasser[nb], krumpassar[nn], fotpassar[nn] (nb) pair of compasses, outside calipers (en) krumpassare, krumcirkel (sv) länkiharppi (fi)

(se): neavvu mas leat guokte juolggi ja mainna lohká siskkáldas dahje olgguldas mihtuid

(nb): instrument med to rørlige bein til å overføre av innvendige eller utvendige mål

gierdosahá

sirkelsag (nb) cirkular saw (en) cirkelsåg (sv) pyörösaha (fi)

(se): sahá mas lea gierdohápmásaš sahádearri

(nb): sag med sirkelforma sagblad

giesahat

Geahča «giesaldat, giesahat, giessu».

giesaldat, giesahat, giessu

vikling (nb) winding, coiling (en) rullning, lindning (sv) käämitys (fi)

(se): máŋga árpogiesastaga oktasaš siskkoža birra nu ahte ráhkadit rávdnjebiire

(nb): et antall vindinger om en felles kjerne som danner en enkel strømkrets

giesastat

vinding (nb) turn (of a winding) (en) lindningsvarv (sv) käämi, johdinkierros (fi)

(se): gistosa vuođđooassi, mas lea dušše okta jođiheaddji čuolbmu

(nb): grunnelement i en spole som består av en enkelt ledende sløyfe

giessat

vikle (nb) wind, coil, spool, twist (en) linda (sv) käämiä (fi)

(se): gárrat árppu gistosa birra

(nb): surre tråd opp på spole

giessu

Geahča «giesaldat, giesahat, giessu».

giesttus

spole (nb) coil, spool, reel (en) spole (sv) kela, käämi (fi)

(se): elektralaš jođihanárpu gissojuvvon siskkoža birra

(nb): elektrisk ledningstråd vikla på ei kjerne

gievrudat

forsterker[nb], forsterkar[nn] (nb) amplifier (en) förstärkare (sv) vahvistin (fi) (se): apparáhta mainna nanne sirdojuvvon signálaid rievdatkeahttá signálaid kvalitehta

(nb): apparat for å auke styrken på overførte signal utan å endre kvaliteten til signala

gievrudit, nanosmahttit

forsterke (nb) strengthen, reinforce (en) förstärka (sv) vahvistaa (fi)

(se): dahkat huksenoasi dahje eará áđa gievrrabun

(nb): auke styrken til ein gjenstand eller bygningsdel

gievrudus

forsterkning[nb], forsterking (nb) strengthening, reinforcement (en) förstärkning (sv) vahvistus, vahvistaminen (fi)

(se): oassi mii dahká huksenoasi dahje eará áđa gievrrabun

(nb): detalj som aukar styrken til ein gjenstand eller bygningsdel

giira

Geahča «molsson, giira».

giirakássa

Geahča «molssonkássa, giirakássa».

gilgačiehka

flankevinkel, gjengevinkel (nb) angle of thread (en) flankvinkel, gängvinkel (sv) kylkikulma (fi)

(se): čiehka badjel jeaŋgagierraga, jeaŋgagilggaid gaskkas

(nb): vinkelen over en gjengetopp, mellom gjengeflankene

gilgacikcenbasttat, vinjubasttat

sideavbitertang[nb], sideavbitartong[nn], skråavbiter (nb) side cutting pliers (en) sidavbitare (sv) sivuleikkurit (fi)

(se): basttat maiguin čuohppat streaŋggaid, čuohppanávjjut leat nađain ovtta háltái

(nb): tang for klipping av tråd med skjæreeggene parallelt eller nesten parallelt med skaftet

ginttalčoavdda

Geahča «pluggačoavdda, ginttalčoavdda».

ginttalgahpir

plugghette (nb) spark plug cap (en) sytytystulpan hattu (fi)

(se): gahpir ginttaljohtasa geažis mii biddjojuvvo cahkkehangintala ala

(nb): hette som sitter på enden av pluggledningen og tres på tennpluggen

ginttaljođas, buncejođas

pluggledning[nb], pluggleidning[nn], tennplugg- (nb) plugwire, spark plug cable (en) tändstiftskabel (sv) tulpanjohto, sytytustulpan johto (fi)

(se): jođas mii manná rávdnjejuogana ja cahkkehangintala gaskkas

(nb): ledning fra fordeler til tennplugg

gitta guovddášnjunni

fast senterspiss (nb) dead centre point, dead centre peak (en) fast dubb (sv) kiinteä keskiökärki (fi)

(se): guovddášnjunni mii ii jora bargoávdnasa mielde

(nb): senterspiss som står i ro i pinolrøret og ikke roterer med arbeidsstykket

gižaldat

hengsel, hengsle (nb) hinge (en) gångjärn (sv) sarana (fi)

(se): guovtteoasat metállaskoađas maid sáhttá jorahit culcci birra ja mainna uvssat, láset jna. čadnojuvvojit

(nb): metallbeslag i to delar som kan dreiias om ein tapp og som dør, vindauga o.l. er festa med

goahca, itna

friksjon (nb) friction (en) friktion (sv) kitka (fi)

(se): vuosttaldus guoskanolggožis guovtti goruda gaskkas

(nb): motstand i berøringsflata mellom to lekamar

goahcalakta

friksjonskopling (nb) friction coupling (en) friktionskoppling (sv) kitkakytkin (fi)

(se): mekánalaš lakta mii doaibmá goaza geažil go guokte olggoža deaddašuvvet oktii

(nb): mekanisk kopling basert på friksjonen mellom to flater som blir presset sammen

goahcanbircu, goahcanlohti

bremsekloss (nb) brake pad, brake block (en) bromskloss (sv) jarrupala (fi)

(se): lohti mii čárvojuvvo goahcanskearru vuostá

(nb): kloss som klemmes mot bremseskive

goahcanfárppal

bremsetrommel (nb) brake drum (en) bromstrumma (sv) jarrurumpu (fi)

(se): jorri fárppal man vuostá goahcangápmagat čárvejuvvojit

(nb): roterende trommel som bremsesko strammes mot

goahcangáma

bremsesko (nb) brake shoe (en) bromsback (sv) jarrukenkä (fi)

(se): ráhkadus dávggiin man ala goahcanbáttit leat liibmejuvvon dahje dorrojuvvon, deddojuvvo olggos goahcanfárpala vuostá

(nb): fjærbelasta konstruksjon med pålimt eller påklinka bremsebånd som presses mot innsida av bremsetrommel

goahcanlohti

Geahča «goahcanbircu, goahcanlohti».

goahcannjalbi

bremsevæske (nb) brake fluid (en) bromsvätska (sv) jarruneste (fi)

(se): hydraulihkkanjalbi mii geavahuvvo mohtorfievrruid goahcansystemas

(nb): hydraulikkvæske for bruk i bremsesystemet på kjøretøy

goahcanskearru

bremseskive (nb) brake disc (en) bromsskiva (sv) jarrulevy (fi)

(se): jorri skearru man vuostá goahcanbirccut čárvejuvvojit

(nb): roterende skive som bremseklossene strammes mot

goahcat, vávlet

bremse (nb) brake (en) bromsa (sv) jarruttaa (fi)

(se): vuolidit fievrru dahje mašiinna leavttu goazain

(nb): redusere farta på et kjøretøy eller en maskin ved hjelp av friksjon

goaivunmašiidna

gravemaskin (nb) excavator, dredger (en) grävmaskin (sv) kaivinkone (fi)

(se): mašiidna mainna goaivu

(nb): anleggsmaskin for graving

goallus

Geahča «lavtta, goallus».

goallusjođas

Geahča «joatkkajođas, goallusjođas».

goallustingovus

Geahča «laktingovus, goallustingovus».

goallustit

Geahča «laktit, goallustit».

goavdi

karosseri (nb) body (en) kaross, karosseri (sv) kori (fi)

(se): mohtorfierru viessu

(nb): overbygnad på motorvogn

goavkedulka

bladsøker[nb], søkjar[nn] (nb) feeler gauge (en) bladmått, slitsmått (sv) rakomitta, rakotulkki (fi)

(se): mihtidanneavvu mas leat asehis stállebláđit iešguđetge assodagas ja mainna mihtida / dárkkista goavkki sturrodaga

(nb): måleverktøy med tynne stålblad av forskjellig tjukkleik for å kontrollere / justere storleiken på ein opning

goazan, vávlu

brems (nb) brake (en) broms (sv) jarru (fi)

(se): veahkeneavvu bissehit áksila, mašiinna dahje fievrru dahje unnidit leavttu

(nb): hjelpemiddel til å stogge eller minska farten på aksling, maskin eller kjøretøy

goban

forsenker[nb], forsenkar[nn], forsenkingsbor (nb) countersink (en) försänkare (sv) upotuspora (fi)

(se): geailohámat bovra mainna sneide ráiggi

(nb): kjegleforma bor for fasing av sylindrisk hol

gohpat

forsenke (nb) countersink (en) försänka (sv) upottaa (fi)

(se): ráhkadit geailohámat ráiggi skruvvaoaivvi várás

(nb): lage konisk hol for skruehovud

gohpeloaktu

gropslitasje (nb) pitting wear (en) gropförslitning (sv) terän kuoppakuluminen (fi)

(se): roggi maid vuolahasat leat golahan čuohppannevvui

(nb): at spona slit ei grop i skjæreverktøyet

gohpeoaivi

forsenka hode[nb], forsenka hovud[nn], senkhode[nb], senkhovud[nn] (nb) countersunk head (en) försänkt huvud (sv) uppokanta (fi)

(se): geailohámat skruvvaoaivi

(nb): konisk skruehode

gohppočoavdda

koppnøkkel, pipenøkkel (nb) box wrench, socket wrench (en) hylsnyckel (sv) hylsyavain (fi)

(se): skruvvačoavdda mas leat luovus gohput

(nb): skrunøkkel med lause koppar

gohppu

kopp, pipe (nb) box, socket (en) hylsa (sv) hylsy (fi)

(se): siskkáldas 6- dahje 12-čiegat skruvvenneavvu mas lea njealječiegat čanus nađđii (nb): innvendig seks- eller tolvkanta skruverktøy med firkanta tilkopling til handtak

gokčangeardi

belegg (nb) coat, coating, facing, lining, surfacing (en) beläggning (sv) pinnoite (fi)

(se): gokči geardi eará ávdnasis suodjalussan dahje čitnan, dahje boađus kemiijalaš reakšuvnnas

(nb): dekkende lag av annet materiale for beskyttelse eller pynt, eller som resultat av kjemisk reaksjon

gokčanlakta, latnalaslakta

overlappskjøt[nb], overlappskøyt[nn] (nb) over-lapping (en) överlappning (sv) limitys (fi)

(se): lakta mas nubbi pláhttaravda biddjojuvvo nuppi pláhttaravdda ala, das maŋŋil pláhtat durrojuvvojit dahje sveisejuvvojit oktii

(nb): to plater skjøtes sammen ved at den ene legges litt over den andre og deretter nagles eller sveises sammen

gollu, loaktu

slitasje (nb) wear (en) slitage, nötning (sv) kuluminen (fi)

(se): ávnnasloaktu olggožis goahcafámuid váikkuhusaid geažil

(nb): tap av materiale frå overflate under påvirkning av friktionskrefter

gollu, mannu

forbruk (nb) consumption (en) förbrukning (sv) käyttö (fi)

(se): elektralaš energiija geavaheapmi nuppástuhttit earálágán energiijan

(nb): bruk av elektrisk energi for omdanning til annen form for energi

golmmaborat fiilu

Geahča «golmmačiegat fiilu, golmmaborat fiilu».

golmmačiegat fiilu, golmmaborat fiilu

trekantfil (nb) triangular file (en) trekantsfil (sv) kolmikulmaviila (fi)

(se): fiilu mas lea golmmačiegat sneaktačuohpastat

(nb): fil med trekanta tverrsnitt

golmmamuddutmohtor

trefasemotor (nb) three phase motor (en) trefasmotor (sv) kolmivaihemoottori (fi)

(se): mohtor mii jorahuvvo golbmamuttut molsorávnnjis

(nb): motor som går på trefasa vekselstrøm

golve

loddebolt (nb) soldering iron (en) lödkolv (sv) juotin, juottokolvi (fi)

(se): veaikeboaltu mainna báhkada ávnnasbihtá nu ahte sáhttá jugahit

(nb): koparbolt til å varme opp arbeidsstykket med ved lodding

gomuhanávju, dearrebihttá

vendeskjær[nb], vendeskjer[nn] (nb) indexable insert (en) vändskär (sv) vaihdettava kovametalliteräpala (fi)

(se): molsohahtti garrametállabihttá mainna várve dahje jurssaha

(nb): utskiftbar hardmetallplate for dreiing eller fresing

gordnesturrodat

kornstørrelse[nb], kornstorleik[nn] (nb) grain size (en) kornstorlek (sv) raekoko (fi)

(se): šliipengortniid sturrodat

(nb): størrelse på slipekorn

govadat

riss (nb) view (en) skiss (sv) luonnos (fi)

(se): teknihkalaš sárggus, gehččojuvvon ovtta siiddus ain hávil

(nb): teknisk teikning, sett frå ei side av gangen

govččas

deksel (nb) cap, lid, cover (en) täckplatta (sv) kansi, konepeitto (fi)

(se): pláhtta suodjalit mašiidnaosiid

(nb): plate til vern av maskindeler eller komponenter

govddon

flottør (nb) float, float ball (en) flottör (sv) uimuri (fi)

(se): golgi áhta mii čájeha dahje regulere njalbedási

(nb): flyteelement som viser eller regulerer væskestand

govdudeapmi

flotasjon (nb) flotation (en) flotation (sv) vaahdotus (fi)

(se): vuohki čáziin, oljjuin ja áimmuin sirret fiidnagordnojuvvon málmma

(nb): metode for utskilling av finmalt malm ved hjelp av vann, olje og luft

govvalohkki

bildeleser[nb], biletlesar[nn], skanner (nb) scanner (en) avsökare, scanner (sv) kuvanlukija (fi)

(se): bierggas mainna lohká govaid dihtora muitui

(nb): reiskap som ein kan lese bilete inn til minnet på ein datamaskin med

gožu

Geahča «giehpa, gožu».

gožuhuhttit

Geahča «giebahuhttit, gožuhuhttit».

grádaviŋkil

Geahča «čiehkamihtádas, grádaviŋkil».

guđaborat čoavdda

Geahča «guđačiegat čoavdda, guđaborat čoavdda».

guđaborat skruvva

Geahča «guđačiegat skruvva, guđaborat skruvva».

guđačiegat čoavdda, guđaborat čoavdda

sekskantnøkkel, utvendig nøkkel, unbrakonøkkel (nb) hexagon wrench, allen key (en) sexkantnyckel (sv) kuusioavain (fi)

(se): čoavdda mainna skruvve skruvaid main lea siskkáldas guđačiegat

(nb): nøkkel for indre sekskant i skruar

guđačiegat skruvva, guđaborat skruvva

sekskantskrue (nb) hexagonal headed bolt (en) sexkantskruv (sv) kuusioruuvi (fi)

(se): skruvva mas lea guđačiegat oaivi

(nb): skrue med sekskanta hovud

guđju

Geahča «erren, guđju».

guhkidangorri

lengdeutvidingskoeffisient (nb) coefficient of linear thermal expansion (en) längdutvidgningskoefficient (sv) pituuslaajenemiskerroin (fi)

(se): gorri guhkideami temperatuvralassaneamis ja guhkkodaga gaskkas

(nb): forholdet mellom lengdeutviding pr. temperaturauke og lengda

guksi

Geahča «soadji, guksi».

gullosuojan

Geahča «bealljesuojan, gullosuojan».

gummi

gummi (nb) rubber (en) gummi (sv) kumi (fi)

(se): lunddolaš dahje syntehtalaš fatnilis ávnnas mas leat stuora molekylat

(nb): naturlig eller syntetisk stoff med store molekyler og stor elastisitet

guoddináhppi

Geahča «guoddinnákca, guoddináhppi».

guoddinnákca, guoddináhppi

bæreevne[nb], bereevne[nn] (nb) carrying capacity, load-bearing capacity (en) bärförmåga, kapacitet (sv) kantavuus, kuormitettavuus (fi)

(se): huksehusa dahje huskenoasi guoddinnákca go atná lobalaš gealdagiid ollasit

(nb): bærestyrken til eit byggverk eller ein bygningsdel når ein nyttar ut dei tillatte spenningane

guorbmádeapmi

Geahča «noađuheapmi, guorbmádeapmi».

guorbmádit

Geahča «noađuhit, guorbmádit».

guorusnatgealdda

tomgangsspenning (nb) no load voltage, open circuit voltage (en) tomgångsspänning (sv) tyhjäkäyntijännite (fi)

(se): gealdda sveisenapparáhta nábiid gaskkas go ii leat sveiseme

(nb): spenninga mellom polene på et sveiseapparat når man ikke sveiser

guorusnatjohtin

tomgang (nb) idling, no-load, idle running (en) tomgång (sv) joutokäynti (fi)

(se): mašiinna mannan geavatkeahttá fámuid bargui

(nb): det at ein maskin går utan at kreftene blir nytta til arbeid

guorusrassehit

Geahča «rassehit, guorusrassehit».

guovddášallodat

senterhøyde[nb], senterhøgd[nn] (nb) height of centres (en) dubbhöjd (sv) kärkikorkeus (fi)

(se): allodat várvve stivrenbielkká rájes gitta jorredoalana dahje pinolnjuni guovddáža rádjái

(nb): høyda fra vangen på dreiebenken opp til senter av bakdokke og pinolrør

guovddášbovra

senterbor, sentrumsbor (nb) centre bit, centre drill (en) centrumborr (sv) keskiöpora (fi)

(se): oanehis bovra mainna bovre álgoráiggi ovdal go bovre stuorat bovrrain

(nb): kort bor for forboring som styring for større bor

guovddášnjunni, pinolnjunni

senterspiss, pinolspiss (nb) tail stock centre (en) dubb (sv) keskiökärki (fi)

(se): giddenneavvu mii nuppi geažis lea 60° njunni, nuppi geažis fas dábálaččat morselávvolat (nb): oppspenningsverktøy som i eine enden er forma som en 60° spiss, i andre enden normalt som morsekon.

guovddášviŋkil

sentrumsvinkel (nb) centring gauge (en) centrumvinkel (sv) keskiökulma (fi)

(se): viŋkil mainna gávdná gierddu guovddáža

(nb): vinkel som brukes til å finne sentrum av en sirkel

guovlu

Geahča «hálti, guovlu».

guovttedávttatmohtor

totaktsmotor (nb) two-stroke engine (en) tvåtaktsmotor (sv) kaksitahtimoottori (fi)

(se): mohtor mas boaldin dáhpáhuvvá juohke nuppi dáktii

(nb): motor der forbrenninga skjer for annakvart slag

guovttedoaimmat sylinddar

dobbeltvirkende sylinder[nb], dobbeltverkande sylinder[nn] (nb) double acting cylinder (en) dubbelverkande cylinder (sv) kaksitoiminen sylinteri (fi)

(se): sylinddar man deaddinávnnas deaddá vurrolagaid goappašiid bealde meanddi

(nb): sylinder der trykkmediet angriper vekselvis på begge sider av stempelet

guovtteoasát liibma

Geahča «buoššodanliibma, guovtteoasát liibma».

guovtteráiddoláger

torada lager (nb) dual bearing, double row bearing (en) tvåradigt lager (sv) kaksirivinen laakeri (fi)

(se): jorranláger mas leat rullat dahje luođat guovtti parallealla ráiddus

(nb): rullingslager med rullar eller kuler i to parallelle rader

gurradit

fuge (nb) groove (en) foga (sv) railon valmistus (fi)

(se): ráhkadit gura mii galgá devdojuvvot sveissain dahje eará deavdinávdnasiin

(nb): lage åpning som skal fylles med sveis eller fugemasse

gurra, luodda

spor (nb) slot, groove (en) spår (sv) ura (fi)

(se): guhkolaš gohpi mii lea čuhppojuvvon ávdnašii

(nb): avlang grop som er skore ut i materiale

gurraluođđaláger

sporkulelager (nb) track roller bearing, rigid ball bearing (en) spårkullager (sv) urakuulalaakeri (fi)

(se): láger main luođat mannet sisrieggá ja olggorieggá guraid mielde

(nb): lager med kuler som går i spor i inner- og ytterringene

gurranibba

Geahča «rihkkosággi, luoddanibba».

gurraskruvva

sporskrue (nb) slotted screw (en) spårskruv (sv) uraruuvi (fi)

(se): skruvva mas lea gurra oaivvi rastá

(nb): skrue med spor i hovudet

gurrenculci

avtappingsplugg, dreneringsplugg (nb) drain plug (en) avtappningsplugg (sv) tyhjennystulppa (fi)

(se): culci lihttebotnis luoitit njalbbi olggos

(nb): plugg i botn på eit kar for å tappe ut væske

gusta, luvda

børste (nb) brush (en) borste (sv) harja, hiiliharja (fi)

(se): jođadas mii fievrrida elrávnnji jorri mašiidnaoasis / -oassái.

(nb): leiar som fører elektrisk straum til eller frå ein roterande maskindel

hábmehahtti

Geahča «plástalaš, hábmehahtti».

háloravda, áloravda

fas, fase (nb) bevel, chamfer (en) fas (sv) viiste (fi)

(se): ravda bargoávdnasis mii lea hállut gieđahallama maŋŋil

(nb): skråkant på arbeidsstykke etter bearbeiding

hálteventiila

retningsventil (nb) directional valve (en) riktningsventil (sv) suuntaventtiili (fi)

(se): neavvu mainna laktá dahje gidde ovtta dahje eanet vejolaš golganluottaid

(nb): utstyr for å kople til eller stenge ein eller fleire moglege strøymingsvegar

hálti, guovlu

retning (nb) direction (en) riktning (sv) suunta (fi)

(se): gosa juoga manná, čujuha dahje geaigá

(nb): lei, kurs, hold

haŋkinváiddon, časkinváiddon

støtdemper[nb], støytdempar[nn] (nb) shock absorber (en) stötdämpare (sv) heilahduksen vaimennin, iskunvaimennin (fi)

(se): ráhkkanus mii váiduda fievrru lihkademiid bajás vulos dássehis luotta alde

(nb): innretning som dempar rørslene opp og ned i kjøretøy på ujamn veg

hápmemuhttin, lávvamuhttin

formendring (nb) deformation (en) formförändring (sv) muodonmuutos (fi)

(se): hámi rievdadeapmi plástalaš lávvademiin

(nb): endring av form gjennom plastisk bearbeiding

hárjehahttit

trimme (nb) trim (en) trimma (sv) virittää (fi)

(se): stellet mohtora vai addá eanet beavttu

(nb): innstille ein motor slik at han yter større effekt

hárva

harv (nb) harrow (en) harv (sv) äes, karhi (fi)

(se): neavvu mas leat sákkit dahje skearrut mainna luvve eatnama

(nb): redskap med pinner eller skiver for jordbearbeiding

hátna

kran (nb) cock, tap, faucet (en) kran (sv) hana (fi)

(se): gurren- ja buođđunmekanisma bohccis dahje gássa- dahje njalbelihtis

(nb): tappe- og stengemekanisme på rør eller beholdar for gass eller væske

heahteorustahtti

nødstopp, naudstopp[nn] (nb) emergency stop device, e. shutdown (en) nödstopp (sv) hätäpysäytin (fi)

(se): ráhkkanus mainna jođánit bisseha varalaš doaimma

(nb): anordning for raskt å kunne stoppe farlig funksjion

heailu

Geahča «dearba, dearbastihkka, heailu, šlimpa».

heailut

Geahča «dearbbadit, heailut».

heavval

høvel (nb) plane (en) hyvel (sv) höylä (fi)

(se): čuohppanneavvu mainna dulbe olggožiid

(nb): sponskjærende verktøy for planering av overflater

heavvalasttit

høvle (nb) plane (en) hyvla (sv) höylätä (fi)

(se): dulbet olggožiid vuolahasčuohppamiin

(nb): plane flate ved sponskjæring

heavvalbeaŋka

høvelbenk (nb) carpenter's bench, planing bench (en) hyvelbänk (sv) höyläpenkki (fi)

(se): beaŋka masa gidde muorraávdnasiid gieđahallamii giehtaneavvuiguin

(nb): benk for oppspenning av trematerialer for bearbeiding med handverktøy

heavvalmašiidna

høvelmaskin (nb) planer, shaper, planing machine, shaping machine (en) hyvelmaskin (sv) höyläkone (fi)

(se): mašiidna mainna dulbe olggožiid vuolahasčuohppamiin

(nb): maskin for planing av flater ved sponskjæring

heivehus

pasning (nb) fit, fitment (en) passning (sv) sovite (fi)

(se): man ollu šloaŋkisteapmi dahje gittačárven šaddá oktiigullevaš osiid gaskkas maŋŋil go dat leat biddjojuvvon oktii

(nb): den grad av bevegelighet eller fastklemming som oppstår mellom sammenhørende deler etter at disse er satt sammen

heivenviŋkil, skivdnjeviŋkil

smygvinkel, stillbar vinkel (nb) bevel rule, mitre rule (en) smygvinkel, ställvinkel (sv) säätökulmain, kääntökulmain (fi)

(se): guovtteoasat viŋkil maid sáhttá hoigat ja botnjat

(nb): todelt vinkel som kan forskyves og vris

hirret, botnjat, vihkket

vikke (nb) set (en) skränka (sv) harittaa (fi)

(se): sojahit / máhccut sahádearrebániid beallái

(nb): bøye sagbladtenner til side

hoarbma

Geahča «foarbma, hoarbma».

hoiganheivehus

skyvepasning (nb) slide fit (en) skjutpassning (sv) työntötiukkuus (fi)

(se): heivehus mas áksil giehtafámuin sáhttá hoigojuvvot bovrenráiggi sisa

(nb): pasning mellom aksling og boring der akslingen kan skyvas inn i boringa med handkraft

hoiganmihtádas

Geahča «sirdinmihtádas, hoiganmihtádas».

holga

stativ (nb) stand, rack, frame (en) stativ (sv) jalusta, runko, kehys (fi)

(se): huksehus mainna doarju juoidá dahje man ala bidjá dahje heangá juoidá

(nb): oppbygging til å stø noko med eller sette eller henge noko på

huksehus

bygg (nb) construction (en) bygge, byggnad (sv) rakennus (fi)

(se): visti mainna lea bargame dahje mii áitto válbmanii

(nb): bygning som er under arbeid eller nylig er ferdigbygd

huksejeaddji

tømrer[nb], tømrar[nn] (nb) joiner, carpenter (en) timmerman (sv) puuseppä, kirvesmies (fi)

(se): fágabargi gii hukse viesuid

(nb): fagarbeidar som bygger hus

hunet

hone (nb) hone (en) hona (sv) hoonata, laahia (fi)

(se): šliipet sylinddara siskkáldasat jorri sadjingeđgiiguin dahje jorri sylinddara olgguldasat gitta sadjingeđgiiguin

(nb): finslipe sylinder innvendig med roterande brynesteinar eller roterande aksel utvendig med faste brynesteinar

hydraulalaš

hydraulisk (nb) hydraulic (en) hydraulisk (sv) hydraulinen (fi)

(se): mii guoská johtti njalbbiide

(nb): som gjeld væsker i rørsle

hydraulihkka

hydraulikk (nb) hydraulics (en) hydraulik (sv) hydraulikka, neste- (fi)

(se): oahppu johtti njalbbiid birra

(nb): læra om væsker i rørsle

ieš-

spesifikk (nb) spesific (en) specifik (sv) ominais- (fi)

(se): erenoamáš; ovttadaga nammii

(nb): særeigen, typisk; pr. eining

iešcaggi skruvva, iešdoalli skruvva

sjølsperrende skrue[nb], sjøllåsende skrue[nb], sjølvlåsande skrue[nn] (nb) self-locking screw (en) självhämmande skruv (sv) itsepidättävä ruuvi (fi) (se): skruvva mii lásse iežas muhttera dahje lásseskearru haga

(nb): skrue som låser seg sjølv utan hjelp av mutter eller låseskive

iešdoalli skruvva

Geahča «iešcaggi skruvva, iešdoalli skruvva».

iešguovddášahtti

sjølsentrerende[nb], sjølvsentrerande[nn] (nb) self-centering (en) självcentrerande (sv) itsekeskittävä (fi)

(se): mii iešalddis bidjá iežas guovddážii

(nb): som stiller seg sjøl i sentrum

iešjeŋgenskruvva

sjølgjengende skrue[nb], sjølvgjengande skrue[nn] (nb) self-tapping screw (en) gängpressande skruv (sv) itsekierteittävä ruuvi (fi)

(se): skruvva mii iešalddis čuohppá jeaŋgaid ávdnasii

(nb): skrue som sjølv skjærer gjenger i materialet

ilá -

Geahča «liigenoađuheapmi, -ražaheapmi, ilá -».

impulsa

impuls (nb) impulse (en) impuls (sv) impulssi (fi)

(se): bistehis rievdadus elrávdnjebiires

(nb): kortvarig forandring i en strømkrets

indukšuvdna

induksjon (nb) induction (en) induktion (sv) induktio (fi)

(se): gealdda rávdnjebiires man sivva lea rievdadusat elektralaš dahje magnehtalaš giettis

(nb): spenning i en krets som følge av endringer i det elektriske eller magnetiske felt

induktiivalaš

induktiv (nb) inductive (en) induktiv (sv) induktiivinen (fi)

(se): mii doaibmá indukšuvnna vuođul

(nb): som bygger på induksjon

induseret

indusere (nb) induce (en) inducera (sv) indusoida (fi)

(se): ráhkadit gealdda rávdnjebiires elektralaš dahje magnehtalaš gietti rievdadusaid bokte

(nb): lage spenning i en krets ved hjelp av endringer i det elektriske eller magnetiske felt

interferensa

interferens (nb) interference (en) interferens (sv) interferenssi (fi)

(se): moadde bárrolihkadeami ovttasdoaibma

(nb): samverknad mellom to eller fleire bølgerørsler

iskan

prøve, test (nb) test (en) prov (sv) koe (fi)

(se): guoradeapmi deavdá go juoga gáibádusaid maid galgá

(nb): undersøkelse av om noe fyller de krav som er satt til det

itna

Geahča «goahca, itna».

jáddadanapparáhta

brannslokkingsapparat (nb) fire extinguisher (en) brandsläckare (sv) sammutin (fi)

(se): apparáhta mainna jáddada buollima gásain, bulvariiguin dahje čáziin

(nb): apparat for slukking av brann med gass, pulver eller vann

jáddadanšláŋŋa

brannslange (nb) fire hose (en) brandslang (sv) paloletku (fi)

(se): čáhcešláŋŋa mainna jáddada buollima

(nb): vasslange for slokking av brann

jáffut

Geahča «bulvarat, jáffut».

jalgat

Geahča «livttis, jalgat».

jálgat

Geahča «livttis, jalgat».

jállogássa, árvogássa

edelgass (nb) noble gas, inert gas (en) ädelgas (sv) jalokaasu (fi)

(se): vuođđoávnnas mii dábálaš eavttuid mielde lea gássahámis ja mii ii čana eará vuođđoávdnasiiguin kemiijalaš ovttastussan; He, Ar, Ne, Kr, Xe, Rn

(nb): grunnstoff som under vanlige vilkår har gassform og som ikkje inngår i kjemiske bindingar; He, Ar, Ne, Kr, Xe, Rn

jápmačuokkis, jorggihansadji (bajit / vuolit)

dødpunkt (nedre / øvre) (nb) dead centre (lower / top) (en) dödpunkt (undre / övre) (sv) kuolokohta (ala-/ylä-) (fi)

(se): meanddi vuolit ja bajit jorggihansadji sylindaris

(nb): øvre og nedre snupunkt for stempelbevegelse

jargŋa

Geahča «gearsi, jargŋa».

jeahkka

Geahča «duŋke, jeahkka».

jeaŋga

gjenge (nb) thread (en) gänga (sv) kierre (fi)

(se): spirálahápmásaš gurra skruvas dahje muhtteris

(nb): spiralforma spor på skrue eller mutter

jeaŋgagilga

gjengeflanke (nb) side of thread, flank of thread (en) gängflank (sv) kierteen kylki (fi)

(se): jeaŋga nuppi beale olggoš

(nb): sida på ei gjenge

jeaŋgagoargŋun

gjengestigning, stigning (nb) screw pitch, pitch of thread (en) gängstigning (sv) (kierteen) nousu (fi)

(se): mihttu jeaŋgagier-ragis jeaŋgagierragii áksása mielde skruva dahje muht-tera ovtta jorggiheamis

(nb): avstanden i aksial retning frå gjengetopp til gjengetopp for ei omdreiing av ein skrue eller mutter

jeaŋgamihtádas

gjengelære, gjengesøker[nb], gjengesøkjar[nn] (nb) thread gauge, screw pitch gauge (en) gängtolk (sv) kierremitta, kierrekampa (fi)

(se): neavvu mainna mi-htida jeaŋgagoargŋuma

(nb): verktøy til måling av gjengestigning

jeŋgenbáhkka

gjengebakke, gjengesnitt (nb) cutting die, threading die, screw die (en) gäng-back, gängsnitt (sv) kier-releuka, kierrepakka (fi)

(se): bargoneavvu mainna čuohppá olgguldas jeaŋgaid

(nb): verktøy til å skjære utvendig gjenge med

jeŋgendáhppa

gjengetapp (nb) tap, screw tap, thread tap (en) gäng-tapp (sv) kierretappi (fi)

(se): bargoneavvu mainna čuohppá siskkáldas jeaŋ-gaid

(nb): verktøy til å skjære in-nvendig gjenge med

jeŋgenstálli

gjengestål (nb) chaser, chas-ing tool,threading tool (en) gängstål (sv) kierreterä, kierteitystyökalu (fi)

(se): várvenstálli mainna čuohppá jeaŋgaid

(nb): dreiestål for gjenging

jeŋget

gjenge (nb) thread, cut threads (en) gänga (sv) kierteittää (fi)

(se): ráhkadit spirálaháp-másaš gura skruvvii dahje muhtterii

(nb): lage spiralforma spor på skrue eller mutter

jietnadorve

horn, signalhorn (nb) horn, signal horn (en) signalhorn (sv) torvi, äänitorvi (fi)

(se): jietnačuojanas mohtorfievrrus

(nb): signalinstrument for lyd på bil

jietnaváiddon

Geahča «bázahasbohttu, eksosbohttu, jietnaváiddon».

jietnaváiddon

lyddemper[nb], lyddempar[nn] (nb) silencer, muffler, damper (en) ljuddämpare (sv) äänenvaimennin (fi)

(se): ráhkkanus mii váiduda jiena

(nb): innretning som dempar lyden

joatkka

Geahča «joatkkán, joatkka».

joatkkajođas, goallusjođas

skjøteledning[nb], skøyteleidning[nn] (nb) extension cord (en) förlängningssladd, skarvsladd (sv) jatkojohto (fi)

(se): elektralaš jođas mainna guhkkida nuppi johtasa

(nb): elektrisk leidning til å forlenge ein annan leidning med

joatkkán, joatkka

forlenger[nb], forlengjar[nn] (nb) extension bar, extension rod (en) förlängningsstång (sv) jatke, jatkovarsi (fi)

(se): laktinbihttá mainna guhkida skruvvaneavvu nađa

(nb): skøytestykke til forlenging av skaft på skruverktøy

joatkkavuolahas

flytespon (nb) turnings, shavings (en) långspån (sv)

(se): guhkes, doddjokeahttes vuolahas

(nb): lang, ubroten spon ved sponskjæring

jođadas, jođasávnnas

leder[nb], leiar[nn] (nb) conductor, conducting material (en) ledare (sv) johde (fi)

(se): ávnnas mii jođiha elektrisitehta, báhka, jiena

(nb): stoff som leiar elektrisitet, varme, lyd

jođas

ledning[nb], leidning[nn], kabel (nb) cable, wire, cord (en) ledning, kabel (sv) johto, kaapeli (fi)

(se): errejuvvon elektralaš jođadas

(nb): elektrisk leiar med isolasjon

jođasávnnas

Geahča «jođadas, jođasávnnas».

jođasgáma

kabelsko (nb) cable clip, cable shoe (en) kabelsko (sv) johtimen liitin, kaapelikenkä (fi)

(se): duolba oktavuohtabihttá čadnon jođasgeahčái

(nb): flatt kontaktstykke festa til ledningsende

jođasgámabasttat

kabelskotang, kabelskotong[nn] (nb) stripping pliers (en) kabelskotång (sv) kaapelikenkäpihdit (fi)

(se): basttat maiguin váldá erreldaga eret elektralaš johtasiin ja čatná jođasgápmagiid johtasiidda

(nb): tang for å fjerne isolasjon frå elektriske leidningar og montere kabelsko

jođihandoaimmahat, jođihanrusttet

drivverk (nb) drive (en) drivverk (sv) käyttölaite, käyttömekanismi (fi)

(se): ráhkkanus mii addá lihkadanenergiija muhtin ráhkkanussii

(nb): innretning som tilfører noe bevegelsesenergi; mekanisme, gangverk

jođihanfápmu

drivkraft (nb) motive power, thrust, motive force (en) drivkraft (sv) käyttövoima (fi)

(se): fápmu mii vuolggaha mašiinna johtui ja doallá dan jođus

(nb): kraft som set og held ein maskin igang

jođihanjuvla

drev, drivhjul (nb) driving wheel, driving gear, driving pinion (en) drev, drivhjul (sv) käyttöpyörä, vetopyörä (fi)

(se): bátnejuvla dahje ruopmaskearru mii joraha ovtta dahje eanet juvllaid

(nb): tannhjul eller reimskive som driv eit eller fleire andre hjul

jođihanruopma

drivreim (nb) transmission belt, driving belt (en) drivrem (sv) tehonsiirtohihna, käyttöhihna (fi)

(se): ruopma mii sirdá fámu guovtti áksila gaskkas

(nb): reim som overfører kraft mellom to akslingar

jođihanrusttet

Geahča «jođihandoaimmahat, jođihanrusttet».

jođihanskruvva

ledeskrue[nb], leieskrue[nn] (nb) lead screw, leading

screw (en) ledarskruv (sv) johtoruuvi (fi)

(se): skruvva mii jođiha mašiidnaoasi barggus

(nb): skrue som leder en maskindel under arbeidet

joebadas

Geahča «luođđa, jorbadas».

johtinláger

Geahča «njoalveláger, johtinláger».

johtinvuosti

glidemotstand (nb) sliding resistance, sliding friction (en) glidmotstånd (sv) liukuvastus (fi)

(se): vuosttaldus dahje goahcafápmu johtinlihkadeami vuostá

(nb): motstand eller friksjonskraft mot glidebevegelse

johtit

gli (nb) slide (en) glida (sv) liukua (fi)

(se): johtit masá goaza haga vuloža ektui

(nb): røre seg nokså friksjonslaust på eit underlag

johtu, lihkadeapmi

bevegelse[nb], rørsle[nn] (nb) motion, movement (en) rörelse (sv) liike (fi)

(se): dat ahte juoga lihkada eará áđaid ektui; doaibma, mannan

(nb): det å røre, lee eller flytte seg; verksemd, gang, aktivitet

jorahanbeaŋka

Geahča «várve, várvenbeaŋka, jorahanbeaŋka, vátnanbeaŋka».

jorahanruovdi

medbringer[nb], medtakar[nn] (nb) carrier, collar (en) medbringare (sv) vääntiö, väännin (fi)

(se): gietkkus / lávva mii lea giddejuvvon bargoávdnasii mii fas lea giddejuvvon várvve njuniid gaskii, jorahanskearru joraha gitkosa / láva

(nb): klave klemd fast til arbeidsstykke fastspent mellom spissane i dreiebenk, klaven blir ført med rundt av medtakarskiva

jorahanskearru

medbringerskive[nb], medtakarskive[nn] (nb) lathe carrier disc (en) medbringarskiva (sv) vääntiölaikka (fi)

(se): skearru čadnon várvve jorrái, geavahuvvo ovttas jorahanruvdiin

(nb): rund skive fest til spindelen på dreibenk, brukt saman med medtakar

jorahit

Geahča «várvet, jorahit, vátnat».

jorbabasttat

rundtang[nb], rundtong[nn] (nb) round end pliers (en) rundtång (sv) pyörökärkipihdit (fi)

(se): basttat main leat jorba, veahá čohkkolaš njálmmit, maiguin sojahit streaŋggaid ja asehis pláhttabihtáid

(nb): tang med runde, svakt koniske kjefter, for bøying av tråd og tynnplater

jorbadas

Geahča «luođđa, jorbadas».

jorbafiilu

rundfil (nb) round file (en) rundfil (sv) pyröviila (fi)

(se): fiilu mas lea jorba sneaktačuohpastat

(nb): fil med rundt tverrsnitt

jorbagrafihttaruovdi

kulegrafittjern, seigjern (nb) nodular cast iron (en) segjärn (sv) pallografiittirauta (fi)

(se): leikonruovdi man grafihtas lea jorbadashápmi

(nb): støpejern hvor grafitten har kuleform

jorbašliipenmašiidna

rundslipemaskin (nb) circular grinding machine (en) rundslipmaskin (sv) pyöröhiomakone (fi)

(se): šliipenmašiidna mainna šliipe jorba ákseliid

(nb): slipemaskin for sliping av runde akslinger

jorbaveažir, duorranveažir

kulehammer[nb], kulehammar[nn] (nb) ball hammer (en) kulhammare (sv) kuulapäävasara (fi)

(se): veažir man veažiroaivvi maŋit oassi lea jorbadashámat

(nb): hammer der bakre del av hammerhodet har kuleform

jorggihansadji

Geahča «jápmačuokkis, jorggihansadji (bajit / vuolit)».

jorggihansadji (bajit / vuolit)

Geahča «jápmačuokkis, jorggihansadji (bajit / vuolit)».

jorran

omdreiing (nb) revolution (en) varv (sv) kierto (fi)

(se): birrajoraheapmi gitta vuolggasaji rádjái

(nb): dreiing, sviv, rotasjon heilt rundt til utgangspunktet

jorrangierdu

delesirkel (nb) pitch circle (en) rullningscirkel (sv) vierintäympyrä (fi)

(se): gierdu mas lea guovddáš bátnejuvlla áksásis ja mii čierakeahttá jorrá vuostejuvlla sullásaš gierddu mielde (nb): sirkel som har sitt sentrum på et tannhjuls aksel og som uten glidning ruller på en motsvarende sirkel hos mothjulet

jorranlohku

omdreiingstall, turtall, -tal[nn] (nb) rotational speed, rpm (en) varvtal (sv) pyörimisnopeus (fi)

(se): galle geardde jorrá minuhtas

(nb): antall omdreiinger pr. minutt

jorranmihtádas

omdreiingsmåler[nb], -målar[nn], turteller[nb], -teljar[nn] (nb) revolution counter, tachometer (en) varvmätare (sv) kierroslukumittari, pyörimisnopeusmittari (fi)

(se): mihtádas mainna mihtida galle geardde muhtin áhta jorrá dihto áiggis

(nb): måleinstrument for å måle en roterende gjenstands omdreiinger pr. tidsenhet

jorranmomeanta, botnjanmomeanta

dreiemoment, vrimoment (nb) torque, twisting moment, turning moment (en) vridmoment (sv) vääntömomentti (fi)

(se): buvtta jorahanfámus ja gaskkas áksásis fámu doaibmačuoggái

(nb): produkt av dreiande kraft og avstanden frå aksen til angrepspunktet for krafta

jorrat

rotere (nb) rotate (en) rotera (sv) pyöriä (fi)

(se): mannat iežas áksása birra

(nb): gå rundt sin eigen akse

jorreáksil

spindel (nb) spindle, stem (en) spindel (sv) kara (fi)

(se): áksil mii jorrá dahje man birra skuohppu jorrá

(nb): aksling som roterer eller som ei hylse roterer om

jorredoalan

spindeldokke (nb) head stock, mandrel stock, spindle (en) spindeldocka (sv) karapylkkä (fi)

(se): viessu várvve jorri birra, masa giddenneavvut giddejuvvojit

(nb): hus for roterende spindel i dreiebenk, der oppspenningsverktøyet festes

jorregeavri

trinse (nb) rowel, pulley, caster (en) trissa (sv) väkipyörä (fi)

(se): unna, luovusjorri juvllaš, dávjá gurain báddái, dábálaččat oassi dahkkalis

(nb): lite, frittløpende hjul, ofte med spor til tau, gjerne montert i talje

jorreláger

rullingslager (nb) rolling bearing (en) rullningslager (sv) vierintälaakeri (fi)

(se): láger mas lea okta dahje moadde luođđa- dahje rullaráiddu lihkadeaddji ja lihkatkeahttes rieggá gaskkas, luođđa- ja rullalágera oktasaš namahus

(nb): lager med ei eller fleire rader kuler eller rullar mellom en bevegelig og en stillestående ring; samnemning på kulelager og rullelager

jorreruovdi

Geahča «gávvaruovdi, jorreruovdi».

jorri

turbulens (nb) turbulence (en) turbulens, virvelbildning (sv) turbulensi, pyörteisyys (fi)

(se): beaktilis ja jeavdahis lihkadeapmi gásas dahje njalbbis

(nb): sterk og uregelmessig bevegelse i gass eller væske

jorri

Geahča «rohtor, jorri».

jorri guovddášnjunni

roterende senterspiss[nb], roterande senterspiss[nn]

(nb) live centre (en) roterande dubb (sv) pyörivä keskiökärki (fi)

(se): guovddášnjunni mas geahči lea lágeraston jorrelágeriin nu ahte njunni čuovvu bargoávdnasa jorrama

(nb): senterspiss som har endel opplagra i rullingslager slik at ytterste spissen følger arbeidsstykket rundt

jugahahttin

Geahča «jugaheapmi, jugahahttin».

jugahandatni

loddetinn (nb) soldering tin (en) lödtenn (sv) juottotina (fi)

(se): datne- ja ladjoseaguhus mii atno dipma-jugaheapmái

(nb): legering av tinn og bly, brukas til mjuklodding

jugaheapmi, jugahahttin

lodding (nb) soldering (en) lödning (sv) juottaminen (fi)

(se): metállabihtáid oktiičatnan liigeávdnasiin mas lea vuollegit suddantemperatuvra go ávdnasat mat galget čadnojuvvot

(nb): sammenføying av metallstykker ved tilsetting av metall med lavere smeltepunkt enn grunnmaterialet

jugahit

lodde (nb) solder (en) löda (sv) juottaa (fi)

(se): čatnat oktii guokte metállabihtá liigeávdnasiin mas lea vuollegit suddan- temperatuvra go ávdnasat mat galget čadnojuvvot

(nb): binde saman to met- allstykke med eit tilsett- materiale som har lågare smeltepunkt enn grunnma- terialet

juogan, rávdnjejuogan

fordeler[nb], fordelar[nn], strømfordeler[nb], straum- [nn] (nb) distributor (en) fördelare (sv) virranjakaja (fi)

(se): mekanisma rohtoriin mii juogada allageald- darávnnji cahkkehangisto- sis cahkkehangintaliidda

(nb): mekanisme med ro- tor som fordeler høyspent strøm fra coilen til ten- npluggene

juohkinoaivi

delehode[nb], delehovud[nn] (nb) dividing head (en) del- ningsdocka, delningshuvud (sv) jakopää (fi)

(se): apparáhta mainna gidde ja juohká jurssanmaši- innas, omd. jurssahit bátne- juvllaid

(nb): apparat for oppspen- ning og inndeling i frese-

maskin, for eksempel for å frese tannhjul

juohkinskearru

deleskive (nb) index plate, dividing plate (en) del- ningsskiva (sv) jakolevy (fi)

(se): skearru juohkinoaivvis mas leat ráigegierddut iešguđetge ráigeloguiguin

(nb): skive på delehode med hullsirkler med forskjellig antall hull

jursanmašiidna

fresemaskin (nb) milling ma- chine (en) fräsmaskin (sv) jyrsinkone (fi)

(se): mašiidna mainna čuoh- ppá vuolahasaid jurssaniin

(nb): maskin for spon- skjæring med fres

jursat

Geahča «jurssahit, jursat».

jurssahit, jursat

frese (nb) mill (en) fräsa (sv) jyrsiä (fi)

(se): čuohppat vuolahasaid muoras dahje metállas jur- sanmašiinnain

(nb): skjære spon av tre eller metall med frese- maskin

jurssan

fres (nb) milling cutter (en) fräs (sv) jyrsin (fi)

(se): jorri čuohppanneavvu eanet ávjjuiguin

92

(nb): roterande skjæreverk-
tøy med fleire skjær

juvlaguovddáš, juvlanáhpi

nav (nb) hub, nave, boss (en)
nav (sv) napa (fi)

(se): juvlaoassi mii
lágerastá juvlla ákselii

(nb): hjuldelen som lagrar
hjulet kring akslingen

juvlanáhpi

Geahča «juvlaguovddáš, ju-
vlanáhpi».

juvla, ráttis

hjul (nb) wheel (en) hjul (sv)
pyörä (fi)

(se): jorba skearru dahje
gierdu mii jorrá áksila birra

(nb): rund skive eller ring
som roterer om ein aksling

kalibreret

kalibrere (nb) calibrate (en)
kalibrera (sv) kalibroida (fi)

(se): mihtádasa stellen
vai bohtosat heivejit dihto
árvvuid ektui

(nb): innstilling av målein-
strument for at resultatene
skal stemme overens med
visse verdier

kapasitehta, nákca

kapasitet (nb) capacity (en)
kapacitet (sv) kapasiteetti
(fi)

(se): kondensáhtora nákca
vurket elektralaš gealdaga

(nb): en kondensators evne
til å lagre elektrisk spen-
ning

kapasitiivalaš

kapasitiv (nb) capacitive
(en) kapacitiv (sv) kapasiti-
ivinen (fi)

(se): cahkkeheami birra; mii
doaibmá kondensáhtoriin

(nb): om tenning: ved hjelp
av kondensator

kapillardoaibma

Geahča «vuoktabohcce-
doaibma, kapillardoaibma».

karbon

Geahča «čađđa, karbon».

kardaŋga

kardang (nb) cardan joint
(en) kardanknut (sv) nivel
(fi)

(se): goallus geassi ja ges-
son áksila gaskkas, mas ák-
siliid gaskasaš čiehka sáhttá
rievdat

(nb): kopling mellom ein dri-
vande og ein dreven aksling
der vinkelen mellom dei to
akslingane kan endre seg

kavitašuvdna

kavitasjon (nb) cavitation
(en) kavitation (sv) kavitaa-
tio (fi)

(se): ávdnasa borran dainna
ahte gássaráhkut šaddet ja
cuovkanit njalbbis nana ávd-
nasa olggoža vuostá

(nb): angrep på et materiale i forbindelse med dannelse og sammenklapping av gassblærer i en væske ved grenseflaten mot et materiale

kemiijalaš ovttastus

kjemisk forbindelse[nb], kjemisk sambinding[nn] (nb) chemical combination, chemical compound (en) kemisk förening (sv) kemiallinen sidos (fi)

(se): ávnnas mas leat eanet vuođđoávdnasat, muhto ovttalágán molekylat

(nb): stoff av fleire grunnstoff, men einsarta molekyl

koksa

koks (nb) coke (en) koks (sv) koksi (fi)

(se): boaldinávnnas ráhkaduvvon koalas mii báhkaduvvo oksygena haga

(nb): energivare fremstilt av kull som oppvarmes uten tilgang på oksygen

kompressor

kompressor (nb) compressor (en) kompressor (sv) kompressori (fi)

(se): mašiidna mii čárve áimmu alla deaddagii

(nb): maskin som komprimerer luft til høgt trykk

komprešuvdna, čárva

kompresjon (nb) compression (en) kompression (sv) puristus (fi)

(se): gása čoahkkáičárvun boaldinmohtora sylindaris

(nb): samantrykking, samanpressing

komprešuvdnamihtádas, čárvamihtádas

kompresjonsmåler[nb], kompresjonsmålar[nn] (nb) compression gauge, compression tester (en) kompressionsmätare (sv) puristuspainemittari (fi)

(se): mihtádas mainna mihtida deaddaga boaldinmohtora sylindaris

(nb): måleinstrument til å måle trykket i sylinder på forbrenningsmotor

komprimeret

Geahča «čárvet, komprimeret».

kondeansa

kondens (nb) condensate (en) kondens (sv) kondenssi, lauhde (fi)

(se): lievlu mii lea šaddan njalbin

(nb): damp som har blitt til væske

kondeansajávkkadas, denna

kondensfjerner[nb], kondensfjernar[nn] (nb) condensed water remover (en) karburatorsprit (sv) (polttoaineen) jäänestoaine (fi) (se): alkoholnjalbi mii seaguhuvvo boaldámušain vealtit kondeanssa boaldinmohtoras

(nb): alkoholholdig væske som tilsettes brennstoff i forbrenningsmotorer for å unngå kondens.

kondensáhtor

kondensator (nb) condenser, capacitor (en) kondensator (sv) kondensaattori (fi)

(se): apparáhta mainna vurke elektrisitehta; guokte rávdnjejođiheaddji ávdnasa man gaskkas lea dielektrikuma

(nb): apparat til å lagre elektrisitet, to straumførande leiarar som er skilt av eit dielektrikum

kondenseren

kondensering (nb) condensation (en) kondensering (sv) kondensointi, lauhtuminen (fi)

(se): lievllo rievdan njalbehápmin

(nb): overgang fra gassform til væskeform

konstrukšuvdna

Geahča «ráhkadus».

kontaktor

kontaktor (nb) contactor (en) kontaktor (sv) kontaktori (fi)

(se): elektromagnehtalaš stivrejuvvon botkkon

(nb): elektromagnetisk styrt bryter

konverter

konverter (nb) converter (en) konverter (sv) konvertteri (fi)

(se): rievddan, áhta mii omd. rievdada elrávnnji dahje omman mainna rievdada álgguviđá ruovddi stállin

(nb): omformar, utstyr for for eksempel omforming av strøm eller omn for å smelte om råjern til stål

koordináhta

koordinat (nb) coordinate (en) koordinat (sv) koordinaatti (fi)

(se): okta dain sturrodagain mat muitalit muhtun čuoggá saji

(nb): en av de størrelsene som angir et punkts beliggenhet

korrošuvdna

korrosjon (nb) corrosion (en) korrosion (sv) korroosio, syöpyminen (fi)

(se): ávdnasa borran dainna ahte ávnnas reagere kemiijalaččat dahje elektrokemiijalaččat eará ávdnasiiguin, erenoamážit oksyderemiin

(nb): angrep på materiale gjennom kjemisk eller elektrokjemisk reaksjon med omgivande medium, særlig ved oksydering

krommadit, krommet

forkromme (nb) chrome plate, chrome coat (en) förkroma (sv) kromata (fi)

(se): gokčat krommasuodjegerddiin (Cr)

(nb): dekke med vernelag av krom (Cr)

krommet

Geahča «krommadit, krommet».

lađasčoavdda

leddnøkkel (nb) swivel socket wrench (en) ledhylsnyckel (sv) nivelavain (fi)

(se): skruvvačoavdda mas leat skuohput lađđasiiguin

(nb): skrunøkkel med ledda hylser

láddjenmašiidna

slåmaskin (nb) mower, reaper, harvester, mowing machine (en) slåttermaskin (sv) niittokone (fi)

(se): mašiidna mainna láddje suinniid

(nb): maskin til å slå gras med

ladjoakkumuláhtor

blyakkumulator, blybatteri (nb) lead accumulator, lead battery (en) blyackumulator, blybatteri (sv) lyijyakku (fi)

(se): báhtter mas leat ladjoelektrodat (Pb) ja man elektrolyhtta lea riššaháhppu (H_2SO_4)

(nb): batteri med elektodar av bly (Pb) og svovelsyre (H_2SO_4) som elektrolytt

láger

lager (nb) bearing (en) lager (sv) laakeri (fi)

(se): mašiidnaoassi mii doarju jorri áksila

(nb): maskindel som støttar eller fører ein roterande aksling

lágerbeassi

lagerhus (nb) bearing housing (en) lagerhus, lagerbox (sv) laakeripesä (fi)

(se): mašiidnaoassi masa jorranláger sáhttá čohkkejuvvot

(nb): maskindel som rullingslager kan monteres i

lágergárri

lagerskål (nb) bearing shell, bearing bush (en) lagerskål (sv) laakerikuori (fi)

(se): guovtteoasat njoalvelágera nubbi bealli

(nb): halvdel av delt glidelager

láhkki

Geahča «viđji, láhkki».

lajuhis bensiidna

blyfri bensin (nb) leadless, lead-free gasoline / petrol (en) blyfri bensin (sv) lyijytön bensiini (fi)

(se): bensiidna mas ii leat ladju

(nb): bensin som ikke inneholder bly

lakta

grensesnitt (nb) interface (en) gränssnitt (sv) liitäntä (fi)

(se): dihtorbiergasa oassi masa sáhttá laktit juoga eará biergasa, dábálaččat kábeliin

(nb): kontaktanordning på datautstyr for tilkopling til andre enheter, vanligvis med kabel

laktingovus, goallustingovus

koplingsskjema (nb) wiring diagram, circuit diagram (en) kopplingsschema, kretsschema (sv) kytkentäkaavio, kaaviopiirros (fi)

(se): sárggus mii čájeha elektralaš, hydraulalaš dahje pneumáhtalaš biire

(nb): teikning som viser ein elektrisk, hydraulisk eller pneumatisk krets

laktit, goallustit

kople (nb) couple (en) koppla (sv) kytkeä, liittää (fi)

(se): bidjat osiid oktii

(nb): skjøte sammen deler

lamealla

lamell (nb) plate (en) lamell (sv) lamelli, levy (fi)

(se): asehis pláhtta, skearru

(nb): tynn plate, skive

lasihanbuoššodeapmi

settherding (nb) casehardening (en) sätthärdning (sv) hiiletyskarkaisu, pintakarkaisu (fi)

(se): buoššudanvuohki mas stálleolggožii biddjojuvvo čađđa ovdal buoššodeami

(nb): herdemetode der overflata av stålet tilføres karbon før herdinga

láskut, veallut

vannrett[nb], vassrett[nn], horisontal (nb) horisontal, level (en) vågrät, horisontell (sv) vaakasuora (fi)

(se): ovtta háltái go čáhcegiera

(nb): i same retning som vassyta, vinkelrett på loddlinja

lášmeslađas

universalledd (nb) universal joint (en) universalknut, kardanknut (sv) yleisnivel (fi)

(se): lađas mii sáhttá sojahuvvot juohke guvlui

(nb): ledd som kan vris i alle retninger

lássenbelle, -spelle, lohkkadan-

låseblikk[nb], låseblekk[nn] (nb) securing plate (en) låsbleck (sv) lukituslevy, varmistuslevy (fi)

(se): asehis pláhtta mii biddjo skruvvaoaivvi dahje muhttera vuollái ja so- jahuvvo bajás lásset muht- tera

(nb): tynn plate som plasseres under skruehode eller mutter og bøyes opp for å låse av mutteren

lássenrieggabasttat, lohkkadan- rieggabasttat

låseringstang[nb], låser- ingstong[nn] (nb) circlip pli- ers (en) fjäderringstång (sv) lukkorengaspihdit (fi)

(se): basttat maiguin čohkket / burgit siskkál- das dahje olgguldas lohkkarieggá

(nb): tang for montering / demontering av innvendig eller utvendig låsering

lássenriekkis, lohkkadan- riekkis

låsering, seegerring (nb) locking ring (en) låsring (sv) lukitusrengas (fi)

(se): dávggasis riekkis mas leat guokte ráiggi basttaid várás, ja mii čáhká guraide ákselis dahje bovrenráiggis

(nb): fjærende ring som har hull for tang og passer i spor på aksel eller i boring

lássenskearru

låseskive (nb) locking washer (en) låsbricka (sv) lukkoaluslevy (fi)

(se): vuolášskearru mas leat bánit skruva čárven- háltti mielde

(nb): underlagsskive med tenner i retning med skru- ens strammeretning

latnalaslakta

Geahča «gokčanlakta, lat- nalaslakta».

lávgadangierdu, lávgadan- riekkis

tetningsring[nb], tet- tingsring, gacoring (nb) sealing ring (en) tätnings- bricka (sv) tiivisterengas (fi)

(se): gummegierdu man siste lea stállegierdu ja dávgi ja mii lávgada aksila ja bovraráiggi gaskka, omd. ovddabealde lágera

(nb): ring av gummi og stål med fjær som tetter mellom aksling og boring, for ek- sempel utafor lager

lávgadanriekkis

Geahča «lávgadangierdu, lávgadanriekkis».

lávgadas

tetning[nb], tetting (nb) seal, seat, sealing device,

packing (en) tätning (sv) tiiviste, tiivistin (fi)

(se): ráhkkanus mii hehtte vuohčuma / suođđuma dahje duolvvaid beassamis sisa

(nb): anordning som hindrer lekkasje av trykkmedium eller inntrenging av forurensing

lávgehat

tetningsflate[nb], tettingsflate (nb) contact face, sealing face (en) tätningsyta (sv) tiivistyspinta (fi)

(se): duolba dahje lávvolat olggoš mii sáhttá geavahuvvot doallat divttisin mašiidnaosiid gaskkas, njuolga oktavuođain dahje bagadasávdnasiin

(nb): plan eller konisk flate som kan utnyttes til tetning mellom maskindeler, ved direkte kontakt eller med pakningsmateriale mellom

lávgenruovdi

Geahča «skruvvačárvvon, lávgenruovdi».

lavtta

kløtsj, kopling (nb) clutch (en) koppling (sv) kytkin, liitin (fi)

(se): goallus mohtorfievrru / mohtorneavvu mohtora ja transmišuvnna gaskkas

(nb): kopling mellom motor og transmisjon i motorkjøretøy eller motorreidskap

lavtta, goallus

kopling (nb) coupling (en) koppling (sv) liitin, kytkin (fi)

(se): čoavddihahtti ovttasteapmi guovtti mašiidnaoasi gaskkas

(nb): løsbar forbindelse mellom to maskindeler

lávvamuhttin

Geahča «hápmemuhttin, lávvamuhttin».

lávvolat bátnejuvla

konisk tannhjul (nb) bevel gear (en) koniskt kugghjul (sv) kartiohammaspyörä (fi)

(se): geailohámat bátnejuvla

(nb): kjegleforma tannhjul

lávvolat, čohkolaš

kon (nb) taper, cone (en) kona (sv) kartio (fi)

(se): geailohámat áhta mas lea jorba sneaktačuohpastat ja diamehtar mii lássana dássidit

(nb): kjegleforma, gjenstand med rundt tverrsnitt og jamnt aukande diameter

lávvolat, čohkolaš

konisk (nb) conical, coned, tapered, coniform (en) konisk (sv) kartiokas (fi)

(se): geailohámat

(nb): kjegleforma

lávvolatvárven, čohkolašvárven

kondreiing, konisk dreiing (nb) taper turning (en) konsvarvning (sv) kartiosorvaus (fi)

(se): geailohámat hámiid várven

(nb): dreiing av koniske gjenstander

lávži

Geahča «ruopma, lávži».

leahttu

Geahča «leaktu, leahttu».

leaktomihtádas

hastighetsmåler[nb], fartsmåler[nb], fartsmålar[nn] (nb) speedometer (en) hastighetsmätare (sv) nopeusmittari (fi)

(se): mihtádas mainna mihtida leavttu

(nb): måleinstrument for fart

leaktu, leahttu

hastighet[nb], fart (nb) speed, rate, velocity (en) hastighet (sv) nopeus, vauhti (fi)

(se): mannan gaska áigeovttadagas

(nb): tilbakelagt veg pr. tidseining

leikehat

støperi[nb], støyperi (nb) foundry (en) gjuteri (sv) valimo (fi)

(se): fitnodat gos metálla leikejuvvo

(nb): fabrikk som driver med støping av metall

leiket

støpe[nb], støype (nb) cast, mould, found (en) gjuta (sv) valaa (fi)

(se): suddadit nana ávdnasa ja diktit golgi ávdnasa čoaskut ja garrat forbmii

(nb): smelte eit fast stoff og la den flytande massen størkne i ei form

leikonávnnas

støpegods[nb], støypegods (nb) casting (en) gjutgods (sv) valukappale, valanne (fi)

(se): leikejuvvon metállabihttá

(nb): metallgjenstand som er støpt

leikonruovdi

støpejern[nb], støypejer[nn] (nb) cast iron (en) gjutjärn (sv) valurauta (fi)

(se): dáhkumeahttun ruovdeseaguhus mas lea 2-4% čađđa

(nb): ikke smibar legering av jern og 2-4% karbon

levlo

Geahča «lievla, levlo».

levlomašiidna

Geahča «lievlamašiidna, levlomašiidna».

liekkasárvu

brennverdi, varmeverdi (nb) heating value, calorific value (en) värmevärde (sv) paloarvo, lämpöarvo (fi)

(se): energiijahivvodat mii luoitejuvvo boalddidettiin dihto boaldámušhivvodaga

(nb): den varmemengde som blir frigitt ved forbrenning av gitt mengde brensel

lievla, levlo

damp (nb) steam (en) ånga (sv) höyry (fi)

(se): muhtin ávdnasa gássahápmi, go dát ávnnas dábálaš temperatuvrras ja deattus maiddái sáhttá leat njalbin dahje nana ávnnasin

(nb): gassfasen til eit stoff som ved normal temperatur og normalt trykk også kan bestå som væske eller fast stoff

lievlamašiidna, levlomašiidna

dampmaskin (nb) steam engine (en) ångmaskin (sv) höyrykone (fi)

(se): mašiidna mii jođihuvvo lievllain

(nb): maskin som blir dreve med vanndamp

lihkadeapmi

Geahča «johtu, lihkadeapmi».

lihtdoaŋggat

Geahča «gazzadoaŋggat, lihtdoaŋggat».

lihtolaš, uniuvdna

union, kopling (nb) union (en) koppling (sv) liitin (fi)

(se): burggihahtti golmmaoasat lakta mainna laktá bohcciid almma bohcciid joratkeahttá

(nb): demonterbar tredelt rørdel for å skjøte rør uten å dreie røra

lihtti

Geahča «tánka, lihtti, stámpa».

lihttu

Geahča «adapter, lihttu».

liibma

lim (nb) glue, cement (en) lim (sv) liima (fi)

(se): doahppi / njoahtti njalbi dahje suohkkadit ávnnas mainna čatná oktii muorrabihtáid, metállabihtáid jna

(nb): klebrig væske eller masse til å binde saman stykke av tre, metall osv

liibmet

lime (nb) glue (en) limma (sv) liimata (fi)

(se): čatnat oktii ávnnasbihtáid doahppi / njoahtti njalbbiin dahje suohkadit ávdnasiin

(nb): binde saman stykke av tre, metall osv ved hjelp av klebande væske

liigeávnnas

tilsettmateriale, tilsett, tilsatsmateriale (nb) filler material, admixturing material (en) tillsatsmaterial (sv) lisäaine (fi)

(se): ávnnas mii lasihuvvo go sveise ja jugaha

(nb): materiale som tilsettes ved sveising og lodding

liigebuvtta

biprodukt, sideprodukt (nb) by-product (en) biprodukt (sv) sivutuote (fi)

(se): buvtta ráhkaduvvon ávdnasiin mii sirrejuvvo váldobuvttadusas

(nb): produkt av stoff som skilles ut i produksjonen av eit hovudprodukt

liigenoađuheapmi, -ražaheapmi, ilá -

overbelastning (nb) overload (en) överbelastning (sv) ylikuormitus (fi)

(se): badjelmearálaš noađuheapmi

(nb): det at noko blir utsett for større elektrisk straum eller krefter enn det toler.

liigeoassi

reservedel (nb) spare part (en) reservdel (sv) varaosa (fi)

(se): mašiidnaoassi mii sáhttá biddjojuvvot billašuvvan oasi sadjái

(nb): maskindel som kan settas inn i staden for ein utsliten eller øydelagt del

liktet

pusse (nb) polish, finish, dress, clean (en) putsa (sv) kiillottaa, puhdistaa (fi)

(se): gieđahallat olggoža fiidnan

(nb): finbearbeide overflate

linjála

linjal (nb) ruler (en) linjal (sv) viivain, viivoitin (fi)

(se): duolba njulges guhkkodatmihtádas

(nb): plant rett lengdemål

livttis, jalgat

slett (nb) slät (sv) sileä, siloinen (fi)

(se): olggoža birra: mii ii leat roamššas

(nb): om overflate; som ikkje er ru

loahppagieđahallan

Geahča «fiidnagieđahallan, loahppagieđahallan».

loaktinnannodat

Geahča «loaktinnanosvuohta, loaktinnannodat».

loaktinnanosvuohta, loaktinnannodat

slitestyrke (nb) wear resistance (en) nötningsmotstånd, slitstyrka (sv) kulumiskestävyys (fi)

102

(se): ávdnasa nákca vuost-
tildit loaktima

(nb): motstand mot slitasje

loaktinstálli

Geahča «oalásruovdi, loak-
tinstálli».

loaktu

Geahča «gollu, loaktu».

loaŋkkisteapmi, šloaŋkkisteapmi

dødgang, slakk (nb) back-
lash (en) dödgång, spel (sv)
välys, väljyys (fi)

(se): mekánalaš sirdimis
dat dáhpahus ahte muhtin
oassi sáhttá muhtin mud-
dui lihkadit váikkutkeahttá
nuppi oassái

(nb): i en mekanisk over-
føring det at et element kan
gjøre en viss bevegelse uten
at det neste elementet blir
påvirket

lohkkadan-

Geahča «lássenbelle,
spelle, lohkkadan-».

lohkkadanrieggabasttat

Geahča «lássenrieggabast-
tat, lohkkadanrieggabast-
tat».

lohkkadanriekkis

Geahča «lássenriekkis,
lohkkadanriekkis».

**lohtegurraheavval, lohteluod-
daheavval**

kilsporhøvel, trekkbrosj
(nb) spline shaper, broach
(en) kilspårshyvel, kilspår-
fräs, dragbrotsch (sv) kiilau-
ranhöylä (fi)

(se): čuohppanneavvu
máŋgga ávjjuin maŋŋala-
gaid mainna deaddagiin
čuohppá siskkáldas lohtegu-
raid

(nb): skjæreverktøy for
innvendig kilspor, stang
med mange skjær, brukes
i presse

lohtegurrajurssan

kilsporfres (nb) keyway cut-
ter (en) kilspårsfräs (sv) ki-
ilauranjyrsin (fi)

(se): guovtte- dahje
golmmaávjjut sylinddarlaš
jurssan mainna jurssaha lo-
hteguraid

(nb): sylindrisk fres med to
eller tre skjær for fresing av
kilspor

lohteluodda

kilspor (nb) keyway, key
groove, key bed (en) kilspår
(sv) kiilaura (fi)

(se): gurra áksilis dahje
bovraráiggis mii duostu lođi

(nb): spor i aksling eller bor-
ing som styring for kile

lohteluoddaheavval

Geahča «lohtegurraheavval,
lohteluoddaheavval».

lohteruopma

kilreim, kilereim (nb) conebelt, V-belt (en) kilrem (sv) kiilahihna (fi)

(se): lohtehámat ruopma fápmosirdima várás

(nb): reim for kraftoverføring med kileforma tverrsnitt

lohtesveisa

kilsveis (nb) fillet weld (en) kälsvets (sv) pienahitsi (fi)

(se): sveisa mas lea lohtehámat sneaktačuohpastat

(nb): sveis som i tverrsnitt har kileform

lohti

kile, sporkile (nb) wedge, machine key (en) kil (sv) kiila (fi)

(se): čoavddihahtti metállabihttá guovtti mašiidnaoasi gaskkas; neavvu mainna ludde muora

(nb): løysbar metallbit mellom to maskindelar; kløyvereiskap for tre

loktenstággu

hevarm, hevstang[nb], hevstong[nn], vippe (nb) lever (en) hävstång (sv) vipu, vipuvarsi (fi)

(se): stággu mainna veaktastággoprinsihpa bokte sáhttá loktet juoidá mii lea lágerastinčuoggá nuppi bealde

(nb): stang som ved hjelp av vektstangprinsippet kan løfte noko som er på andre sida av eit opplagringspunkt

loktenvávdna

jekketralle (nb) hand pallet truck (en) gaffellyftvagn (sv) nostovaunu (fi)

(se): giehtafápmovávdna hydraulalaš loktemiin mainna fievrrida lossa gálvvuid

(nb): handdreve tralle med hydraulisk løfting for transport av pallar

lotnolasbasttat

kombinasjonstang[nb], universaltang[nb], -tong[nn] (nb) combination pliers (en) kombinationstång (sv) yleispihdit (fi)

(se): basttat maiguin doallá ja cikcu

(nb): tang for å halde og for å klippe

lotnolasčoavdda, násterabasčoavdda

stjernefastnøkkel, kombinasjonsnøkkel (nb) combination wrench (en) uringnyckel (sv) kiintolenkkiavain (fi)

(se): skruvvenčoavdda mas lea rabas čoavdda nuppi geažis ja nástečoavdda fas nuppis

(nb): skrunøkkel med fastnøkkel i ene enden og stjernenøkkel i den andre

lotnolasviŋkil

kombinasjonsvinkel (nb) universal setting gauge (en) yleiskulmamittain (fi)

(se): viŋkil mii sáhttá doaibmat sihke čiehkaviŋkilin, stealleviŋkilin ja guovddášviŋkilin

(nb): vinkel som kan brukas både som gradvinkel, ansatsvinkel og sentrumsvinkel

lovtton, vinta

kran, heisekran (nb) crane (en) lyftkran (sv) nosturi (fi)

(se): ráhkkanus mainna lokte ja sirdá lossa áđaid

(nb): innretning til å løfte og flytte tunge ting

ludnemašiidna, válsamašiidna

valsemaskin, valse (nb) rolling machine (en) valsmaskin (sv) valssikone (fi)

(se): mašiidna mainna sojaha metállapláhtaid golmma ludni gaskkas; mašiidna mainna ráhkada metállapláhtaid

(nb): maskin der man bøyer metallplater mellom tre valser; maskin for å valse ut metallplater

ludni, válsa

vals, valse (nb) cylinder, roll, roller, barrel (en) vals (sv) valssi (fi)

(se): stállefárppal mii jorrá áksilculcciid birra

(nb): stålsylinder, trommel som roterer om tappar på kvar ende

luodda

Geahča «gurra, luodda».

luođđadoalan

kuleholder[nb], kulehaldar[nn] (nb) ball cage, ball retainer (en) kulhållare (sv) kuulakehikko, kuulanpidin (fi)

(se): doalan mii doallá luođaid luođđalágeris

(nb): holder for kuler i kulelager

luođđa, jorbadas

kule (nb) ball (en) kula (sv) kuula (fi)

(se): áhta mas olggožis juohke čuoggás lea ovtta guhkkodat guovddážii

(nb): lekam der kvart punkt på overflata har like stor avstand til sentrum

luođđaláger

kulelager (nb) ball bearing (en) kullager (sv) kuulalaakeri (fi)

(se): láger mas lea 1-2 luođđaráiddu guovtti rieggá gaskkas

(nb): lager med 1-2 rader med kuler mellom to ringar

luoddanibba

Geahča «rihkkosággi, luoddanibba».

luoitahat, njielahat

avløp (nb) outlet, drain (en) avlopp, utlopp (sv) viemäri (fi)

(se): sadji / rusttet man čađa njalbi golgá eret

(nb): stad / anlegg der væske har høve til å renne bort

luokčat

meisle (nb) chisel (en) mejsla (sv) taltata (fi)

(se): váldit eret ávdnasa veahčiriin ja luovččaniin

(nb): fjerne materiale med hammer og meisel

luonddoviđá ávnnas

Geahča «álgoávnnas, luondduviđá ávnnas».

luondduviđá ávnnas

Geahča «álgoávnnas, luondduviđá ávnnas».

luondduviđá olju

Geahča «álgguviđá olju, luondduviđá olju».

luovččan

meisel (nb) chisel (en) mejsel (sv) taltta (fi)

(se): lohtehámat ávjoneavvu mainna čuohppá metállaid ja geđggiid

(nb): kileforma eggverktøy for arbeid i metall og stein

luovusávju

løsegg[nb], lausegg (nb) built-up edge (en) lösegg (sv) irtosärmä (fi)

(se): ávnnas mii gártá ávjju ala čuohpadettiin nu ahte dat čuohppá heajubut

(nb): materiale som sintrar seg fast på toppen av eggen på eit skjæreverktøy og dermed gjør at det skjærer dårligare

luvda

Geahča «gusta, luvda».

luvvadanávnnas, luvvadat

løsemiddel[nb], løysemiddel (nb) solvent (en) lösningsmedel (sv) liuote, liuotinaine (fi)

(se): njalbi mii geavahuvvo luvvadit nana ávdnasiid málas dahje lakkas, ja mii hevriida goikamiin

(nb): væske som brukes til å løse de filmdannende stoffene i en maling eller lakk, og som fordamper under tørking

luvvadat

Geahča «luvvadanávnnas, luvvadat».

luvvadus

emulsjon, oppløsning[nb], oppløysing (nb) emulsion, solution (en) emulsion, lösning (sv) emulsio (fi)

(se): oktalaš golgi seaguhus mas okta dahje moadde

ávdnasa leat seaguhuvvon seaguhanávdnasii

(nb): homogen flytende blanding av et eller flere stoffer i et oppløsningsmiddel

luvvenlohti

utslager[nb], utslagar[nn], borkile (nb) ejector (en) utstötare (sv) irrotin, ulostyönnin, työntötuurna (fi)

(se): neavvu mainna luvve morselávvolat skuohpuid

(nb): reiskap til å slå morsekone hylser frå kvarandre

magnehta

magnet (nb) magnet (en) magnet (sv) magneetti (fi)

(se): áhta mii ráhkada olgguldas magnehtalaš gietti

(nb): gjenstand som produserer eit ytre magnetisk felt

magnehtacahkkeheapmi

magnettenning (nb) magnetoelectric ignition (en) magnettändning (sv) magneettisytytys (fi)

(se): boaldinmohtora cahkkeheapmi magnehtaid bokte

(nb): tenning av forbrenningsmotor ved hjelp av magneter

magnehtagieddi

magnetfelt, magnetisk felt (nb) magnetic field (en) magnetfält (sv) magneettikenttä (fi)

(se): latnja mas lea mekánalaš fápmogieddi ja elektralaš indukšuvdnadoaimmat mat leat ráhkaduvvon magnehtalaš gorudis dahje johtti elektralaš gealdduin

(nb): rom med mekaniske kraftfelt og elektriske induksjonsverknadar som er produserte av ein magnetisk kropp eller av elektriske ladningar i rørsle

máhccanjođas

returledning[nb], returleidning[nn] (nb) return line (en) returledning (sv) paluujohto (fi)

(se): jođas man čađa hydraulihkaolju manná ruovttoluotta lihttái

(nb): ledning for hydraulikkolje tilbake til tanken

máhccanrádji

flytegrense (nb) yield point (en) flytgräns, övre sträckgräns (sv) ylempi myötöraja (fi)

(se): rádji mas fatnanfápmu dahká ahte ávnnas fatnagoahtá vaikko fápmogeavaheapmi unnu

(nb): grense der elastisk påkjenning tar til å kalle

fram sterk tøying i eit materiale trass i at kraftbruken minkar

máhccanventiila

tilbakeslagsventil (nb) check valve, non-return valve (en) backventil (sv) vastaventtiilli, takaiskuventtiili (fi)

(se): ventiila mii galgá hehttet njalbbi / gása máhccamis

(nb): ventil som skal hindre tilbakestrømning

máhccunmášiidna

knekkemaskin, bukkemaskin (nb) folding machine, trimming machine (en) falsmaskin (sv) särmäyskone, taivutuskone, laskostuskone (fi)

(se): mašiidna mainna máhccu asehis pláhtaid

(nb): maskin for knekking av tynne plater

máhccut

knekke, bukke (nb) fold (en) vecka (sv) taivuttaa, taittaa (fi)

(se): sojahit pláhta unna sojahanraduisain oažžut dihto profiilla

(nb): bøye plate med liten bøyeradius for å få en bestemt profil

málbma

malm (nb) ore (en) malm (sv) malmi (fi)

(se): minerála mii lea kemiijalaš ovttastus metállas ja eahpemetállas

(nb): mineral som er kjemisk forbindelse av metall og ikke-metall

málbmariggudus, riggudus

slig (nb) dressed ore, ore concentrate (en) slig (sv) malmirikaste, rikaste (fi)

(se): fiidnacuvkejuvvon ja riggoduvvon málbma

(nb): finknust og anriket malm

málgur

Geahča «bovra, nábár, rádna, málgur».

málle

mal, sjablon, lære (nb) gauge, jig, template (en) schablon, mall (sv) malline, tulkki (fi)

(se): duolba ovdagovva mii čájeha ravdagova das mii galgá ráhkaduvvot

(nb): flat modell som gir omrisset til ting som skal lagas

málle

modell (nb) model (en) modell (sv) malli (fi)

(se): ovdagovva, hápmi man mielde juoga galgá ráhkaduvvot; plána dahje mašiinna oktagearddásaš ovdanbuktin

(nb): førebilete, form som noko skal lagas etter; skjematisk, forenkla framstilling av ein plan eller ein maskin

mannolat, proseassa

prosess (nb) process (en) process (sv) prosessi, tapahtumasarja (fi)

(se): ollislaš bargominsttar mii rievdada álgguviđá ávdnasa buvttadassan

(nb): eit integrert handlingsmønster som omdannar ei råvare til produkt

mannu

Geahča «gollu, mannu».

manomehtar

Geahča «deattamihtádas, manomehtar».

manšeahtta

mansjett (nb) sleeve, collar (en) skyddshylsa (sv) suojaholkki, kaulus (fi)

(se): gummegovččas /-ruojas mii sudje mašiidnaosiid

(nb): gummibelg som beskytter maskindeler

máŋggalođatovttastus

flerkileforbindelse[nb], fleirkilesamband[nn], splines (nb) splines (en) bomspår, splines (sv) akselin uritus, rihlaus (fi)

(se): áksila ja bovraráiggi ovttastus mas máŋga lođi ja gura heivejit oktii

(nb): overgang mellom aksling og boring der fleire spor passar inn i kvarandre

maŋŋálaslakta

serielt grensesnitt (nb) seriel interface (en) seriellt gränssnitt (sv) sarjaliitäntä (fi)

(se): RS232, dihtolágán lakta gokko diehtu sirdá ovtta geainnu mielde nu ahte bihtát bohtet maŋŋalagaid

(nb): RS232, er form for kopling mellom datautstyr der data overføres etter en vei, slik at de enkelte bits kommer etter hverandre

maŋŋeáksil

bakaksel (nb) rear axle (en) bakaxel (sv) taka-akseli (fi)

(se): áksil fievrru maŋŋejuvllaid gaskkas

(nb): aksel mellom bakhjula på eit kjøretøy

maŋŋegeašmohtor, fanasmohtor

påhengsmotor, utenbordsmotor[nb], uta(n)bords-[nn] (nb) outboard engine (en) utombordsmotor (sv) perämoottori (fi)

(se): boaldinmohtor propeallain fatnasa maŋágeahčen

(nb): forbrenningsmotor med propell for framdrift av båt, monteras i akterenden

maŋŋejuvla

bakhjul (nb) rear wheel (en) bakhjul (sv) takapyörä (fi)

(se): juvla mii lea čadnon fievrru maŋŋeáksilii

(nb): hjul lagra på bakakselen på eit kjøretøy

mašineren

maskinering (nb) machining (en) maskinbearbetning (sv) koneistaminen (fi)

(se): buvttadasaid ráhkadeami bealledagahagain mašiidnabarguin nugo vadjamiin, čuohppamiin ja vuolahastimiin

(nb): framstilling av produkter fra halvfabrikata ved maskinelle operasjoner som stansing, skjæring og sponskjærende bearbeiding

mašineret

maskinere (nb) machine (en) bearbeta (sv) koneistaa (fi)

(se): gieđahallat mašiinnaiguin omd. vuolahasčuohppamiin

(nb): bearbeide ved bruk av maskiner

masomman, masuvdna

masovn[nb], masomn[nn] (nb) blast furnace (en) masugn (sv) masuuni (fi)

(se): šaktaomman mainna ruovdemálmmas ja koalas ráhkada álgguviđá ruovddi

(nb): sjaktovn til å vinne ut råjern med

masuvdna

Geahča «masomman, masuvdna».

meaddilmannan

omløp (nb) by-pass (en) förbigång, bypass (sv) ohivirtaus (fi)

(se): njalbe- dahje gássarávnnji mannan váldokanála meaddil

(nb): det at ein væske- eller gasstraum passerer utanom hovudkanalen

meaddilventiila

omløpsventil (nb) bypass valve (en) förbigångsventil, bypassventil, shuntvewntil (sv) ohitusventtiili (fi)

(se): giddenorgána meaddilmannamis

(nb): stengeorgan i et omløp

meanderiekkis

stempelring (nb) piston ring (en) kolvring (sv) männänrengas (fi)

(se): luddejuvvon riekkis dávgestális, mii biddjo meanddi guraide

(nb): kløyvd ring av fjærstål som settes i spor på stemplet

meandestággu, veivestággu

stempelstang, veivstang, -stong[nn], råde (nb) piston rod, connecting rod (en) kolvstång, vevstake (sv) männänvarsi, kiertokanki (fi)

(se): stággu meanddi ja veivve gaskkas

(nb): stang som forbind stemplet og veiva

meandi, steamppal

stempel (nb) piston (en) kolv (sv) mäntä (fi)

(se): mašiidnaoassi mii manná ovddos maŋos sylindaris

(nb): maskindel som går fram og tilbake i en sylinder

mearka, signála

signal (nb) signal (en) signal (sv) merkki, signaali (fi)

(se): mearriduvvon, soabaduvvon mearka maid addá čuovggain, jienain, lihkademiiguin, elrávnnjiin jna.

(nb): fastsatt, avtalt teikn som ein gir med lys, lyd, rørsler, straum eller lignende

mehtarlaš

metrisk (nb) metric (en) metrisk (sv) metrinen (fi)

(se): mii guoská mehtarvuogádahkii dahje lea huksejuvvon dan ala

(nb): som gjeld eller bygger på metersystemet

mehtarmihtádas, dumámihtádas

meterstokk, tommestokk (nb) inch rule, folding metre rule (en) mätstock, tumstock (sv) nivelmitta (fi)

(se): guhkodatmihtádas mas leat lađđasat

(nb): sammenleggbart ledda lengdemål

meisset, messet

messing (nb) brass (en) mässing (sv) messinki (fi)

(se): metállaseaguhus mas lea veaiki, sinka ja muhtumin vel eará metállat

(nb): legering av koppar og sink og eventuelt andre metall

mekánalaš, mekanihkkalaš

mekanisk (nb) mechanical (en) mekanisk (sv) mekaaninen (fi)

(se): mii dahkko dahje doaibmá mašiidnafámuiguin

(nb): som blir gjort eller dreve med maskinar

mekánalaš seaguhus

mekanisk blanding (nb) mixture, mixing (en) mekanisk blandning (sv) mekaaninen seos (fi)

(se): seaguhus iešguđetlá-
gan ávdnasiin, mii ii leat
kemiijalaš ovttastus

(nb): blanding av ulike
kjemiske stoff som ikkje har
gått inn i kjemisk sameining

mekanihkkalaš

Geahča «mekánalaš,
mekanihkkalaš».

mekanihkkár, divodeaddji

mekaniker[nb], mekanikar[nn],
reparatør (nb) mechanic,
mechanician (en) mekaniker
(sv) asentaja, korjaaja (fi)

(se): fágabargi gii divvu
mašiinnaid ja mekánalaš
ráhkkanusaid

(nb): fagarbeider som repar-
erer maskiner og mekaniske
innretninger

mekaniseren

mekanisering (nb) mecha-
nization (en) mekanisering
(sv) koneellistaminen (fi)

(se): olbmonávccaid sadjái
bidjan mekánalaš fámuid

(nb): erstatning av
muskelkraft med mekanisk
kraft

mekanisma

mekanisme (nb) mecha-
nism (en) mekanism (sv)
mekanismi, koneisto (fi)

(se): mašiinna dahje
apparáhta siskkáldas
ráhkadus, orgána, systema

dahje proseassa huksehus
ja doaibma

(nb): indre samansetnad i
eit apparat eller ein maskin;
oppbygging og verkemåte
til eit organ, eit system eller
ein prosess

membrána

Geahča «cuozza, mem-
brána».

merkendurra

Geahča «merkenluovččan,
merkendurra».

merkenluovččan, merk-
endurra

kjørner[nb], kjørnar[nn]
(nb) centre punch, punch
(en) körnare (sv) pis-
tepuikko (fi)

(se): čohkalis stállebi-
httá mainna bidjá mearkka
metállabargoávdnasii

(nb): spist stålstykke til
å sette merke på arbei-
dsstykke av metall

messet

Geahča «meisset, messet».

metálla

metall (nb) metal (en) metal
(sv) metalli (fi)

(se): vuođđoávnnas dahje
seaguhus mas lea šealgu ja
mii bures jođiha lieggasa ja
elrávnnji

(nb): grunnstoff eller leg-
ering som har tydelig glans
og er god leiar for varme og
elektrisitet

metállaseaguhus, seaguhus, segohus

legering (nb) alloy (en) legering (sv) seos, metalliseos (fi)

(se): oktasuddadeapmi moatte vuođđoávdnasis main unnimusat okta lea metálla

(nb): samansmelting av to eller fleire grunnstoff der minst eit av dei er eit metall

metállašealgu

metallglans (nb) metallic lustre, metallic glint (en) metallglans (sv) metallinkiilto, -hohde (fi)

(se): šealgu mii lea erenoamáš metállaide

(nb): glans som er karakteristisk for metall

miehkki

sverd (nb) guide bar (en) svärd (sv) laippa, terälaippa (fi)

(se): mohtorsaháoassi mii doallá ja stivre sahávieđjji

(nb): kompomnent som bærer og styrer sagkjedet på motorsag

miehttejursan

medfresing (nb) climb milling, down milling (en) medfräsning (sv) myötäjyrsintä (fi)

(se): jursan mas čuohppanlihkadeapmi ja boranhanlihkadeapmi mannet ovtta guvlui

(nb): fresing der skjærerørsla har same retning som matingsrørsla

mielggas

sleide (nb) slide (en) slid (sv) kelkka, luisti (fi)

(se): oassi mii sáhttá johtit / šuohčat ovddos maŋos mašiinnas dahje apparáhtas

(nb): del som kan gli fram og tilbake i maskin eller apparat

mierkavuoidi

(olje)tåkesmører[nb], -smørjar[nn] (nb) oil mist lubricator (en) oljedimbildare (sv) voidesumutin (fi)

(se): vuoidanapparáhta deattaáibmorusttegis

(nb): smøreapparat for trykkluftanlegg

mihtádas, mihtidanneavvu, mihttár

måleverktøy (nb) measuring tool, gauge (en) mätverktyg (sv) mittaustyökalu, mittain (fi)

(se): bargoneavvu mainna mihtida

(nb): verktøy for måling

mihtidanbáddi

måleband, bandmål (nb) measuring tape, steel tape rule (en) bandmått (sv) mittanauha (fi) (se): sojahahtti guhkkodat-mihtádas

(nb): bøyelig lengdemål

mihtidandiibmu

måleur (nb) dial gauge, dial indicator (en) mätklocka (sv) mittakello (fi)

(se): mihtádas mainna roamšši ja bálkun sirdo-juvvo viissárii

(nb): måleinstrument der ujevnheter og kast over-føres til en viser.

mihtidanfárppal

måletrommel (nb) grad-uated cylinder (en) mät-trumma (sv) mittarumpu (fi)

(se): fárppal mii lea mikromihtádasas ja mainna dárkilastá ja lohká mihtuid

(nb): trommel på mikrom-eter for innstilling og avlesing av mål

mihtidanneavvu

Geahča «mihtádas, mihti-danneavvu, mihttár».

mihtidannjunni

målespiss (nb) contact point (en) mätspets (sv) mit-takärki (fi)

(se): dávgi njunni mihtá-dasas, omd. mihtidandiim-mus

(nb): fjærende spiss på måleverktøy, for eksempel måleur

mihtidanoalul

Geahča «mihtidanolggoš, mihtidanoalul».

mihtidanolggoš, mihti-danoalul

målekjeft (nb) measuring surface (en) mätyta (sv) mit-tauspinta (fi)

(se): okta mihtidanolggožiin stellehahtti mihtádasas, omd. sirdinmihtádasas dahje mikromihtádasas

(nb): en av måleflatene på stillbart måleinstru-ment, eks. skyvelære eller mikrometer

mihtideapmi

måling (nb) measure, mea-suring, measurement (en) mätning (sv) mittaaminen, mittaus (fi)

(se): sturrodaga gávdnan

(nb): størrelsesbestem-melse

mihttár

Geahča «mihtádas, mihti-danneavvu, mihttár».

mihttobidjan

målsette, målsetje[nn] (nb) measure (en) måttsätta (sv) mitoittaa (fi)

(se): bidjat mihtuid teknihkalaš sárgumii

(nb): sette mål på ei teknisk teikning

mihttodallat

dimensjonere (nb) dimensjon, measure out (en) dimensionera (sv) mitoittaa (fi)

(se): meroštallat / mearridit muhtin áđa dahje ráhkkanusa mihtuid

(nb): gi dimensjonar, berekne mål på en gjenstand eller konstruksjon

mihttoovttadat

målenhet[nb], måleining[nn] (nb) unit of measure (en) måttenhet (sv) mittayksikkö (fi)

(se): ovttadat mihtideapmái, omd. guhkkodahkii, volumii, deaddagii ja elrávdnjái

(nb): enhet for måling av for eksempel lengde, volum, trykk og straum

mikrobotkkán

mikrobryter[nb], mikrobrytar[nn] (nb) micro switch (en) mikroströmbrytare (sv) mikrokytkin (fi)

(se): veahkebotkkan mii rievdada unna mekánalaš lihkadusaš elektralaš signálan

(nb): hjelpebryter som omdanner en liten mekanisk bevegelse til et elektrisk signal

mikrodoaimmár

mikroprosessor (nb) microprocessor (en) mikroprocessor (sv) mikroprosessori, mikrosuoritin (fi)

(se): unna, silikonsmáhkkui ráhkaduvvon doaimmár

(nb): liten prosessor for datamaskin, laga av silikonbrikke

mikromihtádas

mikrometer (nb) micrometer (en) mikrometer (sv) mikrometri (fi)

(se): guhkkodatmihtádas man dárkilvuohta lea 1/100 mm

(nb): måleinstrument for lengde med nøyaktigheit på 1/100 mm

mohtor

motor (nb) motor, engine (en) motor (sv) moottori (fi)

(se): fápmomašiidna mii rievdada energiija mekánalaš jođihanfápmun

(nb): kraftmaskin som lagar om energi til mekanisk drivkraft

mohtorgiddehat

motorfeste (nb) engine anchorage, engine bracket, engine lug (en) motorfäste (sv) moottorin kiinnitin (fi)

(se): ráhkadus mainna gidde mohtora goavdái

(nb): konstruksjon for å feste motoren til karosseriet

mohtorgielka, skohter

snøskuter, beltemotorsykkel (nb) snow scooter (en) snöskoter (sv) moottorikelkka, skootteri (fi)

(se): mohtorfievru mainna muohtagis vuodjá boahkániin

(nb): beltedrevet motorkjøretøy for 1-2 personer for kjøring på snø

mohtorgorut, sylinddargorut

motorblokk, sylinderblokk (nb) cylinder block, engine block (en) cylinderblock (sv) sylinteriryhmä (fi)

(se): mohtora váldooassi, masa sylindarat leat bovrejuvvon

(nb): motorens hoveddel, som sylindrene er boret ut i

mohtorliekkan

motorvarmer[nb], motorvarmar[nn] (nb) engine heater (en) motorvärmare (sv) moottorilämmitin (fi)

(se): elektralaš elemeanta mainna sáhttá ligget boaldinmohtora

(nb): elektrisk element for å varme opp forbrenningsmotor

mohtorsahá

motorsag (nb) power saw, chain saw (en) motorsåg (sv) moottorisaha (fi)

(se): guoddehahtti viđjesahá jorahuvvon boaldinmohtoriin dahje elrávnnjiin

(nb): bærbar kjedesag drevet av forbrenningsmotor eller elektrisitet

mohtorsihkkal

motorsykkel (nb) motor cycle, motorbike (en) motorcykel (sv) moottoripyörä (fi)

(se): guovttejuvllat mohtorfievru, časkinvolum > 50cm3

(nb): motorkjøretøy på to hjul, slagvolum > 50cm3

mohtorsuodjebotkkon

motorvernbryter[nb], motorvernbrytar[nn] (nb) motor protecting switch (en) motorskydd (sv) moottorin suojakytkin (fi)

(se): laktinapparáhta, dávjá kontaktor, čadnon oktii orgánii mii dagaha ahte mohtor jáddá go lea badjelmearalaš elrávdnji dahje njulggogidden

(nb): koplingsapparat, ofte ein kontaktor, kombinert med eit organ som forårsakar utkopling av ein motor ved overstrøm eller kortslutning

molekyla

molekyl (nb) molecule (en) molekyl (sv) molekyyli (fi)

(se): partihkal mas leat guokte dahje eanet atomat

(nb): partikkel av to eller fleire atom

molsa

utveksling (nb) gearing, transmission, exchange (en) utväxling (sv) välitys (fi)

(se): jorranlogu rievdan; mekanisma mii rievdada jorranlogu

(nb): endring av omdreiingstall; mekanisme som får til slik endring

molssačoavdda

skiftenøkkel (nb) adjustable wrench, adjustable spanner (en) skiftnyckel (sv) jakoavain (fi)

(se): skruvvačoavdda man njálbmi lea stellehahtti

(nb): skrunøkkel med gap som kan stillast

molssarávdnji

vekselstrøm, vekselstraum[nn] (nb) alternating current (en) växelström (sv) vaihtovirta (fi)

(se): elrávdnji mii oanehis gaskkaid mielde molsu háltti ja sturrodaga

(nb): elektrisk strøm som med korte mellomrom skiftar retning og styrke

molssohahtti galján

stillbar brotsj (nb) adjustable reamer (en) ställbar brotsch, justerbrotsch (sv) säädettävä kalvain (fi)

(se): galján mas lea molssohahtti diamehtar

(nb): brosj med stillbar diameter

molsson, giira

gir (nb) gear (en) växel (sv) vaihde (fi)

(se): bátnejuvlamolsson mainna rievdada molsagaskavuođa

(nb): tannhjulsutveksling for å endre utvekslingsforholdet

molssonkássa, giirakássa

girkasse (nb) gearbox, transmission (en) växellåda (sv) vaihteisto (fi)

(se): kássa molssonjuvllaid birra

(nb): kasse rundt giret på eit kjøretøy

molsut

veksle, gire (nb) change gear, shift gear, alternate (en) växla (sv) vaihtaa (fi)

(se): rievdadit molssongori

(nb): endre utvekslingsforholdet

momeanta

moment (nb) torque, moment (en) moment (sv) momentti (fi)

(se): fápmu x giehta

(nb): kraft x arm

momeantačoavdda

momentnøkkel (nb) torque wrench (en) momentnyckel (sv) momenttiavain (fi)

(se): skruvvačoavdda mainna sáhttá mihtidit fápmomomeantta noađuheamis

(nb): skrunøkkel som kan måle kraftmoment ved belastning

monteret

Geahča «čohkket, monteret».

mopeda

moped (nb) moped (en) moped (sv) mopo, moottoripolkupyörä (fi)

(se): guovttejuvllat mohtorfievru, časkinvolum < 50cm3

(nb): motorkjøretøy på to hjul med høyst 50 cm3 slagvolum

muddenbelle

spjell (nb) flap, damper, valve disc (en) spjäll (sv) säätöpelti (fi)

(se): skearru dahje pláhtta giddet dahje muddet golgama, stellejuvvo jorahemiin dahje hoigamiin

(nb): plate til å stenge eller regulere gjennomstrømning,reguleres ved dreiing eller skyving

muddosirdu

faseforskyving, faseforskuving[nn] (nb) phase shift (en) fasförskjutning (sv) vaihesiirto (fi)

(se): muddoerohus iešguđetge rávdnje- ja gealddamuttuid gaskkas molsorávdnjebiires

(nb): skilnad i fase mellom ulike fasar for straum og spenning i ein vekselstraumkrins

muddu

fase (nb) phase (en) fas (sv) vaihe (fi)

(se): dilli dihto sajiin periodalaš heiludusain; iešguđetge jođas dahje giesttus fierpmádagas mii doalvu molsonrávnnji

(nb): tilstand ved punkt i periodiske svingingar; kvar leidning eller vinding i nett som fører vekselstraum

muffa

muffe (nb) socket, sleeve, faucet, collar (en) muff (sv) holkki, muhvi (fi)

(se): oanehis laktin- dahje suodjalanbihttá, dávjá siskkáldas jeaŋgaiguin, mainna laktá bohcciid

(nb): kort skøyte- eller verne-stykke, ofte med innvendige gjenger, til skøyting av rør

muhkebiđggon

gjødselspreder[nb], gjødsel-spreiar[nn] (nb) fertilizer distributor (en) gödselspridare (sv) lannanlevittäjä, -levitin (fi)

(se): ráhkkanus mainna fievrrida ja gilvá muhki

(nb): innretning til å transportere og spre gjødsel

muhtán

omformer[nb], omformar[nn] (nb) converter (en) omformare (sv) muuntaja (fi)

(se): elektralaš mašiidna mii rievdada elektralaš energiija nuppi rávdnjesortas nubbin

(nb): elektrisk maskin som omformar elektrisk energi frå eit straumslag til eit anna

muhtter

mutter (nb) nut (en) mutter (sv) mutteri (fi)

(se): máŋggačiegat metállabihttá mas lea jeŋgejuvvon ráigi,

(nb): fleirkanta metallstykke med skruegjenga hol i midten

muitu

minne (nb) memory (en) minne (sv) muisti (fi)

(se): dihtora oassi masa prográmmat ja dieđut leat vurkejuvvon ja mas dieđut

gieđahallojit ja prográmmat doibmet

(nb): datamaskindel der programmer og informasjoner er lagra og der informasjon blir behandla og program fungerer

muorraskruvva

treskrue (nb) wood-screw (en) träskruv (sv) puuruuvi (fi)

(se): skruvva maid sáhttá skruvvet muora sisa

(nb): skrue for treverk

muovveveažir

Geahča «plástaveažir, muovveveažir».

muovvi

Geahča «plásta, muovvi».

murdinmolsson

revers (nb) reverse (en) backväxel (sv) peruutusvaihde (fi)

(se): molsson maŋosguvlui

(nb): utveksling i girkasse for bevegelse bakover

nábár

Geahča «bovra, nábár, rádna, málgur».

nađđadit

skjefte (nb) haft, stock (en) skafta (sv) varttaa (fi)

(se): bidjat nađa nevvui

(nb): sette skaft på redskap eller verktøy

nađđa, geavja

skaft, handtak, håndtak[nb] (nb) haft, shaft, handle, grip (en) skaft, handtag (sv) kahva, varsi, kädensija (fi)

(se): áhta mainna doallá bargoneavvu

(nb): noko som er laga til å halde verktyg eller reidskap i

náhpi

pol (nb) pole (en) pol (sv) napa (fi)

(se): sadji elektralaš báhtteris dahje mašiinnas gosa johtasat čadnojuvvojit

(nb): uttaks-eller inntakspunkt på elektrisk batteri eller maskin, for feste av elektriske leidningar

náhpul

Geahča «bunci, náhpul».

nákca

Geahča «kapasitehta, nákca».

nálloláger

nålelager (nb) needle bearing (en) nållager (sv) neulalaakeri (fi)

(se): rullaláger mas leat guhkedáleš, seahkka sylinddarlaš rullat

(nb): rullelager som har lange, sylindriske rullar med liten diameter

nammaoassi

tittelfelt (nb) title block (en)

(se): teknihkalaš sárgosis oassi gosa čállojuvvo namma, beaivvi, sárgu jna.

(nb): felt på teknisk teikning for tittel, dato, namnet på teiknaren osv.

nannen, nanosmahtti

armering (nb) armouring, reinforcing (en) armering (sv) vahvike (fi)

(se): nannoset ávnnas biddjojovvon eará ávdnasa sisa

(nb): forsterkande innlegg i anna materiale

nannenstálli, nanosmahttinstálli

armeringsstål, kamstål (nb) reinforcement steel (en) armeringsstål (sv) betoniteräs (fi)

(se): stálli mii lea erenoamážit ráhkaduvvon betoŋgga nanosmahttit

(nb): stål som er spesielt framstilt til armering av betong

nannodat

fasthet[nb], fastleik[nn] (nb) strength (en) fasthet (sv) kestävyys, vahvuus (fi)

(se): ávdnasa iešvuohta bihtit olgobealfámuid vuostá

(nb): eigenskap ved materiale å stå imot ytre krefter

nanosmahtti

Geahča «nannen, nanosmahtti».

nanosmahttinstálli

Geahča «nannenstálli, nanosmahttinstálli».

nanosmahttit

Geahča «gievrudit, nanosmahttit».

nárbma

rissmål, strekmål (nb) marking gauge (en) strykmått, streckmått, ritsmått (sv) suunturi, suuntapiirrin (fi)

(se): sáhcunneavvu mainna sáhcu sázu / linjjá mii paralleallalaččat čuovvu bargoávdnasa ravdda

(nb): risseverktøy for rissing av linje parallell med en av arbeidsstykkets kanter

náskál, soairu

syl (nb) awl (en) syl (sv) naskali (fi)

(se): neavvu asehis stállegeažis mainna ráigá muora, náhki jna.

(nb): reiskap med tynn stålspiss for å lage hol i tre, lær o.l.

nástečoavdda, gierdočoavdda

stjernenøkkel, ringnøkkel (nb) spanner, box wrench, socket wrench (en) ringnyckel (sv) lenkkiavain, silmukka-avain, rengasavain (fi)

(se): nástehápmásaš skruvvačoavdda (6- dahje 12-čiegat)

(nb): skrunøkkel med stjerneform (6 eller 12-kanta)

nástegolbmačiegatgoallus

stjernetrekantkopling (nb) star-delta connection (en) stjärntriangelkoppling (sv) tähtikolmiokytkentä (fi)

(se): goallus golmmamuttut elrávdnjái

(nb): koplingstype for trefasa strøm

násterabasčoavdda

Geahča «lotnolasčoavdda, násterabasčoavdda».

násteskruvvaruovdi

stjerneskrujern (nb) crossslot screwdriver (en) kryssskruvmejsel (sv) ristikärkitaltta (fi)

(se): skruvvaruovdi mas lea nástehápmásaš gurra (Philips dahje Pozidrive)

(nb): skrujern med stjernespor (Philips eller Pozidrive)

návli, duorrannávli

nagle, klinknagle (nb) rivet (en) nit (sv) niitti (fi)

(se): oanehis boaltu mainna gidde osiid oktii duorramiin

121

(nb): stutt bolt til å feste delar saman gjennom stuking av bolten

neavvobumbá, bargobumbá

verktøykasse, verktøykiste (nb) tool box (en) verktygslåda (sv) työkalulaatikko, työkalupakki (fi)

(se): kássa masa vurke bargoneavvuid

(nb): kasse for oppbevaring av verktøy

neavvogiddehat

verktøyfeste (nb) tool holder (en) verktygshållare (sv) teränpidin (fi)

(se): bierggas mainna gidde čuohppanneavvu mašiidnii

(nb): feste for skjæreverktøy i maskin

neavvojohtolat

verktøybane (nb) tool path (en) verktygsväg (sv)

(se): johtolat maid čuohppanneavvu čuovvu automáhtalaš stivrejumiin

(nb): den banen eit skjæreverktøy følger ved automatisk styrt bearbeiding

neavvorávdi

verktøymaker[nb], verktøymakar[nn] (nb) toolmaker (en) verktygsmakare (sv) työkaluntekijä (fi)

(se): fágabargi gii ráhkada bargoneavvuid

(nb): fagarbeider som lager verktøy

nihppel

nippel (nb) nipple (en) nippel (sv) nippa, nippeli (fi)

(se): oanehis bohccebihttá mas leat olgguldas jeaŋgat

(nb): kort rørstykke med utvendige gjenger

niibestálli

knivstål (nb) knife tool (en) knivstål (sv) veitsiterä (fi)

(se): várvenstálli fiinnavárvemii ja steallevárvemii

(nb): dreiestål for findreiing / ansatsdreiing

niibi

kniv (nb) knife (en) kniv (sv) veitsi (fi)

(se): čuohppanneavvu dahje čuohppi oassi mašiinnas

(nb): skjæreverktøy eller skjærande del i maskin

njalbi

væske (nb) liquid (en) vätska (sv) neste (fi)

(se): golgi ávnnas (aggregáhtadilli)

(nb): flytande stoff (aggregattilstand)

njálbmebihttá, geahčebihttá

munnstykke (nb) mouth piece, nozzle, die (en) munstycke (sv) suutin (fi) (se): čoavddihahtti oassi šlá**ŋ**ŋa dahje bohcci geažis

(nb): lausbar del i enden av slange eller rør

njalpagoallus

Geahča «njalpalavtta, njalpagoallus».

njalpalavtta, njalpagoallus

slurekopling (nb) slide coupling, slipping clutch (en) slirkoppling (sv) liukukytkin (fi)

(se): goallus mii njalpá go noađuheapmi ollá dihto muddui

(nb): kopling som slurar når belastninga kjem over eit visst nivå

njalpit

slure (nb) slip, skid, slide (en) slira (sv) luistaa, luistattaa, liukua (fi)

(se): njaláhastit, ii coavcce (erenoamážit juvllaid birra)

(nb): gli, ikkje gripe (særlig om hjul)

njaman, geson

avsug, avtrekk (nb) flue, outlet, vent pipe, hood (en) avsugning (sv) poistoimuri (fi)

(se): rusttet mii njammá áimmu dahje gássa

(nb): utstyr for å trekke/ suge bort luft eller gass

njamman

innsuging, sug (nb) suction, inlet (en) sug (sv) imu (fi)

(se): áibmosisaváldin boaldinmohtoris dahje áibmorusttegis

(nb): inntak av luft i forbrenningsmotor eller lufteanlegg

njárbbadas

tynner[nb], tynnar[nn] (nb) thinner (en) förtunningsmedel (sv) ohennin (fi)

(se): njalbi mii seaguhuvvo vuolidit viskositehta

(nb): væske som tilsettes for å minske viskositeten

njealjeborat skruvva

Geahča «njealječiegat skruvva, njealjeborat skruvva».

njealječiegatjeaŋga, duolbajeaŋga

firkantgjenge (nb) flat thread, square thread (en) flatgänga (sv) lattakierre (fi)

(se): jeaŋga mas lea njealječiegat sneaktačuohpastat

(nb): gjenge med kvadratisk tverrsnitt

njealječiegat skruvva, njealjeborat skruvva

firkantskrue (nb) square head screw (en) fyrkantskruv (sv) neliökantaruuvi (fi)

(se): skruvva mas lea njealječiegat oaivi

(nb): skrue med kvadratisk hode

njealjedávttatmohtor

firetaktsmotor (nb) four-stroke engine (en) fyrtaktsmotor (sv) nelitahtimoottori (fi)

(se): boaldinmohtor mas boaldá juohke njealját meandečaskimis (juohke nuppi jorramis)

(nb): forbrenningsmotor som har forbrenning ved hvert 4 stempelslag (annenhver omdreining)

njealjejuvllat (sihkkal)

firehjulssykkel, firehjuling (nb) four wheel bike (en) fyrhjuling (sv) mönkijä (fi)

(se): meahccefievru mas leat njeallje juvlla

(nb): terrengmotorkjøretøy med fire hjul

njielahat

Geahča «luoitahat, njielahat».

njoalveláger, johtinláger

glidelager (nb) sliding bearing, plain bearing (en) glidlager (sv) liukulaakeri (fi)

(se): láger mas áksil ja skuohppu johttiba nuppi nuppiid miehtut, dábálaččat vuoiddasnaga

(nb): lager der to flater glir mot kvarandre, oftast med smøremiddel

njulgen

oppretting (nb) alignment, straightening (en) riktning (sv) oikaisu (fi)

(se): revččiid, lihkkasan dahje eahpedássedis osiid divudeapmi álgodillái

(nb): det å rette opp noko som er deformert, kome ut av stilling eller i ubalanse

njulgenneavvu

opprettingsverktøy (nb) straightening tool (en) riktverktyg (sv) oikaisutyökalut (fi)

(se): bargoneavvu mainna njulge omd. goavddi revččiid

(nb): verktøy for oppretting av skader på for eksempel karosseri

njulggonas

avretter[nb], avrettar[nn] (nb) planing tool, dresser (en) skärpverktyg, avrivare (sv) teroituslaite, oikaisulaite (fi)

(se): neavvu mainna njulge šliipenskearru

(nb): verktøy for å rette av slipeskive

njunneáksil

kamaksel (nb) camshaft (en) kamaxel (sv) nokka-akseli (fi)

(se): veahkkeáksil mas leat njunit mat stivrejit muhtin lihkademiid mašiinnas, omd. ventiilalihkadeami mohtoris (nb): hjelpeaksel med kamskiver som styrer visse rørsler i maskinar, eks. ventilrørsla i motor

njunnebasttat

Geahča «duolbabasttat, njunnebasttat».

njunneradius

neseradius (nb) corner radius (en) nosradie (sv)

(se): vuolahasčuohppanneavvu radius váldoávjju ja oalgeávjju gaskkas

(nb): radius på sponskjærande verktøy, mellom hovedegg og biegg

njuolggan

likeretter[nb], likerettar[nn] (nb) rectifier (en) likriktare (sv) tasasuuntaaja (fi)

(se): ráhkadus mii muhttá molssarávnnji dásserávdnjin

(nb): innretning som formar om vekselstrøm til likestrøm

njuolggogidden, njuolggolaktin

kortslutning (nb) shortcircuit (en) kortslutning (sv) oikosulku (fi)

(se): menddo stuorra elrávdnjemannan rávdnjegáldu nábaid gaskkas go vuosttaldus johtasiin šaddá hui unni, omd. erreldatvigi geažil

(nb): altfor sterk straumgang mellom polane på ei straumkjelde når motstanden i leidningane blir svært liten, t.d. pga. feil i isolasjonen

njuolggolaktin

Geahča «njuolggogidden, njuolggolaktin».

njuolggolinjála

rettholt, reie (nb) rule (en) rätskiva (sv)

(se): guhkes, njuolga muorra- dahje metállalista mii geavahuvvo dárkkistit lea go juoga duolbbas, dahje go njulge muvrra, seainni jna.

(nb): lang, rett fjøl eller list av tre eller metall brukt til å kontrollere om noe er plant eller gjøre mur, vegg eller lignende plan

noađuheapmi, guorbmádeapmi

belastning (nb) load (en) belastning (sv) kuormitus (fi)

(se): beaktu mii guorbmáda mašiinna dahje rávdnjebiire

(nb): effekt som ein maskin eller ein straumkrins blir belasta med

noađuhit, guorbmádit

belaste (nb) load (en) belasta (sv) kuormittaa (fi)

(se): lossudit, deaddit, fámuiguin váikuhit dahje elrávnnji golahahtit (nb): tynge, presse, utsette for krefter eller forbruk av elektrisitet

noavki, gavjanjaman

støvsuger[nb], støvsugar[nn] (nb) vacuum cleaner, dust cleaner (en) dammsugare (sv) pölynimuri (fi)

(se): apparáhta mii njammá gavjjaid

(nb): apparat som syg opp støv

nonie, noniusa

nonie, nonius (nb) vernier (en) nonieskala, nonie (sv) noonio (fi)

(se): oanehis skála maid sáhttá sirdit mihtádasa váldoskála mielde vai sáhttit oaidnit mihtuid dárkkileappot

(nb): kort skala som kan flyttes langs hovedskalaen på måleinstrument, gjør det mulig med nøyaktigere avlesning

noniusa

Geahča «nonie, noniusa».

normálasajádat

normalstilling, nøytralstilling (nb) normal position (en) normalläge (sv) normaaliasento (fi)

(se): stellehahtti mašiidnaoasi dahje mihtádasa sajádat go ii leat noaðuhuvvon

(nb): den stilling en regulerbar maskindel eller måleinstrument står i når den ikke er utsatt for belastning

normaliseret

normalisere (nb) normalize (en) normalisera (sv) normalisoida (fi)

(se): báhkkagieðahallat stáli vai ovdalis buoššodeami váikkuhusat jávket

(nb): varmebehandle stål så virkning av tidligere herding forsvinner

notkkaldat, deavddádas

fyllmiddel (nb) fillings, filler material (en) fyllmedel (sv) täyteaine (fi)

(se): ávnnas mii seaguhuvvo gievrudit iešvuoðaid dahje vuolidit hatti

(nb): materiale som tilsettes ei blanding for å forsterke egenskaper eller redusere pris

nullačuokkis

nullpunkt (nb) zero point (en) nolläge (sv) nollakohta, nollapiste (fi)

(se): mihtádasas dahje skálas bistevaš vuolggasadji

(nb): fast utgangspunkt på ein måleinstrument eller skala

nuorrahuvvat, nuorrašuvvat

sløves[nb], sløvast[nn] (nb) become blunt (en) bli slö, bli oskarp (sv) tylsyä (fi)

(se): bastoheapmin šaddat

(nb): bli sløv, ukvass

nuorrašuvvat

Geahča «nuorrahuvvat, nuorrašuvvat».

nuoskkideapmi

forurensning[nb], (for)ureining[nn] (nb) pollution (en) förorening (sv) epäpuhtaus, saaste (fi)

(se): ávnnas mii ii leat sávahahtti iežas birrasis dahje mii lea badjelmearalaččat

(nb): stoff som er uønska i sine omgivelser eller opptrer i for store mengder

nuppáldas, sekundára

sekundær (nb) secondary (en) sekundär (sv) toisio- (fi)

(se): mii gullá nuppi ceahkkái, mii boahtá maŋŋilis

(nb): som hører til det andre steget, som følger etter

oaiveávju

Geahča «váldoávju, oaiveávju».

oalásruovdi, loaktinstálli

slitestål, styrejern (nb) wearing steel (en) slitstål (sv) olasrauta, ohjausrauta (fi)

(se): loaktinnanu stálli mii giddejuvvo stivren/loaktinolggožiid, omd skohtersábehiid vuollái

(nb): slitesterkt stål som festes under på styre- /sliteflater, for eksempel skooterski

oalgeávju

biegg (nb) secondary edge, minor cutting edge (en) biskäregg, biegg (sv) sivusärmä (fi)

(se): čuohppanávju mii ii leat váldoávju

(nb): skjærande egg som ikkje er hovudegg

oalul

bakke (nb) jaw, die (en) back (sv) kiinnitysleuka (fi)

(se): čárvenbihttá dahje oassi čárvenneavvus; jeŋgenneavvu čuohppi oassi

(nb): klemstykke eller del av oppspenningverktøy; arbeidande del i gjengeskjæringsverktøy

oalulgiddehat

bakkskive (nb) jaw chuck (en) backskiva (sv) leukaistukka (fi)

(se): neavvu olloliiguin maiguin gidde bargobihtá várvii, ollolat čavgejuvvojit iešheanalaččat

(nb): oppspenningsverktøy for dreibenk med uavhengige bakkar

oasselávgu

delevasker[nb], delevaskar[nn] (nb) scouring machine, washing machine (en) osienpesulaite (fi)

(se): mašiidna mainna bassá mašiidnaosiid

(nb): maskin for vasking av maskindeler

oasselistu

stykkliste (nb) parts list (en) stycklista, detaljlista (sv) osaluettelo (fi)

(se): teknihkalaš sárgosis listu mas oaidná osiid

(nb): liste over delene i ei teknisk teikning

ohcu

katalog (nb) directory (en) katalog, bibliotek (sv) hakemisto (fi)

(se): listu mii čájeha omd. daid vuorkkáid dahje eará ozuid mat skearrus dahje dan oasis gávdnojit

(nb): samling av filer og eventuelt andre katalogar på eit datalagringsmedium

oktánalohku

oktantall[nb], oktantal[nn] (nb) octane number, knock rating (en) oktantal (sv) oktaaniluku (fi)

(se): bensiinna nákca iešcáhkkaneami vuostá

(nb): mål på bensins motstandsevne mot selvantennelse under kompresjon (bankefasthet)

oktavuođagoavki

kontaktåpning[nb], -opning[nn], kontaktavstand (nb) contact gap (en) kontaktavstånd (sv) katkojan kärkiväli (fi)

(se): goavki oktavuođaolggožiid gaskkas go oktavuohta lea áibbas rabas, omd. dollaveahčiris

(nb): avstand mellom kontaktflatene ved helt åpen kontakt, for eksempel i platinastifter

oktiibidjan, oktiigidden

sammenføyning[nb], samanføying[nn] (nb) joining (en) sammanfogning (sv) liitos (fi)

(se): okstasaš dajaldat vugiide bidjat osiid dahje bargoávdnasiid oktii

(nb): fellesbetegnelse på) metoder for å få deler eller arbeidsstykker til å henge sammen

oktiigidden

Geahča «oktiibidjan, oktiigidden».

olggoš

overflate (nb) surface (en) yta (sv) pinta (fi)

(se): ađa olggobealli

(nb): flate som avgrensar ein lekam utetter, ytterside

olggošgieđahallan

overflatebehandling (nb) surface treatment (en) ytbehandling (sv) pintakäsittely (fi)

(se): olggoža gieđahallan oažžut dihto roamššasvuođa dahje suodjalit olggoža

(nb): behandling av overflate for å få en bestemt ruhet eller beskyttelse av overflata

olggošmálle

overflatenormal (nb) surface norm, surface rule (en) ytnormal (sv) pinnankarheusmalli (fi)

(se): málle mii čájeha ovdamearkkaiguin mo ávdnasa olggoš lea dihto roamšeárvvuin

(nb): mal som viser med eksempler kordan overflata av eit materiale ser ut ved forskjellige ruheitsverdiar

olggosoassi

ut-enhet[nb], ut-eining[nn] (nb) output unit (en) utenhet (sv)

(se): dihtora bierggas mii doalvu dieđu olggos dihtoris dahje bargá dihtora gohččumiid mielde, omd. čálán, šearbma

(nb): enhet som fører informasjon ut av en datamaskin; eks. skjerm, skriver

olggošroamši

Geahča «olggošromšodat, olggošroamši».

olggošromšodat, olggošroamši

overflateruhet[nb], overflateruleik[nn] (nb) surface roughness (en) ytråhet (sv) pinnankarheus (fi)

(se): mihttu mii čájeha muhtun áđa olggoža romššiid

(nb): mål på ujamnheitar i overflate av ein gjenstand

olgoriekkis

ytterring (nb) outer ring, outer race (en) ytterring (sv) laakerin ulkokehä (fi)

(se): jorranlágera olggut riekkis

(nb): den ytre ringen på eit rullingslager

oljogádnu

oljekanne, smøreoljekanne, smørjeoljekannen (nb) oil can (en) oljekanna (sv) öljykannu, voitelukannu (fi)

(se): gádnu mainna vuoidá oljjuin

(nb): kanne for smøring med olje

oljolávgu

oljebad, oljesump (nb) oil bath (en) oljebad (sv) öljykylpy, öljyallas (fi)

(se): lihtti man siste lea olju mii vuoiddada mekanismma dainna lágiin ahte lihkadeaddji mašiidnaoasit gusket oljui ja háddjejit dan viiddáseappot

(nb): kar med olje som smører en mekanisme ved at maskindeler i bevegelse kommer i kontakt med olja og sprer denne videre

olju

olje (nb) oil (en) olja (sv) öljy (fi)

(se): njalbi mii ii seahkán čáhcái, boahtá minerálain, elliin dahje šattuin, hydrokarbonat dahket eatnasa sisdoalus

(nb): mineralsk, animalsk eller vegetabilsk væske, lite løselig i vann, består hovedsakelig av hydrokarboner

oppalašjursanmašiidna

universalfresemaskin (nb) universal milling machine (en) universalfräsmaskin (sv) yleisjyrsinkone (fi)

(se): jursanmašiidna mii lea molssohahtti ceakko ja vealu jursanjorriid gaskkas

(nb): fresemaskin som kan skiftes mellom vertikal og horisontal fresespindel

O-riekkis

O-ring (nb) O-ring seal (en) O-ring (sv) O-rengas (fi)

(se): gummelávgadangierdu man sneaktačuohpastat lea jorbbas

(nb): tetningsring av gummi med rundt tverrsnitt

oscilloskohppa

oscilloskop (nb) oscilloscope (en) oscilloskop (sv) oskilloskooppi (fi)

(se): mihtádas mainna mihtida elektralaš heilumiid

(nb): måleinstrument for elektriske svingningar

ovdaáksil

foraksel, framaksel (nb) front axle (en) framaxel (sv) etuakseli (fi)

(se): áksil mii doallá fievrru ovdajuvllaid

(nb): aksel for forhjula på eit kjøretøy

ovdagealdda, álgogealdda

forspenning (nb) prestressing, pre-tensioning (en) förspänning (sv) esijännitys (fi)

(se): gealdda maid ráhkkanusoassi lea ožžon ovdal go biddjo ávkkálaš noađuheami vuollái

(nb): spenningstilstand påført bygningsdel før den utsettes for nyttelast

ovdajuvlageassin

framhjulsdrevet[nb], -dreven[nn], forhjuls- (nb) front wheel drive (en) framhjulsdriven (sv) etuvetoinen (fi) (se): mas leat jorahanjuvllat fievrru ovdageahčen

(nb): som har drivhjula foran på kjøretøy

ovdastelle

forstilling (nb) forecarriage (en) framvagn (sv) etuvaunu, ohjausteline (fi)

(se): lihkadeaddji ja stellehahtti oasit maiguin stivre fievrru

(nb): bevegelige og stillbare deler til styring av kjøretøy

ovttadoaimmat sylinddar

enkeltvirkende sylinder[nb], enkeltverkande sylinder[nn] (nb) single-acting cylinder (en) enkelverkande cylinder (sv) yksitoiminen sylinteri (fi)

(se): sylinddar man deaddinávnnas deaddá dušše nuppi bealde meanddi, ja meandi máhccá mekánalaččat, dávjá dávggiin

(nb): sylinder der trykkmediet bare påvirker på ene sida av stempelet og returen foregår mekanisk, ofte med fjær

palla

palle, pall (nb) reusable pallet (en) pall (sv) trukkilava, jakkara (fi)

(se): ráhkadus, dábálaččat muoras, man alde vurke ja fievrrida gálvvuid

(nb): konstruksjon , vanligvis av tre, som man transporterer og lagrer varer på

paralleallabihttá

parallellkloss (nb) gauge block (en) parallellbit (sv) suuntaispala (fi)

(se): dárkilis šliipejuvvon bircu mas leat parallealla siiddut ja mii geavahuvvo vuolášin go gidde bargoávdnasa omd. jursanmašiidnii

(nb): nøyaktig slipte klosser med parallelle sider til underlag ved fastspenning i for eksempel fresemaskin

paralleallagoallus, buohtalatgoallus

parallellkopling (nb) shunt, shunt switch, parallel connection (en) parallellkopling (sv) rinnankytkentä, rinnakkaiskytkentä (fi)

(se): elektralaš johtasat goallosstuvvon nu ahte elrávdnji juhkkojuvvo johtasiid gaskkas

(nb): samanknytning av elektriske leidningar slik at strømmen deler seg mellom dei

partihkal

partikkel (nb) particle (en) partikel (sv) hiukkanen (fi)

(se): unna binná oasáš, omd. elektrovdna, atoma

(nb): smådel, eks. elektron, atom

peannaveažir, duorranveažir

pennhammer[nb], pennhammar[nn] (nb) straight pane hammer, pin hammer (en) penhammare (sv) harjapäävasara (fi)

(se): veažir man oaivvi maŋit oassi lea lohtehámat

(nb): hammar som er kileforma på bakre del av hovudet

pinjoŋga

pinjong (nb) pinion (en) pinjong (sv) pieni vetopyörä (fi)

(se): biiladifferensiála jorahanjuvla, mii lea roahkkálagaid ruvdnojuvllaiguin

(nb): drivhjul i inngrep med kronhjul i bildifferensial

pinolbohcci

pinolrør, pinol (nb) tail stock spindle (en) dubbrör, pinol (sv) siirtopylkän holkki (fi)

(se): sylinddarlaš stállebohcci mas lea siskkáldas morsečohkka/-lávvolat masa gidde pinolnjuni bovraskuohpu dahje bovragiddehaga

(nb): sylindrisk stålrør med innvendig morsekon som feste for pinolspiss, borhylse eller borkjoks

pinolnjunni

Geahča «guovddášnjunni, pinolnjunni».

pinseahtat

pinsett (nb) pinzers, tweezers, forceps (en) pincett (sv) atulat, pinsetit (fi)

(se): unna dávgegieđat metállačárvvonaš

(nb): lita metallklype med fjørande armar

pláhtta

plate (nb) plate, sheet (en) plåt, platta (sv) levy, laatta (fi)

(se): asehis, duolba ávnnas, dábálaččat metállas

(nb): tynt, flatt emne, som regel av metall

pláhttaskárrit, pláhttaskierat

platesaks (nb) sheet metal shears, plate shears (en) plåtsax (sv) levysakset (fi)

(se): elektralaš, hydraulalaš dahje mekánalaš skárrit maiguin čuohppá metállapláhtaid

(nb): elektrisk, hydraulisk eller mekanisk saks for metallplater

pláhttaskierat

Geahča «pláhttaskárrit, pláhttaskierat».

pláhttaviŋkil

platevinkel (nb) square, joint hook (en) flackvinkel (sv) suorakulma (fi)

(se): viŋkil mii lea áibbas duolbbas, stealli haga

(nb): vinkelhake som er helt plan, uten anslag

plasmačuohpan

plasmaskjærer[nb], plasmaskjerar[nn] (nb) plasma cutter (en) plasmaskärare (sv) plasmaleikkain, plasmaleikkauslaite (fi)

(se): apparáhta mainna čuohppá metállaid gássain, sáhttá čuohppat buot ávdnasiid mat jođihit elrávnnji

(nb): apparat for skjæring av metall med gass, kan skjære alle materialer som er elektrisk ledende

plástalaš gieđahallan

plastisk bearbeiding (nb) forming (en) plastisk bearbetning (sv) muovaava työstö, muovaus (fi)

(se): gieđahallan mii rievdada hámi almmá váldit ávdnasa eret

(nb): bearbeiding som endrar form utan å fjerne materiale

plástalaš, hábmehahtti

plastisk, formbar (nb) ductile, plastic (en) plastisk (sv) muovailtava, muovautuva (fi)

(se): ávdnasa iešvuohta ahte hápmi sáhttá rievdaduvvot nana dilis

(nb): egenskap ved materiale at formen kan endres i fast tilstand

plásta, muovvi

plast (nb) plastics (en) plast (sv) muovi (fi)

(se): plástalaš orgánalaš ávnnas mas leat stuorra molekylat

(nb): plastisk kunststoff av høgmolekylært organisk materiale

plástaveažir, muovveveažir

plasthammer[nb], plasthammar[nn] (nb) plastic mallet (en) plasthammare (sv) muovivasara (fi)

(se): plástaoaivvat dearpanneavvu

(nb): bankeverktøy med plasthode

pluga

Geahča «vealta, pluga».

pluggačoavdda, ginttalčoavdda

pluggnøkkel, tennpluggnøkkel (nb) spark plug wrench (en) tändstiftsnyckel (sv) tulppa-avain (fi)

(se): guhkes gohppočoavdda dahje guđačiegat bohcci mainna skruvve cahkkehangintaliid

(nb): lang koppnøkkel/pipenøkk eller sekskantrør for å skru tennplugger

pneumáhtalaš

pneumatisk (nb) pneumatic (en) pneumatisk (sv) paineilma-, pneumaattinen (fi) (se): mii jorahuvvo deattaáimmus dahje gullá deattaáibmorusttegii

(nb): som er dreve av trykkluft eller som hører til trykkluftanlegg

popnávledoaŋggat

popnagletangb blindnagletang[nb], -tong[nn] (nb) rivet tool, hand riveter (en) nittång (sv) pop-niittipihdit (fi)

(se): doaŋggat maiguin čohkke návlliid dainna lágiin ahte jorbaoaivvat stálleboaltu gesso olggos ja viiddida skuohpu

(nb): tang som monterer nagler ved at en stålbolt med kulehode trekkes ut og stuker ei hylse

popnávli

popnagle, blindnagle (nb) pop rivet (en) popnit, blindnit (sv) pop-niitti (fi)

(se): návli mii čohkkejuvvo dainna lágiin ahte jorbaoaivvat stálleboaltu gesso olggos ja viiddida skuohpu

(nb): nagle som monteres ved at en stålbolt med kulehode trekkes ut og stuker ei hylse

primára

Geahča «vuođđo-, primára, álgo-».

prográmma

program (nb) programme (en) program (sv) ohjelma (fi)

(se): instrukšuvdnaráidu muhtun teknihkalaš prosessii

(nb): sett av instruksjonar for ein teknisk prosess

prográmmeret

programmere (nb) program (en) programera (sv) ohjelmoida (fi)

(se): ráhkadit prográmma muhtun prosessii, omd. dihtorii

(nb): lage eit program for ein prosess, for eksempel for datamaskin

propealla

propell (nb) propeller (en) propeller (sv) potkuri (fi)

(se): áhta mas leat skruvvahámat soajit, mainna jođiha fatnasa dahje girdi

(nb): framdrivreidskap av to eller fleire skrueforma blad, for båt eller fly

proseassa

Geahča «mannolat, proseassa».

pumpa

Geahča «bumpa».

rabas čoavdda

fastnøkkel (nb) open-end spanner, open-end wrench

(en) U-nyckel (sv) kiintoavain (fi)

(se): skruvvačoavdda mas lea rabas njálbmi ii ge leat stellehahtti

(nb): ikkje stillbar skrunøkkel med open kjeft

rabas gierdočoavdda

Geahča «rabas nástečoavdda, rabas gierdočoavdda».

rabas nástečoavdda, rabas gierdočoavdda

åpen ringnøkkel[nb], open ringnøkkel[nn] (nb) flare nut wrench, flare nut spanner (en) öppen ringnyckel (sv) avolenkkiavain (fi)

(se): skruvvačoavdda mas lea siskkáldas nástehápmi ja njálbmi mii lea unnit go čoavddagalljodat

(nb): skrunøkkel med indre stjerneform og opning mindre enn nøkkelvidda

radiáhtor

radiator (nb) radiator (en) kylare (sv) jäähdytin (fi)

(se): čoaskudanapparáhta fievrru boaldinmohtorii

(nb): kjøleapparat for forbrenningsmotor i kjøretøy

radiála, suonjarháltásaš

radiell, radial (nb) radial (en) radiell, radial (sv) radiaalinen, säteis-, säteittäinen (fi)

(se): mii lea seamma guvlui go radius, suonjarháltái

(nb): som går i samme retning som ein radius, i stråleretning

radialbovrenmašiidna, suonjarbovrenmašiidna

radialboremaskin (nb) radial drilling machine (en) radialborrmaskin (sv) säteisporakone (fi)

(se): bovrenmašiidna man bovrenoaivvi sáhttá čuoldda ektui sirdit radiálalaččat / suonjarháltái

(nb): bormaskin der borehodet kan reguleres radialt i forhold til søylen

radialláger, suonjarláger

radiallager (nb) radial bearing, journal bearing (en) radiallager (sv) säteislaakeri (fi)

(se): láger mii duostu suonjarháltásaš fámuid

(nb): lager for opptak av krefter i radiell retning

rádjemihttu

grensemål (nb) limit value (en) gränsmått (sv) rajamitta (fi)

(se): bajimus ja vuolimus mihttu mii dohkkehuvvo, maid gaskkas duohta mihttu galgá leat

(nb): dei to ekstremt tillatte måla på eit element, som det virkelige målet skal ligge mellom eller på

rádna

Geahča «bovra, nábár, rádna, málgur».

rádnet

Geahča «bovret, bohkat, rádnet».

rággu

Geahča «fierra, rággu».

ráhkadus

anlegg (nb) plant, construction works (en) anläggning, byggnadsverk (sv) rakennus, työmaa (fi)

(se): juogá mii lea huksejuvvon, ceggejuvvon dahje huksema vuolde; sadji gosa huksejuvvo

(nb): noko som er bygd, reist, sett opp eller er under bygging, stad der det blir bygd

ráhkadus, konstrukšuvdna

konstruksjon (nb) design, construction (en) konstruktion (sv) rakenne, konstruktio (fi)

(se): vuohki mo juoga lea biddjojuvvon oktii, juoga mii lea biddjojuvvon oktii eanet osiin

(nb): måten noko er satt saman på, noko som er satt saman av fleire delar

ráhkadusmašiidna

anleggsmaskin (nb) construction machine (en) anläggningsmaskin (sv) työkone (fi)

(se): mašiidna mii geavahuvvo ráhkadusbargui, omd. goaivunmašiidna

(nb): maskin brukt til anleggsarbeid, for eksempel gravemaskin

ráhkadusstálli

konstruksjonsstål (nb) construction steel, structural steel (en) konstruktionsstål (sv) rakenneteräs (fi)

(se): seagukeahtes dahje unnán seaguhuvvon stálli mii geavahuvvo huksemii

(nb): ulegert eller låglegert stål som brukas til konstruksjonar som bruer, husbygging, maskinstativ osv.

ráhkku

Geahča «skoavhli, ráhkku».

ráhtta

ratt (nb) hand wheel, steering wheel (en) ratt (sv) ohjauspyörä (fi)

(se): juvla mainna stivre fievrru

(nb): hjul for styring av kjøretøy

ráhtte

Geahča «reakta, ráhtte, skuibi».

ráidogoallus

seriekopling (nb) series connection, serial connection

(en) seriekoppling (sv) sarjakytkentä (fi)

(se): elektralaš biiret goallostuvvon nu ahte dat buohkat jođihit seamma elrávnnji

(nb): samankopling av elektriske krinsar slik at dei alle fører den same straumen

ráiganbasttat

hulltang[nb], holtong[nn] (nb) punch, revolving punch pliers (en) håltång (sv) reikäpihdit (fi)

(se): basttat maiguin čuohppá ráiggi asehis ávdnasii

(nb): tang for å klippe hol i tynne materiale

ráiganbiipu

hullpipe[nb], holpipe[nn] (nb) hollow punch (en) hålstans, huggpipa (sv) reikämeisti, lävistin (fi)

(se): neavvu mainna dearpá ráiggi spintoávdnasii

(nb): verktøy for å slå ut hol i pakningsmateriale

ráigegierdu

hullsirkel[nb], holsirkel[nn] (nb) pitch circle of bolt holes (en) hålcirkel (sv)

(se): juohkinoaivvi ráigeskearrus gierdu mas leat dihto meare ráiggit

(nb): sirkel med eit visst antal hol i holskive på delehovud

ráigeguoskkahat

Geahča «el-čuggestat, ráigeguoskkahat».

ráiggaspláhtta

perforert plate (nb) perforated plate (en) perforerad platta (sv) rei'itetty levy, reikälevy (fi)

(se): pláhtta mas leat dássalagaid ráiggit

(nb): plate med regelmessige hol

ránesbákti

gråberg (nb) shale, waste rock (en) gråberg (sv) jätekivi, hylkykivi (fi)

(se): bákti mas eai leat doarvái ekonomalaččat gánnehahtti minerálat

(nb): berg som har utilstrekkelig innhald av økonomisk utnyttbart mineral

ráspa

rasp (nb) coarse file, rasp (en) rasp (sv) raspi (fi)

(se): hui roavva fiilu dipma ávdnasiidda

(nb): svært grov fil for mjuke materialer

rassehit, guorusrassehit

ruse (nb) race (en) rusa (sv) ryntäyttää (fi)

(se): beare garrasit jorahit mohtora guorusnaga, addit mohtorii alla jorranlogu almmá geasihit mohtora (nb): gi ein motor høgt turtall utan å ta ut drivkraft

ráttis

Geahča «juvla, ráttis».

ravdadeapmi, čeabetgalljideapmi

utkraging, kraging (nb) flanging, edge raising (en) kragning (sv) venytys, laipoitus (fi)

(se): bohccegeaži viiddideapmi

(nb): utblokking av kant på rør

ravdadit

Geahča «ravdet, ravdadit».

ravdaloaktu

fasslitasje (nb) phase wear (en) fasförslitning (sv)

(se): čuohppanneavvus loaktu nu akte háloravda lea loktojuvvon eret ávjjus

(nb): slitasje på skjæreverktøy der det er slitt vekk ein fas av eggen

ravdet, ravdadit

fase (nb) bevel, chamfer (en) fasa (sv) viistää (fi)

(se): ráhkadit háloravdda bargoávdnasii

(nb): lage skråkant på arbeidsstykke

rávdi

smed (nb) smith, blacksmith, forger (en) smed (sv) seppä (fi)

(se): metálladuojár

(nb): handverkar i metallarbeid

rávdnje-aggregáhta

(strøm)aggregat, straum[nn], elektrisk aggregat (nb) aggregate (en) aggregat (sv) agrigaatti, sähkögeneraattori (fi)

(se): boaldinmohtor generáhtoriin mainna buvttada elrávnnji

(nb): forbrenningsmotor med generator for produksjon av elektrisk strøm

rávdnjebiire

strømkrets[nb], straumkrins[nn] (nb) electric circuit (en) strömkrets (sv) virtapiiri (fi)

(se): ráhkadus ávdnasiin ja johtasiin mii sáhttá jođihit elrávnnji

(nb): tilskiping av material og media som kan føre elektrisk straum

rávdnjegáldu

strømkilde[nb], straumkjelde[nn] (nb) power source, source of current (en) strömkälla (sv) virtalähde (fi)

(se): ráhkadus mii addá elrávnnji

(nb): innretning som gir elektrisk strøm

rávdnjehálti

strømretning, straumretning[nn] (nb) direction of current, flow direction (en) strömriktning (sv) virransuunta (fi)

(se): man guvlui elrávdnji manná rávdnjebiires

(nb): retning som strømmen går i ein strømkrins

rávdnjejuogan

Geahča «juogan, rávdnjejuogan».

rávdnji

strøm, straum[nn] (nb) current (en) ström (sv) virta (fi)

(se): johtti elektrisitehta, mihtiduvvo amperan (A)

(nb): elektrisitet i bevegelse, måles i ampere (A)

ravkečuovga

blinklys, retningslys (nb) intermittent light (en) körriktningsvisare, blinker, blinkljus (sv) vilkkuvalo (fi)

(se): mohtorfievrru čuovga mii čájeha guđe guvlui áigu vuodjit

(nb): lys på kjøretøy for å vise retningen ein vil svinge

ravki

pulserende[nb], pulserande[nn], periodisk (nb) periodical, cyclic, intermittent, pulsating (en) periodisk (sv) jaksoittainen (fi)

(se): mii addá jeavdalaš rievdadusaid lihkadeamiin dahje signálain

(nb): som gir regelmessige variasjonar i rørsler eller signal

ravkkas

puls (nb) pulse (en) puls (sv) pulssi, syke (fi)

(se): elektralaš signála mii bistá oanehis áiggi; dássedit geardduhuvvon lihkasteapmi

(nb): elektrisk signal som varar kort tid; periodisk gjentakande rørsle

-ražaheapmi

Geahča «liigenoađuheapmi, -ražaheapmi, ilá -».

reaidu

Geahča «bargoneavvu, reaidu».

reakta, ráhtte, skuibi

trakt, trekt (nb) funnel (en) tratt (sv) suppilo (fi)

(se): geailohámat skoavde neavvu mas lea njunni man čađa njoarrá njalbbi gáržžes ráigái

(nb): kjegleforma hol reiskap med tut for å helle væske gjennom trange opningar

registtar

register (nb) register (en) register (sv) rekisteri (fi)

(se): mašiidnaoasit mat doibmet dihto vuogádaga mielde, bátne- dahje viðjejuvllat mat ovttastahttet ventiila- ja meandelihkademiid

(nb): gruppe av maskindelar som virkar sammen etter eit visst system, samanstillinga av tannhjul som koordinerer ventil- og stempelrørslene

registtarruopma

registerreim (nb) register belt, timing belt (en) kuggrem, registerrem, kamaxelrem (sv) jakopään hihna, jakohihna (fi)

(se): ruopma mii sirdá lihkademiid daid áksiliid gaskkas mat stivrejit boaldinmohtora ventiillaid ja menddiid.

(nb): reim for å overføre rørsler mellom akslingane som styrer ventilar og stempel i forbrenningsmotor

registtarviðji

registerkjede (nb) register chain, timing chain (en) registerkedja, kamaxelkedja (sv) jakopään ketju, jakoketju (fi)

(se): viðji mii sirdá lihkademiid daid áksiliid gaskkas mat stivrejit boaldinmohtora ventiillaid ja menddiid.

(nb): kjede for å overføre rørsler mellom akslingane som styrer ventilar og stempel i forbrenningsmotor

reglerenteknihkka

reguleringsteknikk (nb) control engineering (en) reglerteknik (sv) säätötekniikka (fi)

(se): automáhtalaš proseassaid stivren ruovttoluottadieðihemiin

(nb): styring av automatiske prosessar med tilbakemelding

reguláhtor

regulator (nb) regulator, governor (en) regulator (sv) säädin, säätäjä (fi)

(se): ráhkkanus mainna váikkuha proseassa reguleren dihtii molsašuttiid dihto árvui

(nb): innretning for å påvirke en prosess for å regulere variable til en viss verdi

reguleren

regulering (nb) governing, regulation, adjustment (en) reglering (sv) säätö, asetus (fi)

(se): stivren dahje dárkisteapmi ruovttoluottalaktimiin

(nb): manøver- eller kontrollsystem med tilbakekopling?

rele

rele (nb) relay (en) relä (sv) rele (fi)

(se): elektralaš stivrejuvvon botkkon

(nb): elektrisk styrt bryter

resistánsa

Geahča «vuosttaldus, resistánsa».

revre

Geahča «bohcci, revre».

riggudas

Geahča «málbmariggudus, riggudus».

riggudeapmi

anriking[nb], oppriking[nn] (nb) enrichment, dressing, concentration (en) anrikning (sv) rikastaminen, rikastus (fi)

(se): málmma sirren ránesbávttis

(nb): det å skille malm frå gråberg

riggudit

anrike[nb], opprike[nn] (nb) enrich, dress, concentrate (en) anrika (sv) rikastaa (fi)

(se): sirret málmma ránesbávttis

(nb): skille malm frå gråberg

riggudus

Geahča «málbmariggudus, riggudus».

rihkkosággi, luoddanibba

riflepinne, sporstift (nb) fluted pin, knurled pin (en) uratappi, pyälletty tappi (fi)

(se): sylinddarlaš sággi mas leat guhkkodahkii rihkut

(nb): sylindrisk pinne med langsgående rifler eller riller i

rihkku

rille, ripe, rifle (nb) knurl, flute, groove, ripple (en) spår, rilla (sv) pykälä, ura, uritus, ympyräura (fi)

(se): guhkes, seakka gurra

(nb): renne, fordjupning

rihkkuhit, serrateret

serratere (nb) serrate, rifle, flute, groove (en) räffla (sv) pyältää, rihloittaa, urittaa (fi)

(se): ráhkadit rihkuid / ruktaminstara várvves sierralágán bargoneavvuin (rihkoniin)

(nb): lage riller / rutemønster i dreiebenk med serrat

rihkon, serrat

serrat (nb) serrate tool (en) pyällyskehrä, pyällystyökalu (fi)

(se): bargoneavvu várvii mas leat bárralagaid buoššoduvvon rihkko juvllat mat ráhkadit rihkuid dahje ruktaminstara /dikkelminstara (nb): verktøy for dreibenk med parvise herda rifla hjul for lage riller / rutemønster

rišša

svovel (nb) sulphur (en) svavel (sv) rikki (fi)

(se): S, vuođđoávnnas

(nb): S, grunnstoff

roahkkečoavdda

hakenøkkel (nb) hook spanner (en) haknyckel (sv) haka-avain (fi)

(se): skruvvačoavdda mainna skruvve jorba muhtteriid main leat gurat

(nb): skrunøkkel for runde muttere med spor

roahkkohus

inngrep (nb) engagement, mesh (en) ingrepp (sv) kosketus (fi)

(se): roahkkohus guovtti mašiidnaoasi, omd. bátnejuvlla, gaskkas, roahkkohusa sturrodat

(nb): grep som en maskindel (som regel tannhjul) utøver på en annen maskindel; mål for størrelsen på slikt inngrep

roahtačoaskudeapmi

bråkjøling (nb) quenching, chilling (en) störtkylning (sv) karkaisusammutus (fi)

(se): jođánis čoaskudeapmi buoššodettiin lássen dihtii metálla struktuvrra

(nb): rask avkjøling ved herding for å låse fast strukturen i materialet

roaisteruovdi

Geahča «šlámbarruovdi, roaisteruovdi».

roamši

Geahča «romšodat, roamši».

roaŋkeskruvvaruovdi

Geahča «čiehkaskruvvaruovdi, roaŋkeskruvvaruovdi».

roavvafiilu

grovfil (nb) coarse file (en) grovfil (sv) karkeaviila, rouhintaviila (fi)

(se): fiilu mas leat roavva bánit

(nb): fil med grove tenner

roavvagieđahallan

grovbearbeiding (nb) rough-finish, roughing (en) grovbearbetning (sv) rouhinta, karkeatyöstö (fi)

(se): roavva olggoža gieđahallan nu ahte báhcá bargomunni fiinnagieđahallamii

(nb): bearbeiing med grov overflate til eit stykke over mål

roavvagortnat

grovkorna (nb) coarsegrained (en) grovkornig (sv) karkearakeinen, - jyväinen (fi)

(se): mas leat roavva šliipengortnit

(nb): med store slipekorn

roavvastálli

skrubbstål (nb) roughing tool (en) skrubbstål (sv) rouhintaterä (fi)

(se): várvenstálli roavva miehttevárvemii

(nb): dreiestål for grov langsdreiing

rohtor, jorri

rotor, anker (nb) rotor (en) rotor (sv) roottori, ankkuri (fi)

(se): jorri oassi omd. elektromohtoris dahje generáhtoris

(nb): roterende del av for eksempel elektromotor eller generator

romšodat, roamši

ruhet[nb], ruleik[nn] (nb) roughness (en) råhet (sv) karkeus (fi)

(se): erohusat ávdnasa olggožis

(nb): variasjonar i overflata på ein gjenstand

rovvi

stoppskive (nb) washer (en) bricka (sv) aluslaatta (fi)

(se): jorba ráigeskearru ráiggiin muhttera dahje skruvvaoaivvi vuolášin

(nb): rund skive med hol til underlag for mutter eller skruehovud

rulla

rull (nb) roller (en) rulle (sv) rulla (fi)

(se): juoga mainna jorrá; sylinddarlaš, sfearalaš dahje geailohámat jorri mašiidnaoassi

(nb): noko til å rulle med; sylindrisk, sfærisk eller konisk roterende maskindel

rullaláger

rullelager (nb) roller bearing (en) rullager (sv) rullalaakeri (fi)

(se): láger mas lea ovtta dahje eanet geardde sylinddarlaš dahje geailohámat rullat guovtti rieggá gaskkas

(nb): lager med ei eller fleire rader sylindriske eller koniske rullar mellom to ringer

ruopmadoaibma

reimdrift (nb) belt drive (en) remdrift (sv) hihnakäyttö (fi)

(se): fápmosirdin ruomaid ja gitta dahje stellehahtti ruopmaskearruid bokte

(nb): overføring av krefter ved hjelp av reimer og faste eller regulerbare reimskiver

ruopma, lávži

reim (nb) driving belt, strap, band (en) rem (sv) hihna (fi) (se): geažehis riehtte-, náhkke- dahje gummebáddi mainna sirdá fámuid

(nb): endelaust band av lær, skinn eller gummi for overføring av krefter

ruopmaskearru

reimskive (nb) pulley, belt pulley (en) remskiva (sv) hihnapyörä (fi)

(se): mašiidnaoassi mii joraha jorahanruoma dahje maid jorahanruopma joraha

(nb): maskindel som drar eller blir dratt av drivreim

ruossa

hjulkryss, kryss, felgkryss (nb) wheel nut wrench (en) fälgnyckel (sv) ristikkoavain (fi)

(se): skruvvaneavvu mas leat njeallje gitta gohpu ja man nađat mannet ruossalassii

(nb): skruvektøy med fire faste koppar på skaft som går i kryss

ruossaluovččan

kryssmeisel (nb) cross chisel (en) kryssmejsel (sv) ristitaltta (fi)

(se): luovččan man čuohppanávju lea doarrás luovččana nađa ektui

(nb): meisel der skjæreeggen er vinkelrett på sida av meiselen

ruosta

rust (nb) rust (en) rost (sv) ruoste (fi)

(se): ruškes geardi mii njuoska birrasis boahtá stáli olggožii, ruovdehydroksida ja ruovdeoksida seaguhus

(nb): raudbrunt lag som blir avsett på overflata av stål i fuktig miljø, blanding av jernhydroksyd og jernoksyd

ruostaluvvi

rustløser[nb], rustløysar[nn] (nb) rust killer, rust removing fluid (en) rostlösare (sv) ruosteenirroitin (fi)

(se): njalbi mii luvvada ruostta

(nb): væske som løser opp rust

ruostameahttun stálli

rustfritt stål (nb) stainless steel (en) rostfritt stål (sv) ruostumaton teräs (fi)

(se): stálli mii lea seaguhuvvon nu ahte ii ruosttu, sisttisdoallá dábálaččat >12% Cr ja 8% Ni

(nb): stål som er legert slik at det ikke ruster, inneholder vanligvis >12% Cr og 8% Ni

ruostut

ruste (nb) rust, corrode (en) rosta (sv) ruostua (fi)

(se): ruovdeseaguhusaid birra: oksyderejuvvot njuoska birrasis

(nb): om jernlegeringer: bli oksydert i fuktig miljø

ruovdagákkan

Geahča «gákkan, ruovdegákkan».

ruovdegákkan

Geahča «gákkan, ruovdegákkan».

ruovdegáŋga

spett (nb) crow bar, lever, iron bar (en) spett (sv) rautakanki (fi)

(se): ruovdestággu mas lea lohtehámat geahči

(nb): jernstong med kileforma spiss

ruovdemálbma

jernmalm (nb) iron ore (en) järnmalm (sv) rautamalmi (fi)

(se): málbma mii sisttisdoallá ruovddi

(nb): malm som inneheld jern

ruovdesahá

Geahča «dávgesahá, ruovdesahá».

ruovdi

jern (nb) iron (en) järn (sv) rauta (fi)

(se): Fe, vuođđoávnnas

(nb): Fe, grunnstoff

ruskalihtti

Geahča «doapparlihtti, ruskalihtti».

rusttet

Geahča «apparáhta, rusttet».

ruvdnomuhtter

kronemutter (nb) castle nut, castellated nut (en) kronmutter (sv) kruunumutteri (fi)

(se): muhtter mas leat suonjarháltásaš gurat man čađa suorresággi čahká ja lohkkada muhttera

(nb): mutter som har radielle spor for låsing med splint

ruvven

gniding (nb) rubbing (en) gnidning (sv) hankaaminen (fi)

(se): guovtti áđa lihkadeapmi ovddos maŋos nubbi nuppi vuostá

(nb): bevegelse av to gjenstander fram og tilbake mot hverandre

sáddobossun

sandblåsing (nb) sandblasting (en) sandblästring (sv) hiekkapuhallus (fi)

(se): láse, metállaid jna. šliipen sádduiguin maid bossu deattaáimmuin

(nb): sliping av glas, metall o.l. med sand som ein blæs ut med trykkluft

sadjin, dávžan

bryning, heining (nb) whetting (en) bryning, hening (sv) teroittaminen, hiominen (fi)

(se): ávjjuid fiinnisin šliipen

(nb): finsliping av egger

sadjingeađgi

Geahča «sadjin, sadjingeađgi, dávžžan».

sadjin, sadjingeađgi, dávžžan

bryne, hein, brynestein (nb) whetstone, finishing stick (en) bryne (sv) hiomakivi, kovasin (fi)

(se): neavvu mainna šliipe ávjjuid fiinnisin

(nb): verktøy for finsliping av egger

sadjit, dávžat

bryne, heine (nb) hone (en) bryna (sv) hioa, teroittaa (fi)

(se): šliipet ávjjuid fiinnisin

(nb): finslipe egger

sággeguoskkahat

Geahča «el-culci, sággeguoskkahat».

sággejurssan

pinnefres (nb) end mill (en) pinnfräs (sv) tappijyrsin, varsijyrsin (fi)

(se): sylinddarlaš jurssan mas leat 2-4 ávjju ja man diamehtar lea unni

(nb): sylindrisk fres med liten diameter og 2-4 skjær

sággi

pinne (nb) pin, dowel (en) pinne (sv) tappi, vaarna, sokka (fi)

(se): unna seakka bihtáš muoras dahje eará ávdnasis

(nb): lite, smalt stykke av tre eller anna materiale

sahá

sag (nb) saw (en) såg (sv) saha (fi)

(se): bátneávjjot giehtadahje mašiidnaneavvu mainna čuohppá ávdnasiid gaskat

(nb): hand- eller maskinverktøy med tanna egg for å kappe av materialer

sahádearri

sagblad (nb) saw blade (en) sågblad (sv) sahanterä (fi)

(se): stállebláđđi mas leat bánit ravdda miehtá dahje gierddu birra

(nb): stålblad med tenner langs den kanten eller i periferien

sáhcu

riss (nb) scratching (en) rits (sv) piirrotus (fi)

(se): merkensárggis muhtun ávdnasis

(nb): oppmerking på materiale

sáhcunnállu, soairu

rissenål (nb) scribing awl, scriber, scratch awl (en) ritsnål (sv) piirtopuikko, piirtokärki (fi)

(se): bástilis nállohámat bargoneavvu mainna sárgu ávdnasii

(nb): verktøy med skarp spiss for å risse i materiale

sáhcut

risse, ripe (nb) scratch, scribe (en) ritsa (sv) piirrottaa (fi)

(se): bástilis neavvuin sárgut ávdnasii

(nb): streke med kvass reidskap på arbeidsstykke

sáhpán

mus (nb) mouse (en) mus (sv) hiiri (fi)

(se): dihtora stivrenbierggas mainna sirdá seavána šearpmas ja bidjá johtui sierralágán doaimmaid

(nb): styrereidskap for datamaskin som ein kan flytte markøren med over dataskjermen og sette i gang forskjellige funksjonar

sáigun

poredanning (nb) pore forming (en) porbildning (sv) huokosten muodostuminen (fi)

(se): gássaskoavhlliid gártan nana ávdnasii, omd. leikemiin

(nb): danning av gassporer i fast materiale, for eksempel ved støping

sajádat

beliggenhet[nb], posisjon[nn] (nb) situation, site, location (en) läge (sv) sijainti, paikka, asento (fi)

(se): sadji gos juoga lea dihto koordináhtaid ektui

(nb): plassering i forhold til oppgitte koordinater

sajáiduhttit, sajálduhttit

installere (nb) install (en) installera (sv) asentaa, installoida (fi)

(se): bidjat prográmmagálvvu dihtorii

(nb): legge inn programvare i datamaskin

sajálduhttit

Geahča «sajáiduhttit, sajálduhttit».

sálvu, sveisengurra

fuge (nb) groove (en) fog (sv) railo, välys (fi)

(se): gaska pláhtaid, geđggiid jna. gaskkas mii galgá devdojuvvot sveissain dahje eará deavdinávdnasiin

(nb): mellomrom mellom plater, steinar o.l. som skal fylles med sveis eller fugemasse

sárggon

plotter[nb], plottar[nn], grafskriver[nb], grafskrivar[nn] (nb) plotter (en) kurvskrivare, kurvritare (sv) piirturi (fi)

(se): dihtorbierggas mii sárgu govadagaid báhpirii

(nb): datautstyr som teiknar ut figurar på papir

sárggus

tegning[nb], teikning[nn] (nb) drawing (en) ritning (sv) piirustus (fi)

(se): sárgojuvvon govva

(nb): teikna attgjeving, bilete

sárgunbreahtta

tegnebrett[nb], teiknebrett[nn] (nb) drawing board (en) ritbräde (sv) piirustuslauta (fi)

(se): breahtta mas lea stellehahtti linjála ja mii geavahuvvo teknihkalaš sárgumii

(nb): brett med stillbar linjal for teknisk teikning

sáttobábir, šliipenbábir

sandpapir (nb) emery paper, sandpaper (en) sandpapper (sv) hiekkopaperi (fi)

(se): bábir masa leat liibmejuvvon šliipengortnit

(nb): papir med fastlima slipekorn

seaguhangámmár

blandekammer (nb) mixing chamber (en) blandningskammare (sv) sekoituskammio (fi)

(se): gámmár gos gássa- dahje njalberávnnjit seaguhuvvojit

(nb): kammer for blanding av to eller flere gass- eller væskestrømmer

seaguhanhátna

blandebatteri (nb) mixing battery, mixer tap, mixing cock (en) blandare (sv) sekoitin (fi)

(se): luoitinarmatuvra mas leat guokte ventiilla liegga ja galbma čáhcái ja oktasaš luoitin

(nb): tappearmatur av to ventilar for varmt og kaldt vatn med felles utløp

seaguhit

legere (nb) alloy (en) legera (sv) lejeerata, seostaa (fi)

(se): suddadit metállaid oktii, dahje metállaid ja eahpemetállaid

(nb): smelte sammen metaller, evt metall med ikkjemetall

seaguhus

Geahča «metállaseaguhus, seaguhus, segohus».

seaguhusgorri

blandingsforhold (nb) proportion of ingredients, ratio

of mixture (en) blandnings-förhållande (sv) seossuhde (fi)

(se): gorri ávdnasiid gaskkas gássa- dahje njalbe-seaguhusas

(nb): forholdet mellom stoffene i en gass- eller væskeblanding

šearbma

skjerm (nb) screen, monitor, display (en) bildskärm (sv) näyttö (fi)

(se): TV-ruvtto lágáš bierggas masa dihtor sárgu bustávaid ja govaid dasa prográmmaid mielde

(nb): TV-rute-liknande utstyr der ein får fram det ein skriv inn på ein datamaskin bilete i samsvar med program og kommandoar

seaván

markør (nb) cursor (en) markör (sv) kohdistin (fi)

(se): seavvi njeallječiegat, sárggis dahje eará mearka mii čájeha gokko čállinmearka ihtá dihtoršerbmii

(nb): merke på dataskjerm som viser kor på skjermen ein kan skrive eller utføre andre funksjonar, kan ha form som for eksempel blinkande firkant, strek eller pil

seavdinbumpa

Geahča «borahanbumpa, seavdinbumpa».

segohus

Geahča «metállaseaguhus, seaguhus, segohus».

sekundára

Geahča «nuppáldas, sekundára».

šelget, geallat

polere (nb) polish (en) polera (sv) kiillottaa (fi)

(se): geallat olggoža šealgadin

(nb): behandle ei overflate så den oppnår glans

serrat

Geahča «rihkon, serrat».

serrateret

Geahča «rihkkuhit, serrateret».

sfearalaš

sfærisk (nb) spherical (en) sfärisk (sv) pallomainen (fi)

(se): jorbadashámat, luođđahámat

(nb): kuleforma

sfearalaš láger

sfærisk lager (nb) spherical bearing (en) sfäriskt lager (sv) pallomainen laakeri (fi)

(se): láger mas olggoriekkis lea siskobealde jorbadashámat ja sisriekkis ovttas luđiiguin dahje rullaiguin sáhttá sajáiduvvat olggorieggá ektui

(nb): lager der innersida av ytterringen har sfærisk

form og innerringen med kuler eller ruller fritt kan stille seg inn i forhold til ytterringen

signála

Geahča «mearka, signála».

sihkkarasti

sikring (nb) fuse (en) säkring (sv) sulake, varoke (fi)

(se): komponeanta elektralaš rusttegiin mii botká elrávnnji go šaddá menddo garas

(nb): komponent i elektrisk anlegg som bryt strømmen om han blir for sterk

sihkkarastinriekkis

sikringsring, orepinne (nb) snap ring (en) säkringsring (sv) lukkorengas (fi)

(se): riekkis mii hehtte bisanan-sákki gahččamis olggos

(nb): ring som er slik innrettet at den hindrer en stopppinne i å falle ut

silli

porøs (nb) porous (en) porös (sv) huokoinen (fi)

(se): mas leat ollu ráiggit dahje unna kanálažat

(nb): som har porer eller fine kanaler, svampet

silli

sil (nb) strainer, sieve (en) sil (sv) siivilä, suodatin (fi)

(se): ráigebotnát ráhkkanus mainna sirre partihkkaliid dihto sturrodagas eret njalbbis

(nb): anordning med perforert botn for å skille faste partiklar av ein viss storleik frå væske

šimir

knivrygg, øksehammer[nb], øksehammar[nn] (nb) back edge of knife (en) knivrygg (sv) hamara (fi)

(se): duolba čielgi niibbis dahje ákšus

(nb): flat rygg på kniv eller øks

sinkadeapmi, sinken

forsinking, galvanisering (nb) zink-plating, galvanization (en) förzinkning, galvanisering (sv) sinkitys (fi)

(se): gokčat sinkasuodjalusgerddiin (Zn)

(nb): dekke med vernelag av sink, Zn

sinken

Geahča «sinkadeapmi, sinken».

sintren

sintring (nb) sintering (en) sintring (sv) sintraus (fi)

(se): proseassa mii alla temperatuvrras čatná fiinnagordnejuvvon ávdnasa gortniid nannoseappot oktii (nb): prosess som ved høy temperatur aukar samanholdinga mellom korna i finkorna materiale

sirdinmihtádas, hoiganmihtádas

skyvelære, skyvemål (nb) sliding caliper, vernier caliper, slide gauge (en) skjutmått (sv) työntömitta (fi)

(se): mihtidanneavvu mainna gaska mihtiduvvo guovtti parallealla ollola gaskkas, main nubbi lea lihkatkeahttá ja nubbi hoigaduvvo

(nb): måleverktøy der avstanden blir målt mellom en fast kant og en skyver som beveges parallelt med kanten

sirdin, transmišuvdna

overføring, transmisjon (nb) transmission (en) transmission, överföring (sv) siirto, siirtymä (fi)

(se): energiija sirdin nuppi ráhkkanusas nubbái

(nb): det å føre over energi frå ei eining til ei anna

sisasuddadeapmi

Geahča «sisasuddan, sisasuddadeapmi».

sisasuddan, sisasuddadeapmi

innsmelting (nb) weld penetration (en) inträngning (sv) tunkeuma (fi)

(se): šolganlávggu suddan bárgoávdnasa sisa sveisedettiin

(nb): smeltebadets inntrenging i arbeidsstykket

sisriekkis

innerring (nb) inner ring, inner race (en) innerring, inre lagerring (sv) laakerin sisäkehä (fi)

(se): jorranlágera siskkit riekkis

(nb): den indre ringen i eit rullingslager

sitkatvuohta

Geahča «dávggasvuohta, sitkatvuohta».

skála

skala (nb) scale, table (en) skala (sv) asteikko, mittakaava (fi)

(se): mihtádasa grádajuohkin

(nb): gradinndeling på måleinstrumenter

skárrit, skierat

saks (nb) scissors, shears (en) sax (sv) sakset, leikkuri (fi)

(se): čuohppanneavvu mas leat guokte čuohppi ávjju mat johtet oktii

(nb): skjæreverktøy med to skjærende egger som glir mot hverandre

skearrogoazan

skivebrems (nb) disc brake (en) skivbroms (sv) levyjarru (fi)

(se): goazan mas lea jorri goahcaskearru guovtti goahcanlođi gaskkas

(nb): bremse med friksjonsskiver som roterer mellom to bremseklossar

skearru, gearru

skive (nb) disc, plate, washer (en) skiva (sv) levy (fi)

(se): jorba, asehis pláhtta

(nb): rund, tynn plate

skieivun

kast, eksentrisitet (nb) eccentricity, run-out (en) kast (sv) heitto (fi)

(se): man ollu sylindara olggoš radiálalaččat gáidá gaskamearálaš gaskkas áksásis dahje áksiálalaččat gáidá duolbadasas mii lea njuolggočiegat áksása ektui

(nb): kor mye overflata av ein sylinder radialt varierer i avstand til aksen eller aksialt vik av frå eit plan vinkelrett på aksen

-skierat

Geahča «belleskárrit, - skierat, spelle-».

skierat

Geahča «skárrit, skierat».

skivdnjeviŋkil

Geahča «heivenviŋkil, skivdnjeviŋkil».

skoađas

beslag, panel (nb) fittings, mountings, armature, garniture (en) beslag (sv) hela, heloitus, raudoitus (fi)

(se): metállabihttá mii lea čadnojuvvon juoga masa ja doaibmá suodjalussan, nanosmáhttin dahje čikŋan

(nb): metallstykke som er festa på noko til vern, styrking eller pynt

skoavhli, ráhkku

pore, blære (nb) pore, void (en) por (sv) huokonen (fi)

(se): siskkáldas ráigi / buoja nana ávdnasis

(nb): hulrom i fast materiale

skohter

Geahča «mohtorgielka, skohter».

skruvva

skrue (nb) screw (en) skruv (sv) ruuvi (fi)

(se): sylinddarlaš metállabihttá mas leat jeaŋgat ja dábálaččat oaivi

(nb): sylindrisk metallstykke med gjenger og som regel hovud

skruvvabasta

Geahča «skruvvadoalan, skruvvabasta».

skruvvabonjan

Geahča «skruvvaruovdi, skruvvabonjan».

skruvvačárvvon, lávgenruovdi

skrutvinge (nb) clamp frame, screw clamp (en) skruvtving (sv) ruuvipuristin (fi)

(se): skruvvaneavvu mainna čárve bargoávdnasiid oktii

(nb): skrureiskap til å klemme saman arbeidsstykker

skruvvadoalan, skruvvabasta

skruestikke (nb) bench vice, vice (en) skruvstycke (sv) ruuvipenkki (fi)

(se): neavvu masa skruvve bargoávdnasa gitta

(nb): reiskap til å skru fast eit arbeidsstykke i

skruvvageasán

skrueuttrekker[nb], skrueuttrekkjar[nn], grisepikk (nb) screw extractor (en) skruvutdragare (sv) ruuvin ulosvetäjä (fi)

(se): čohkolaš dahje rihkkojuvvon sággi buoššoduvvon stális maid dearpá dahje botnjá ráiggi sisa geassin dihtii olggos doddjon skruva mii lea darvánan

(nb): konisk eller rifla pinne av herda stål for å slå eller vri inn i eit hol for å trekke ut knekt skrue som har sett seg fast

skruvvaruovdi, skruvvabonjan

skrujern, skrutrekker[nb], skrutrekkjar[nn] (nb) screwdriver (en) skruvmejsel (sv) ruuvitaltta, ruuvimeisseli (fi)

(se): neavvu mainna čavge ja luvve skruvaid main lea gurra oaivvis

(nb): reiskap for å skru til og trekke ut skruar med spor i hovudet

skruvvenčoavdda

skrunøkkel (nb) spanner, wrench (en) skruvnyckel (sv) ruuviavain (fi)

(se): giehtaneavvu mas lea njálbmi dahje ráigi mainna sáhttá dohppet muhttera dahje skruvvaoaivvi birra; molssačoavdda, rabas čoavdda, gohppočoavdda jnv.

(nb): handreiskap med kanta gap eller hol som kan gripe om mutterar eller skruehovud; fellesord for skiftenøkkel, fastnøkkel, koppnøkkel osv.

skuibi

Geahča «reakta, ráhtte, skuibi».

skuohppu

bøssing, hylse (nb) bush(ing), sleeve, socket

(en) bussning (sv) (laakerin) holkki (fi)

(se): bohccehámat riekkis mii lea gitta dahje sáhttá giddejuvvot áksila birra dahje bovraráigái

(nb): rørforma foring, som står fast / kan festas på aksel eller i boring

šlámbarruovdi, roaisteruovdi

skrapjern (nb) scrap iron (en) järnskrot (sv) romurauta (fi)

(se): ruovde- ja stálleruskkat mat vuvdojuvvojit ođđasisgeavaheapmái

(nb): jern- og stålavfall som omsettes for gjenvinning

šláŋŋa

slange (nb) hose (en) slang (sv) letku (fi)

(se): sojahahtti plástadahje gummebohcci man čađa njalbi dahje gássa sáhttá mannat

(nb): bøyelig rør av plast eller gummi til å leie væske eller gass

šláŋŋačárvvon

slangeklemme (nb) hose clip, hose clamp (en) slangklämma (sv) letkunkiristin (fi)

(se): čavgehahtti stállegierdu mainna gidde šláŋŋa bohccái

(nb): stillbar klemme av stål for å feste slange på rør

šlápma, válla

støy (nb) noise (en) buller (sv) melu (fi)

(se): muosehuhtti, vahágahtti dahje earáláhkái unohis jietna

(nb): forstyrrende, skadelig eller på annen måte uønska lyd

šleađggočuovga

blinklys, varsellys (nb) flash light (en) blinkers (sv) vilkkuvalo (fi)

(se): jorri, ravki várrenčuovga

(nb): blinkande, roterande varsellys

šleagga

slegge, sleggje[nn] (nb) sledge hammer, mallet, maul (en) slägga (sv) moukari, leka (fi)

(se): stuorra, lossa veažir mas lea guhkes nađđa

(nb): stor, tung hammar med langt skaft

šliipa

slipestein (nb) grind stone, grinding wheel (en) slipsten (sv) hiomakivi, tahko (fi)

(se): fiinnagortnat šliipenskearru mainna šliipe giehtaneavvuid

(nb): finkorna slipeskive for sliping av handverktøy

šliipen

sliping (nb) grinding, sharpening (en) slipning (sv) hiominen (fi)

(se): vuolahasčuohppanvuohki mas čuohppanneavvut leat gortnit mat leat gitta šliipenskearrus

(nb): sponskjærande bearbeiding der skjæreverktøyet er korn som sit fast i ei slipeskive

šliipenbábir

Geahča «sáttobábir, šliipenbábir».

šliipengordni, šliipenmoallu

slipekorn (nb) abrasive grain, abrasive particle (en) slipkorn (sv) hiomarae (fi)

(se): unna čuohppannevvožat mat leat gitta šliipenskearrus

(nb): små skjæreverktøy som sit fast i ei slipeskive

šliipenliidni

slipelerret (nb) abrasive cloth, emery cloth (en) slipduk, smergelduk (sv) hiomakangas (fi)

(se): gođus masa leat giddejuvvon šliipengortnit

(nb): tekstil med innlagte slipekorn

šliipenmálle

slipelære (nb) grinding gauge (en) teräkulma tulkki (fi)

(se): málle man mielde šliipe, erenoamážit čuohppanneavvuid čiegaid

(nb): mal til å slipe etter, særlig for vinkler på sponskjærende verktøy

šliipenmašiidna

slipemaskin (nb) grinding machine (en) slipmaskin (sv) hiomakone (fi)

(se): elektralaš mašiidna mainna šliipe

(nb): elektrisk maskin til å slipe med

šliipenmoallu

Geahča «šliipengordni, šliipenmoallu».

šliipennibba

slipestift (nb) grinding pin (en) slipstift (sv) hiomakara (fi)

(se): unna šliipenskerroš nađain mii giddejuvvo giehtašliipenmašiidnii

(nb): lita slipeskive med skaft for montering i handslipemaskin

šliipenskearru

slipeskive (nb) grinding wheel, grinding disc (en) slipskiva (sv) hiomalaikka (fi)

(se): skearru mas leat šliipengortnit čatnanávdnasis

(nb): skive av slipekorn i bindemiddel

šliipet

slipe (nb) grind, sharpen (en) slipa (sv) hioa (fi)

(se): čuohppat vuolahasaid gortniiguin mat leat gitta jorri skearrus

(nb): skjære spon med korn som sit fast i ei roterande skive

šlimpa

Geahča «dearba, dearbastihkka, heailu, šlimpa».

šloaŋkkisteapmi

Geahča «loaŋkkisteapmi, šloaŋkkisteapmi».

šluppot

klubbe (nb) mallet, beetle (en) klubba (sv) nuija (fi)

(se): dearpanneavvu mas lea nađđa ja sylinddarhámat oaivi

(nb): bankereiskap med sylinderforma hovud på skaft

smáhkku

Geahča «vuolahas, fuolahas, smáhkku».

smierusvuohta

Geahča «smirrodat, smierusvuohta».

smilčečiehka

hellingsvinkel (nb) rake, tool cutting edge inclination (en) lutningsvinkel (sv) kallistuskulma (fi)

(se): čiehka várvenstális

(nb): vinkel på skjæreverktøy

smirrodat, smierusvuohta

sprøhet[nb], sprøleik[nn] (nb) brittleness (en) sprödhet (sv) hauraus (fi)

(se): nana ávdnasiid iešvuohta cuovkanit / doddjot hápmerievdama haga

(nb): egenskap hos fast materiale å briste utan å gjennomgå særlig formendring

snađđen

Geahča «fierdin, snađđen».

snáhki

stag (nb) rod, hanger, strutting (en) stag (sv) side, tuki (fi)

(se): fasta dahje stellehahtti stággu mainna cegge, hehtte dahje dássida lihkadeami

(nb): fast eller justerbar stang for å støtte opp, hindre eller utjevne bevegelse

sneaktačuohpastat, čuohpastat, sneaktagovva

tverrsnitt, snitt (nb) cut, notch, section (en) snitt (sv) leikkaus, poikkileikkaus (fi)

(se): olggoš mii boahtá oidnosii go čuohppá gaskat; jurddašuvvon duolbbas sneakta juoga man áđa

(nb): flate som kjem fram ved gjennomskjæring; tenkt

flate tvers gjennom ein gjenstand

sneaktagovva

Geahča «sneaktačuohpastat, čuohpastat, sneaktagovva».

snihkkár

snekker[nb], snikkar[nn] (nb) carpenter (en) snickare (sv) puuseppä, kirvesmies (fi)

(se): bargi gii bargá muorraávdnasiiguin

(nb): handverkar som driv med trearbeid

snihkkársahá

Geahča «fiellosahá, snihkkársahá».

sŋiran, coakcečoavdda

skralle, smelle (nb) ratchet handle, ratchet wrench (en) spärrnyckel (sv) räikkä, räikkäväännin (fi)

(se): neavvu mainna sirdá momeantta omd. muhtterii, das lea giddenmekanisma nu ahte giehta sáhttá dolvojuvvot ovddos maŋos

(nb): reidskap til å overføre moment t.d. til mutter, har sperring så armen kan føras fram og tilbake

soadjemuhtter

vingemutter[nb], vengemutter[nn] (nb) wing nut (en) vingmutter (sv) siipimutteri (fi)

(se): guovttesoajat muhtter mii skruvvojuvvo giehtafámuin

(nb): mutter med to vinger for å skru med handkraft

soadji, guksi

skovl (nb) blade, scoop, bucket, vane (en) skovel, vinge, blad (sv) siipi (fi)

(se): radiála soadji gierddu birra, soadjehámat bargoorgána mii galgá sirdit fámu áksilis dahje áksilii

(nb): radielle blad rundt periferien av eit hjul, bladforma arbeidsorgan som skal overføre kraft frå eller til ein aksling

soairu

Geahča «náskál, soairu».

sodju

bend (nb) bend, elbow, angle, knee (en) knärör (sv) käyrä (fi)

(se): bohcceoassi mii lea sojul

(nb): rørdel med bøy på

šohkka

Geahča «buváhat, šohkka».

šolgantemperatuvra

smeltetemperatur, smeltepunkt (nb) melting temperature, melting point (en) smälttemperatur, smältpunkt (sv) sulamispiste (fi) (se): termperatuvra go nana ávnnas suddá njalbin

(nb): den temperatur der et fast stoff går over til væske

šolgenávnnas, šolggas

flussmiddel (nb) flux, soldering paste, fluidizer (en) flussmedel (sv) juoksute, juotostahna (fi)

(se): njalbi, suohkat dahje bulvarat mat lásihuvvojit jugahettiin vai geardi jávká ja jugadanávnnas darvána buorebut

(nb): væske, pasta eller pulver som tilsettas ved lodding for å fjerne belegg og gi bedre feste

šolggas

Geahča «šolgenávnnas, šolggas».

šolgu

smelte (nb) melt, molten mass (en) smälta (sv) sulatuserä, sula (fi)

(se): olles metállahivvodat mii ain hávil šolgaduvvo ommanis

(nb): hele metallmengda som er smelta i omnen samtidig

spáitastálli

hurtigstål, snøggstål[nn] (nb) high-speed steel (en) snabbstål (sv) pikateräs (fi)

(se): stálli mas ráhkadit čuohppanneavvuid nugo

várvenstáli, jurssaniid, bovrraid jna., stális lea ollu W dahje Mo,Cr ja Va

(nb): stål beregnet for skjærende verktøy som dreiestål. freser, bor osv. Høyt innhold av W, eventuelt Mo, Cr og Va

sparaideapmi

vibrasjon, sperring (nb) vibration (en) vibration (sv) tärinä (fi)

(se): mekánalaš heiludusat nana gorudiin, eahpedássásvuohta várvves ja bargoávdnasis mii mielddisbuktá roamše olggoža

(nb): mekaniske svingninger i faste legemer, ubalanse i dreiebenk og arbeidsstykke som fører til ujevn overflate

sparaidit

vibrere (nb) vibrate (en) vibrera (sv) täryttää, täristä (fi)

(se): váikkuhuvvot mekánalaš heiludusain

(nb): være utsatt for mekaniske svingninger

sparkelastit

sparkle (nb) putty, fill (en) spackla (sv) siloittaa (fi)

(se): dásset olggoža sparkeldáiggiin ovdal málema

(nb): jamne flate med sparkelmasse før maling

sparkel, deavdinniibi

sparkel (nb) spattle, spatula, filling knife (en) spackel (sv) lasta (fi)

(se): neavvu mainna dásse olggoža sparkeldáiggiin ovdal málema

(nb): verktøy for å jamne flate med sparkelmasse før maling

-spelle

Geahča «lássenbelle, spelle, lohkkadan-».

spelle

Geahča «belle, spelle».

spelle-

Geahča «bellečeahppi, bellerávdi, spelle-».

spiikkár

spiker[nb], spikar[nn] (nb) nail (en) spik (sv) naula (fi)

(se): čohka metállanávli mas lea oaivi

(nb): spiss metallstift med hode

spiikkárgeasán

spikertrekker[nb], spikartrekkjar[nn], kjerringkjeft (nb) nail puller (en) spikutdragare (sv) sorkkarauta, naulanvedin (fi)

(se): gazzaneavvu mainna gaiku spiikkáriid

(nb): reiskap med klo til å trekke ut spiker

spintočuohpan, bagadasčuohpan

pakningsskjærer[nb], pakningsskjerar[nn] (nb) adjustable packing ring cutter (en) rundskärare (sv) tiiviste leikkuri (fi)

(se): stellehahtti čuohppanneavvu mainna čuohppá jorba bagadasaid

(nb): stillbart skjæreverktøy for runde pakninger

spintu, bagadas, bagaldat

pakning (nb) gasket, jointing, packing (en) packning (sv) tiiviste (fi)

(se): juoga mii biddjo bohcciid dahje mašiidnaosiid gaskii dahkat divttisin

(nb): mellomlegg for å gjøre overgang mellom rør eller maskindelar tette

sponta

Geahča «bonte, sponta».

spontalakta

Geahča «bontelakta, spontalakta».

spontet

Geahča «bontet, spontet».

stáđđi

ambolt (nb) anvil, stake (en) städ (sv) alasin (fi)

(se): rávdeneavvu stális mii lea vuođđun go dearpá

(nb): smedreidskap av stål til underlag for hamring

stáđis, starga

stabil (nb) stable, steady (en) stabil (sv) pysyvä, vakaa (fi)

(se): mii bistá rievdatkeahttá ovtta hámis

(nb): stødig, varig, som held seg uendra i samme form

stáđisvuohta, stargatvuohta

stabilitet (nb) stability (en) stabilitet (sv) vakavuus, pysyvyys (fi)

(se): ávdnasa iešvuohta bissut rievdatkeahttá

(nb): det å vere stabil, fastleik, støleik

stahtalaš

statisk (nb) static (en) statisk (sv) staattinen, tasapainoinen (fi)

(se): mii lea dássedeattus, lihkatmeahttun

(nb): som er i jamvekt, rolig, urørlig

stahtor

stator (nb) stator (en) stator (sv) staattori (fi)

(se): oassi elektromohtoris dahje generáhtoris mii orru lihkatkeahttá, mii ii jora

(nb): faststående del av elektromotor eller generator

stállebáddi, stálletoavva

vaier (nb) wire (en) vajer, wire (sv) vaijeri (fi)

(se): stálleárpput bodnjojuvvon báddin

(nb): tau av tvinna stáltrådar

stálledoalan

stålholder[nb], stålhaldar[nn] (nb) tool holder (en) stålhållare, stålfäste (sv) teränpidin (fi)

(se): doalan mainna doallá čuohppanneavvuid várvves dahje heavvalis

(nb): holder for skjærande verktøy i dreiebenk og høvel

stálletoavva

Geahča «stállebáddi, stálletoavva».

stálleullu

stålull (nb) steel wool, steel shavings (en) stålull (sv) teräsvilla (fi)

(se): stállesárrasat maiguin geallá

(nb): stålfiber til å pusse med

stálli

stål (nb) steel (en) stål (sv) teräs (fi)

(se): dáhkohahtti seaguhus man váldoávnnas lea ruovdi ja mas lea eanemusat 1,8% C ja vejolaš eará vuođđoávdnasat

(nb): smibar legering av jern og maks. 1,8% karbon og eventuelt flere grunnstoff.

stámpa

Geahča «tánka, lihtti, stámpa».

starga

Geahča «stáđis, starga».

stargatvuohta

Geahča «stáđisvuohta, stargatvuohta».

stargatvuohta, stargodat, stirddisvuohta

stivhet[nb], stivleik[nn] (nb) stiffness, rigidity (en) styvhet (sv) jäykkyys (fi)

(se): nana ávdnasiid iešvuohta vuosttaldit sojahanfámuid

(nb): egenskap hos fast materiale å stå imot bøyekrefter

stargodat

Geahča «stargatvuohta, stargodat, stirddisvuohta».

stealládat

Geahča «vuloštus, stealládat».

steallečiehka

Geahča «stealleviŋkil, steallečiehka».

steallefiilu

ansatsfil (nb) flat file, blunt file, safe-edge file (en) ansatsfil (sv) lattaviila (fi)

(se): fiilu mas leat parallealla siiddut ja njuolggočiegat sneaktačuohpastat, okta siidu lea bániid haga

(nb): fil med parallelle sider og rektangulært tverrsnitt, ei av sidene uten tenner

steallenihppel

ansatsnippel (nb) hexagon nipple (en) sexkantnippel (sv) kaksoisnippa (fi)

(se): bohcceoassi mas leat olgguldas jeaŋgat goappašiid bealde ja daid gaskkas guđaborat stealli

(nb): rørdel med utvendige gjenger og en mellomliggende fast krage (brystning)

stealleviŋkil, steallečiehka

anslagsvinkel, ansatsvinkel, vinkelhake (nb) square, try square, joint hook (en) vinkelhake (sv) kulmavi-ivain, suorakulmain (fi)

(se): viŋkil man guokte goabbatguhkkosaš juolggi leat njuolggočiehkan, nuppi juolggis lea stealli

(nb): vinkel av to ujamnlange bein som står vinkelrett på kvarandre, den eine med støttekant

stealli

anlegg (nb) support (en) stöd (sv) tuki (fi)

(se): vuoláš, doarjja omd. šliipenmašiinnas

(nb): underlag, støtte for eksempel på slipemaskin

stealli

ansats, krage (nb) shoulder, collar, lug (en) ansats (sv) olake, ulkonema (fi)

(se): oassi mii geaigá olggos bohcce- dahje mašiidnaoasis; ceahkki bargoneavvus

(nb): utståande parti på rør- eller maskindel; kant, rand, framspring på verktøy

steamppal

Geahča «meandi, steamppal».

stellenskruvva

justeringsskrue, stillskrue (nb) adjusting screw, set screw (en) justerskruv, ställskruv (sv) säätöruuvi (fi)

(se): skruvva ceahkehis regulerema várás

(nb): skrue for trinnlaus regulering av noko

stielkalakta

laskskjøt[nb], laskskøyt[nn] (nb) fish joint, junction plate, but strap (en) skarvförbindning (sv) limittäisliitos, limiliitos, palstasovite (fi)

(se): lakta mas pláhtat biddjojuvvojit maŋŋalagaid ja eará pláhtta fas lavtta ala nu ahte gokčá sávnnji, das maŋŋil pláhtat durrojuvvojit dahje sveisejuvvojit

(nb): skjøt av plater ved at ei plate legges over skjøten så den dekker litt av begge, deretter nagles eller sveises

stirddisvuohta

Geahča «stargatvuohta, stargodat, stirddisvuohta».

stivren

styring (nb) steering, control, operation (en) styrning (sv) ohjaus (fi)

(se): reguleren dahje dárkkisteapmi ruovttoluottalaktama haga

(nb): manøver- eller kontrollsystem uten tilbakekopling

stivrenbielka

vange (nb) bed, lathe bed (en) prisma (sv) johde, runko, johteet (fi)

(se): guoddi ja/dahje stivri profilhámat stállebielka, omd. várvves

(nb): bærende og/eller styrende profilforma skinne, for eksempel på dreiebenk

stivrenteknihkka

styringsteknikk (nb) control technique (en) styrteknik (sv) ohjaustekniikka (fi)

(se): automáhtalaš proseassaid stivren ruovttoluottalaktama haga

(nb): styring av automatiske prosessar uten tilbakekopling

stivrran

styreenhet[nb], styreeining[nn] (nb) control unit (en) styrenhet (sv) ohjain, ohjausosa (fi) (se): dihtora bierggas mii stivre muhtin eará biergasa doaibmama; stivrran sáhttá sirdit dieđu, váldit vuostá ja dulkot gohččumiid dahje dieđihit boasttuvuođaid

(nb): datautstyr som styrer funksjonen til anna utstyr; styreeininga kan flytte informasjon, ta mot og tolke kommandoar eller melde frå om feil

suddadit

smelte (nb) melt (en) smälta (sv) sulattaa (fi)

(se): báhkadit juoidá nu ahte rievdá / molsu nana hámis golgi hápmin

(nb): varme opp noko så det går over frå fast til flytande

suddat

smelte (nb) melt (en) smälta (sv) sulaa (fi)

(se): rievdat / molsut nana hámis golgi hápmin

(nb): gå over frå fast til flytande form

sudjenjealbma

vernehjelm (nb) protective helmet (en) skyddshjälm (sv) suojakypärä (fi)

(se): jealbma mii suodjala oaivvi

(nb): hjelm for vern mot slag og støt mot hodet under arbeid

sudjenláset

vernebriller (nb) protective spectacles (en) skyddsglasögon (sv) suojalasit (fi)

(se): čalbmeláset sujiiguin suodjalit čalmmiid

(nb): øyebeskyttelse med glass og skjermer

sudjenneavvut

verneutstyr (nb) protective equipment (en) skyddsutrustning (sv) suoja-asu, suojavarusteet (fi)

(se): neavvut mat suodjalit bargi vahágiid vuostá

(nb): utstyr for å verne arbeideren mot skader under arbeidet

sugadangiehta

vippearm (nb) valve rocker, valve lever (en) vipparm (sv) venttiilinvipu (fi)

(se): giehta mii stivre venti-ilalihkademiid njunneáksila lihkademiid mielde

(nb): arm som styrer ventilrørslene ut i frå kamakslingen

suođđu

lekkasje, lekk (nb) leak, leakage (en) läckage (sv) vuoto (fi)

(se): gássa olggosbeassan gosa ii galgga

(nb): det at gass slipp ut der den ikkje skal

suodjalusáittardeaddji

verneombud[nb], verneombod[nn] (nb) safety trustee (en) skyddsombud (sv) työsuojeluasiamies (fi)

(se): bargi gii lea válljejuvvon bealuštit bargiid beroštumiid bargosuodjalusáššiin

(nb): arbeidar som er vald til å ivareta arbeidarane sine interesser i arbeidsmiljøsaker

suodjegássa

dekkgass (nb) shield gas (en) skyddsgas (sv) suojakaasu (fi)

(se): gássa mii suodjala čuovgadávggi ja sveisenlávggu sveisedettiin

(nb): gass som beskytter lysbue og sveisebad under sveising

suoidnespábbačárvvon

høyballepresse (nb) hay press (en) rundbalspress, balpress (sv) paalain (fi)

(se): neavvu mainna deaddila suinniid spábban

(nb): reiskap for pressing/ rulling av høy til ballar

šuokŋaiskan

klangprøve (nb) sound testing (en) klangkontroll (sv) koputuskoe (fi)

(se): šliipenskearru iskan, dainna lágiin ahte doallá skearru luovusin ja dearpala dan gullat šuoŋas lea go skearrus ráhku

(nb): test av slipeskive, ved å holde skiva laust og slå på den, vil man av klangen høre om det er sprekk i skiva

suonjarbovrenmašiidna

Geahča «radialbovrenmašiidna, suonjarbovrenmašiidna».

suonjarháltásaš

Geahča «radiála, suonjarháltásaš».

suonjárhltásaš

Geahča «radiála, suonjarháltásaš».

suonjarláger

Geahča «radialláger, suonjarláger».

suorgebohcci

manifold, samlestokk, forgreiningsrør (nb) manifold (en) manifold, samlingsrör, förgreningsrör (sv) pakosarja, imusarja (fi)

(se): bohcci mii čohkke / biđge iesguđet surggiin / surggiide bohccerusttegis

(nb): rør som fordeler/ samler til / fra forskjellige kurser i et røranlegg

suorresággi

splint, splittpinne, saksesplint (nb) splint, splinter, pin, cotter, split pin (en) sprint, saxpinne (sv) sokkanaula (fi)

(se): stállenávli mas lea beallemánuhámat sneaktačuohpastat ja lea sojahuvvon nu ahte geažit ovttas ožžot sylinddarhámi

(nb): stålnagle med halvmåneforma tverrsnitt, bøyd slik at endene sammen får sylinderform

suvrenanu stálli

syrefast stål (nb) acid-proof stainless steel (en) syrafast stål (sv) haponkestävä teräs (fi)

(se): ruostameahttun stálli mii lea korrošuvdnananus suvrriid vuostá

(nb): rustfritt stål med god korrosjonsbestandighet mot syrer

sveisa

sveis (nb) weld (en) svets (sv) hitsi (fi)

(se): sávdnji mii šaddá sveisemiin

(nb): skøyt som kjem i stand når ein sveisar

sveisašolgu

smeltebad (nb) molten pool, weld pool (en) svetssmälta (sv) hitsisula (fi)

(se): oassi sveissas mii lea badjel suddantemperatuvrra

(nb): det området i sveisen som er over smeltetemperatur

sveisejeaddji

sveiser[nb], sveisar[nn] (nb) welder (en) svetsare (sv) hitsaaja (fi)

(se): bargi gii sveise

(nb): arbeidar som driv med sveising

sveisen

sveising (nb) welding (en) svetsning (sv) hitsaus (fi)

(se): metállabihtáid oktiigidden vuollelaččas dahje badjelaččas suddantemperatuvrra ja mas liigeávdnasis leat sullii seamma iešvuođat go bárgoávdnasis

(nb): samanføying av metallstykke ved temperatur like under eller over smeltepunktet og der eventuelt tilsettmateriale har omlag samme egenskaper som grunnmaterialet

sveisenapparáhta

sveiseapparat (nb) welding machine, welding apparatus (en) svetsaggregat (sv) hitauslaite (fi)

(se): apparáhta mainna sveise

(nb): apparat til å sveise med

sveisenárpu

sveisetråd (nb) welding wire (en) svetstråd (sv) hitsauslanka (fi)

(se): metállaárpu mii geavahuvvo liigeávnnasin gássasveisedettiin

(nb): metalltråd som brukas som tilsettmateriale ved gassveising

sveisenboalddan

sveisebrenner[nb], sveisebrennar[nn] (nb) welding burner, welding torch (en) svetsbrännare (sv) hitsauspoltin (fi)

(se): nađđa mainna seaguha ja dásse sveisengásaid

(nb): handtak for blanding og regulering av gasser for sveising / lodding

sveisenelektroda

sveiseelektrode (nb) welding electrode (en) svetselektrod (sv) hitsauselektrodi (fi)

(se): gokčon sveisenárpu man čađa manná elrádvnji ja mii suddá ja ráhkada sveissa

(nb): dekka sveisetråd som det går elektrisk straum gjennom og som smeltar og lagar sveisen

sveisengurra

Geahča «sálvu, sveisengurra».

sveisenhápma, sveisenmáska

sveisemaske, sveisehjelm (nb) welding helmet (en) svetshjälm, svetsmask (sv) hitsauskypärä, hitsaussuojus (fi)

(se): sevdnjesláset hápma mii suodjala sveisejeaddji čalmmiid

(nb): maske med mørkt glass til vern ved sveising

sveisenluodda, sveisengurra

sveisefuge (nb) welding seam (en) svetsfog (sv) hitsisauma? (fi)

(se): gurra maid deavdá sveisemiin

(nb): opning for å sveise i

sveisenmáska

Geahča «sveisenhápma, sveisenmáska».

sveisenmoalki

sveisebend (nb) butt welding bend (en) svetsinsats (sv) kaasuhitsauspilli (fi)

(se): sojahuvvon bohcci man čađa sveisengássa boahtá olggos

(nb): bøygd rør for sveisegass

sveisenrievdadeaddji

Geahča «sveisentransformáhtor, sveisenrievdadeaddji».

sveisenšleađggastat

Geahča «sveisensuddon, sveisenšleađggastat».

sveisenstreaŋga

Geahča «sveisensuotna, sveisenstreaŋga».

sveisensuddon, sveisenšleađg-gastat

sveiseblink, sveiseblindhet (nb) arc eye (en) svetsblänk (sv) hitsaussokeus, lumisokeus (fi)

(se): čalbmevihki man sivva lea sveisendola čuovga

(nb): augeskade pga. lys frå sveiseflamme eller lysbue

sveisensuotna, sveisenstreaŋga

sveisestreng, sveiselarve (nb) bead (en) sträng (sv) hitsattu palko (fi)

(se): liigeávnnasstreaŋga sveisema maŋŋil

(nb): streng av tilsettmateriale etter sveising

sveisentransformáhtor, sveisenrievdadeaddji

sveiseomformer[nb], -omformar[nn], -transformator (nb) welding transformer (en) svetsomformare (sv) hitsausmuuntaja (fi)

(se): sveisenapparáhta mii rievdada ja dásse elrávnnji ja gealdaga

(nb): sveiseapparat som endrar og regulerer strømstyrke og spenning

sveiset, áhcahit

sveise (nb) weld (en) svetsa (sv) hitsata (fi)

(se): metállabihtáid oktiigidden suddademiin dahje dearpamiin dahje deaddilemiin alla temperatuvrras

(nb): samanføying av metallstykke ved å smelte dei saman eller hamre eller presse ved høg temperatur

sylinddar

sylinder (nb) cylinder (en) cylinder (sv) sylinteri (fi)

(se): latnja gos boaldin, oljodahje áibmodeatta dagaha mekánalaš fámu mii doalvu meanddi

(nb): holrom der forbrenning, olje- eller gasstrykk utvikler mekanisk kraft som driver et stempel

sylinddargorut

Geahča «mohtorgorut, sylinddargorut».

sylinddarsuođđaniskkan

sylinderlekkasjetester[nb], -testar[nn] (nb) cylinder leak tester (en) vuotomittari (fi)

(se): apparáhta mainna iská áimmu suođđama sylindaris

(nb): testapparat for å undersøke luftlekkasje fra sylinderen

symmetralaš

symmetrisk (nb) symmetric (en) symmetrisk (sv) symmetrinen (fi) (se): maid sáhttá juohkit guovtti ovttalágán oassái mat leat goabbatguoimmiska speadjalgovva

(nb): som kan delas i to like halvdelar som utgjør spegelbilete av kvarandre

synkronmohtor

synkronmotor (nb) synchronous motor (en) synkronmotor (sv) tahtimoottori, synkronimoottori (fi)

(se): molssarávdnjemohtor mas jorranlohku vástida rávnnji periodalohkui

(nb): vekselstraumsmotor der turtallet samsvarar med periodetalet for straumen

synkruvdnalaš

synkron (nb) synchronous (en) synkron (sv) synkroninen, tahdistettu (fi)

(se): oktanaga, jeavddalaš, mas lea seamma referanseáigi

(nb): samtidig, som har samme referansetid

syntetalaš

syntetisk (nb) synthetic (en) syntetisk (sv) synteettinen (fi)

(se): mii ii leat luondobuvttadus, mii lea ráhkaduvvon industriijalaččat kemiijalaš reakšuvnnaid bokte

(nb): ikke naturprodukt, stoff framstilt industrielt ved kjemiske reaksjoner

systema

Geahča «vuogádat, systema».

tánka, lihtti, stámpa

beholder[nb], behaldar[nn], tank (nb) container, bin, reservoir, tank (en) tank, behållare (sv) säiliö (fi)

(se): gitta lihtti masa vurke njalbbi dahje gása

(nb): lukka kjerald, kanne eller lignende til å ha væske eller gass i

teleskohpamihtádas

teleskopmål (nb) telescopic gauge (en) teleskopstickmått (sv) pistomitta (fi)

(se): lássehahtti, dávgededdon mihtidanneavvu mainna sirdá siskkáldas mihtuid

(nb): låsbart, fjærbelasta måleinstrument for overføring av innvendige mål

T-naďđa

T-arm, T-handtak (nb) T- handle (en) T-handtag (sv) T-väännin (fi)

(se): náďđa skruvvenneavvuide, das lea stággu mii manná ráiggi čađa nuppi oasis, mas lea njealječiegat bunci

(nb): skaft for skruverktøy, består av ei stang som går gjennom et hull i del med firkantfeste

toleránsa

toleranse (nb) tolerance, allowance, margin (en) tolerans (sv) toleranssi (fi)

(se): dohkkehuvvon gáidu / erohus vuođđomihttu ektui

(nb): tillatt avvik i forhold til basismål

toleránsaguovlu

toleranseområde (nb) tolerance range (en) toleransområde (sv) toleranssialue (fi)

(se): guovlu man siste duohta mihttu galgá leat

(nb): område målet skal være innafor

traktor

traktor (nb) tractor (en) traktor (sv) traktori (fi)

(se): mohtorfievru mainna geassá eanandoalloneavvuid ja/dahje addá fámu daidda

(nb): motordreve kjøretøy nytta til å dra og/eller levere kraft til landbruksreidskapar

traktordáigu

høysvans (nb) hay rake, buckrake (en) hösvans (sv) heinähäntä (fi)

(se): traktorneavvu mainna čoaggá ja fievrrida suinniid

(nb): traktorreiskap til å samle og tranportere høy med

transformáhtor

transformator (nb) transformer (en) transformator (sv) muuntaja (fi)

(se): apparáhta mainna rievdada molssarávnnji dihto gealdagis nubbái

(nb): apparat utan rørlige delar til å forme om vekselstraum frå ei spenning til ei anna

transistor

transistor (nb) transistor (en) transistor (sv) transistori (fi)

(se): nannenelemeanta mas lea okta beallejođadas ja moadde elektroda

(nb): forsterkarelement av ein halvleiar og to eller fleire elektrodar

transmišuvdna

Geahča «sirdin, transmišuvdna».

trapesajeaŋga

trapesgjenge (nb) trapezoid thread (en) trapetsgänga (sv) trapetsikierre (fi)

(se): jeaŋga mas lea trapesahámat sneaktačuohpastat

(nb): gjenger med trapesforma tverrsnitt

turbiidna

turbin (nb) turbine (en) turbin (sv) turbiini (fi)

(se): mašiidna mii rievdada energiija mii lea golgi njalbbis dahje gásas mekánalaš jorreenergiijan

(nb): kraftmaskin der energien i strøymande væske eller gass blir ført over til arbeidsmaskinar

turbo

turbo, turbokompressor (nb) turbo charger, turbo compressor (en) turbo (sv) turbo, ahdin (fi)

(se): áibmobumpa mii addá badjedeaddaga mohtoris

(nb): luftpumpe som sørger for overtrykk i motor

tyristor

tyristor (nb) thyristor (en) tyristor (sv) tyristori (fi)

(se): stivrejuvvon beallejođadasnjuolggan

(nb): styrt halvlederlikeretter

uniuvdna

Geahča «lihtolaš, uniuvdna».

vadjanmašiidna

stansemaskin (nb) punching machine, stamping machine (en) stansmaskin (sv) meistauskone, lävistyskone (fi)

(se): mášiidna mainna čuohppá dahje deaddila hámiid metállapláhtas

(nb): maskin for å klippe eller presse ut former av metallplate

vadjat

stanse, lokke (nb) punch, stamp (en) stansa (sv) meistää, lävistää (fi)

(se): čuohppat dahje deaddilit hámiid metállapláhtas

(nb): klippe eller presse ut former av metallplate

vadnil

Geahča «fadnil, vadnil, dávggas».

váfistansoađis, vuoktasoađis

fjærsplint[nb], fjørsplint[nn], hårnål (nb) hair pin spring (en) sakka (fi)

(se): dávge sojahuvvon guovttesuorat stállesággi

(nb): fjærande bøygd stålpinne med to greiner

váhttar

Geahča «čáhcečalbmi, váhttar».

váibadahttin

utmatting (nb) fatigue (en) utmattning (sv) väsyminen (fi)

(se): ávdnasa geanuhuhttin geardduhuvvon noađuhemiid geažil

(nb): svekking av materiale ved gjentatte påkjenninger

váidudeapmi

demping (nb) cushioning (en) dämpning (sv) vaimennin (fi)

(se): vuohki goahcat meandelihkadeami go meandi lea lahkaneame geahčái

(nb): måte å retardere stempelbevegelsen på når stempelet nærmer seg sin endestilling

váidudit

dempe (nb) cushion, damp (en) dämpa (sv) vaimentaa,hiljentää (fi)

(se): geahpedit nordama, omd deattaáibmosylindaris

(nb): døyve, minske støt, for eksempel i trykkluftsylinder

váikkuhusmearri, doaibmanmearri

virkningsgrad[nb], verknadsgrad[nn] (nb) efficiency (en) verkningsgrad (sv) hyötysuhde (fi)

(se): gorri ávkkálaš energiija ja geavahuvvon energiija gaskkas

(nb): forholdet mellom nytteenergi og forbrukt energi

vajan

stanseverktøy (nb) punching tool, stamp(er) (en) stansverktyg (sv) meisti (fi)

(se): bargoneavvu mainna čuohppá dahje deaddila hámiid metállapláhtas

(nb): verktøy til å klippe eller presse ut former av metallplater

váldoávju, oaiveávju

hovedegg[nb], hovudegg[nn] (nb) major cutting edge, main cutting edge (en) huvudskäregg, huvudegg (sv) pääleikkuusärmä (fi)

(se): čuohppanneavvu deháleamus čuohppanávju

(nb): den viktigaste skjærande eggen på eit skjæreverktøy

válla

Geahča «šlápma, válla».

valljudanmálle

jigg (nb) jig (en) jigg (sv) ohjain, malline, jiki (fi)

(se): ráhkkanas mii doallá bargoávdnasa lihkaskeahttá sajistis ovttahat gálvvuid valljudeames

(nb): innretning til å halde eit arbeidsstykke på plass i samband med masseproduksjon

válloruopma

Geahča «bosonruopma, válloruopma».

vállu

Geahča «boson, vállu».

válsa

Geahča «ludni, válsa».

válsadoaimmahat

valseverk (nb) rolling mill (en) valsverk (sv) valssilaitos, valssaamo, valssain (fi)

(se): mašiidna dahje fabrihkka mii gieđahallá metálla válsemiin

(nb): maskin eller fabrikk til arbeiding av metall med valsing

válsajurssan

valsfres (nb) cylindrical cutter, plain milling cutter (en) valsfräs (sv) lieriöjyrsin (fi)

(se): sylinddarlaš jurssan mas leat ávjjut birrasis

(nb): sylindrisk fres med skjær på omkretsen

válsamašiidna

Geahča «ludnemašiidna, válsamašiidna».

variáhtor

variator (nb) variator (en) variator (sv) variaattori, muunnin (fi)

(se): ceahkehis molsson, dávjá jorahuvvon ruomain

(nb): trinnlaust gir, ofte reimdreve

várvenbeaŋka

Geahča «várve, várvenbeaŋka, jorahanbeaŋka, vátnanbeaŋka».

várvenstálli

dreiestål (nb) lathe tool, turning tool (en) svarvstål (sv) sorvinterä (fi)

(se): čuohppanneavvu mainna čuohppá vuolahasaid jorri bargoávdnasis várvves

(nb): stålverktøy brukt til avsponing i dreiebenk

várvet, jorahit, vátnat

dreie (nb) turn (en) svarva (sv) sorvata (fi)

(se): čuohppat vuolahasaid jorri bargoávdnasis

(nb): skjære spon av roterende arbeidsstykke

várve, várvenbeaŋka, jorahanbeaŋka, vátnanbeaŋka

dreiebenk (nb) lathe (en) svarv (sv) sorvi (fi)

(se): mašiidna mainna čuohppá vuolahasaid jorri bargoávdnasis

(nb): sponskjærande bearbeidingsmaskin der ein med skjæreverktøy lausgjør spon frå eit roterande arbetsstykke

várvvár

dreier[nb], dreiar[nn] (nb) turner (en) svarvare (sv) sorvari, sorvaaja (fi)

(se): bargi gii várve

(nb): arbeider som dreier

vátnanbeaŋka

Geahča «várve, várvenbeaŋka, jorahanbeaŋka, vátnanbeaŋka».

vátnat

Geahča «várvet, jorahit, vátnat».

vávdna

vogn (nb) wagon, carriage (en) vagn (sv) vaunu (fi)

(se): ráhkkanus mas leat unnimusat okta áksil ja guokte juvlla ja mii geavahuvvo fievrredeapmái

(nb): transportreiskap med overstell som kviler på minst ein aksling med hjul på kvar side

vávlet

Geahča «goahcat, vávlet».

vávlu

Geahča «goazan, vávlu».

veadjoárja

potensiell energi, stillingsenergi (nb) potential energy (en) potentiell energi (sv) potentiaalienergia (fi)

(se): vurkejuvvon mekánalaš energiija, mii sáhttá rievdat johtinenergiijan

(nb): opplagra mekanisk energi som kan omvandlas til rørsleenergi

veaika

veke[nb], veike (nb) wick (en) veke (sv) sydän (fi)

(se): báddi bodnjojuvvon dahje gođđojuvvon láiggis mii njámmá boaldinávdnasa dahje vuoidanoljju

(nb): strimmel av tvinna eller vove garn som syg opp brennstoff eller smøreolje

veaikavuoidan

vekesmøring[nb], veikesmørjing[nn] (nb) wick lubrication (en) veksmörjning (sv) sydänvoitelu (fi)

(se): vuoidan go vuoidanolju gessojuvvo bajás oljolávggus veaikka čađa mii manná vulos oljju sisa

(nb): smøring der smøreolje blir trukke opp frå eit oljebad gjennom veike som går ned i olja

veaiki

kopper[nb], kopar[nn] (nb) copper (en) koppar (sv) kupari (fi)

(se): Cu, vuođđoávnnas

(nb): Cu, grunnstoff

veaiva

Geahča «veive, veaiva».

veaktastággu

vektstang[nb], vektstong[nn] (nb) lever (en) hävstång (sv) vipu (fi)

(se): stággu mas lea okta lágerastončuokkis

(nb): stang som er lagra om eit punkt

veallut

Geahča «láskut, veallut».

vealta, pluga

plog (nb) plough (en) plog (sv) aura (fi)

(se): neavvu mainna čuohppá ja jorgala eatnama

(nb): reidskap til å skjære ut og vende jord

vealujursanmašiidna

horisontalfresemaskin (nb) horisontal milling machine, plain milling machine (en) horisontalfräsmaskin, planfräsmaskin (sv) tasojyrsinkone (fi)

(se): jursanmašiidna man jursanjorri lea veallut

(nb): fresemaskin med horisontal fresespindel

veažir

hammer[nb], hammar[nn] (nb) hammer (en) hammare (sv) vasara (fi)

(se): dearpanneavvu mas lea geahppa nađđa ja lossa oaivi

(nb): bankereidskap med lett skaft og tungt slaghovud

veiveáksil

veivaksel (nb) crankshaft (en) vevaxel (sv) kampiakseli (fi)

(se): áksil mii nuppástuhttá meandelihkademiid jorranin

(nb): aksel som tar imot stempelrørslene og omformar dei til rotasjon

veiveculci

veivtapp (nb) crank pin (en) vevtapp (sv) kammentappi (fi)

(se): oassi veiveákselis gosa meandenađđa lágerasto

(nb): tappen som veivstonghovudet grip om mellom veivarmane

veivekássa

Geahča «veiveviessu, veivekássa».

veivestággu

Geahča «meandestággu, veivestággu».

veive, veaiva

sveiv, veiv (nb) crank, handle (en) vev (sv) kampi, veivi (fi)

(se): nađđa mainna joraha juoidá

(nb): handtak for å dreie noko rundt

veiveviessu, veivekássa

veivhus, veivkasse (nb) crankcase (en) vevhus (sv) kampikammio (fi)

(se): kássa veivve birra boaldinmohtoras

(nb): hus rundt veivene i forbrenningsmotor

ventiila

ventil (nb) valve (en) ventil (sv) venttiili (fi)

(se): áhta mainna baskida/galljida rávdnjegeainnu

(nb): stengegreie for strøymande medium

ventiilačohkkehat

ventilsete (nb) valve seat (en) ventilsäte (sv) venttiilin istukka (fi)

(se): šliipejuvvon čohkkehat gieralohkis man vuostá ventiila dahppá / gidde

(nb): slipt sete i topplokk som ventilen tetter mot

ventiilalovttan

ventilløfter[nb], ventilløftar[nn] (nb) valve tappet (en) ventillyftare (sv) venttiilinnostin (fi)

(se): ráhkkanus mainna lokte ventiilla vai rahpasa

(nb): innretning til å løfte ventil slik at den er åpen for gjennomstrømning

viđjedoaibma

kjededrift (nb) chain drive (en) kedjedrift (sv) ketjukäyttö (fi)

(se): fápmosirddiheapmi viđjjiid ja viđjejuvllaid bokte

(nb): overføring av kraft ved hjelp av kjeder og kjedehjul

viđjejuvla

kjedehjul (nb) chain wheel (en) kedjehjul (sv) ketjupyörä (fi)

(se): bátnejuvla viđjedoaimma várás

(nb): tanna hjul for kjededrift

viđjelássa, viđjelohkka

kjedelås (nb) chain lock (en) kedjelås (sv) ketjulukko (fi)

(se): čoavddihahtti viđjelađas mainna goallosta viđjji

(nb): demonterbart kjedeledd

viđjelohkka

Geahča «viđjelássa, viđjelohkka».

viđji, láhkki

kjede (nb) chain (en) kedja (sv) ketju (fi)

(se): metállabáddi mii lea ráhkaduvvon lađđasiin

(nb): metallband samansatt av ledd

vihkeohcan

feilsøking (nb) fault location, fault finding (en) felsökning (sv) vian paikannus (fi)

(se): iskkadeapmi mearridit vigi saji ja hámi

(nb): undersøking for å bestemme en feils posisjon og art

vihkket

Geahča «hirret, botnjat, vihkket».

viisár

viser[nb], visar[nn] (nb) indicator (en) visare (sv) osoitin (fi)

(se): njuolla dahje nállu mii čájeha áiggi, háltti, deaddaga jnv.

(nb): pil eller nål som syner tid, retning, trykk osv.

vikša

haspel (nb) reel, swift, capstan (en) haspel (sv) kela, vintturi (fi)

(se): rabas fárppal mii sáhttá jorrat ja man birra sáhttá giessat bátti

(nb): åpen vinde, trommel

vinjubasttat

Geahča «gilgacikcenbasttat, vinjubasttat».

vinta

Geahča «lovtton, vinta».

vinte, vinta

vinsj, spill[nb], spel[nn] (nb) winch (en) vinsch, spel (sv) vintturi, nosturi (fi)

(se): ráhkadus mainna lokte dahje rohtte

(nb): innretning til å heise eller hale noko med

viŋkil, čiehka

vinkel (nb) square, angle gauge, bevel protractor (en) vinkel (sv) suorakulma (fi)

(se): gitta dahje stellehahtti bargoneavvu mainna dárkkista / merke / mihtida čiegaid

(nb): fast eller regulerbart verktøy til å måle opp vinkel

viŋkilšliipa

Geahča «čiehkašliipa, viŋkilšliipa».

viskositehta

viskositet (nb) viscosity (en) viskositet (sv) viskositeetti (fi)

(se): njalbbi vuosttaldus golgamii, siskkáldas goaza geažil

(nb): en væskes motstand mot å flyte, pga indre friksjon

vuloštus, stealládat

fundament, sokkel (nb) foundation, base (en) fundament (sv) perustus, laiteperustus (fi)

(se): starga steallelágán vuođđu , omd. mašiinna vuolde

(nb): stabilt underlag for for eksempel maskin

vuođđobiire, álgobiire

primærkrets[nb], primærkrins[nn] (nb) primary circuit (en) primärkrets (sv) pääpiiri, ensiöpiiri (fi)

(se): rávdnjebiire geavahuvvon addit fámu váldofierpmádagas transformáhtora álgobeallái

(nb): straumkrins brukt til å forsyne inngangssida på ein transformator med straum frå hovudnettet

vuođđogealdu

Geahča «álgogealdu, vuođđogealdu».

vuođđomihttu

basismål (nb) modular measure, starting point (en) basmått (sv) perusmitta (fi)

(se): válmmaštusmihtu ja válmmaštustoleranssa vuođđu / vuolggasadji

(nb): utgangspunkt for tilvirkningsmål og tilvirkningstoleranse

vuođđo-, primára, álgo-

primær (nb) primary (en) primär (sv) ensisijainen, pää- (fi)

(se): álgolaš, vuđolaš, mii boahtá vuosttažettiin

(nb): opphavelig, grunnleggande, som kjem først

vuodjinfievru

kjøretøy (nb) vehicle (en) fordon (sv) ajoneuvo (fi)

(se): ráhkkanus mainna vuodjá

(nb): innretning til å kjøre med

vuogádat, systema

system (nb) system (en) system (sv) järjestelmä, systeemi (fi)

(se): joavku unnit ovttadagain mat ráhkadit oktasaš dahje ovttasdoaibmi ollisvuođa

(nb): gruppe av mindre einingar som lagar ein samordna eller samverkande heilskap

vuohču

lekkasje, lekk (nb) leak, leakage (en) läckage (sv) vuoto (fi)

(se): njalbbi beassan gosa ii galgga

(nb): det at væske slipp ut der den ikkje skal

vuoidangurra, vuoidanluodda

smørespor[nb], smørjespor[nn] (nb) oil groove (en) smörjspår (sv) voitelu-ura (fi)

(se): gurra njoalvelágeris addit saji vuoidasii

(nb): spor i glidelager for å gi plass til smøremiddel

vuoidanluodda

Geahča «vuoidangurra, vuoidanluodda».

vuoidannihppel

smørenippel[nb], smørjenippel[nn] (nb) grease nipple (en) smörjnippel (sv) voitelunippa (fi)

(se): unna bohccebunccáš man čađa vuoiddanas dolvojuvvo lágera sisa, ja mas lea ventiila mii hehtte vuoiddanasa máhccamis

(nb): liten rørtapp som leier smørefett inn i lager, med ventil som hindrar at smurningen blir pressa ut att

vuoidat

smøre[nb], smørje[nn] (nb) lubricate, grease (en) smörja (sv) voidella, rasvata (fi)

(se): oljjuin, vuojain dahje eará ávdnasiin vuolidit goaza ja /dahje suodjalit kemiijalaš váikkuhusaid vuostá

(nb): sette inn med olje, fett eller anna middel for å redusere friksjon og / eller beskytte mot kjemisk angrep

vuoiddanas

smørefett[nb], smørjefeitt[nn] (nb) lubricating grease (en) smörjfett (sv) voitelurasva (fi)

(se): nana dahje beallegolgi vuoiddas mii sisttisdoallá vuoidanoljju ja suohkudanávdnasa

(nb): fast eller halvflytende smøremiddel som består av ei smøreolje og et fortykningsmiddel

vuoiddas

smøremiddel[nb], smørjemiddel[nn] (nb) lubricant (en) smörjmedel (sv) voiteluaine (fi)

(se): golgi dahje nana ávnnas mii vuolida goaza guovtti olggoža gaskkas

(nb): flytende eller fast middel for å redusere friksjon mellom to flater

vuoiddasassi, vuoiddasfilbma

smørefilm[nb], smørjefilm[nn] (nb) lubricating film (en) smörjfilm (sv) voiteluainekerros (fi)

(se): vuoiddas guovtti lágerolggoža gaskkas

(nb): sjikt av smøremiddel mellom to lagerflater

vuoiddasbožán

fettpresse[nb], feittpresse[nn] (nb) grease gun (en) fettspruta (sv) voitelupuristin, voiteluruisku (fi)

(se): neavvu mainna deaddila vuoidasa vuoiddasnihppaliid čađa

(nb): reiskap til å presse feitt inn i smøreniplar med

vuoiddasfilbma

Geahča «vuoiddasassi, vuoiddasfilbma».

vuoiddasolju

smøreolje[nb], smørjeolje[nn] (nb) lubricating oil (en) smörjolja (sv) voiteluöljy (fi)

(se): olju mainna vuolida goaza guovtti olggoža gaskkas

(nb): olje til å minske friksjonen mellom glideflater

vuoktabohccedoaibma, kapillardoaibma

kapillarvirkning[nb], hårrørs-, -verknad[nn] (nb) capillary action (en) kapillaritet,hårrörsverkan (sv) hiusputki-ilmiö, kapillaari-ilmiö (fi)

(se): iđa / fenomena ahte njalbi seakka bohccis loktana badjelii go njalbbi dássi bohcci olggobealde

(nb): det fenomen at væska i eit tynt rør stig over væska utafor røret

vuoktasoađis

Geahča «váfistansoađis, vuoktasoađis».

vuolahasčiehka

sponvinkel (nb) back-rake angle (en) spånvinkel (sv) rintakulma (fi)

(se): čiehka dan bealde čuohppanávjjus gosa vuolahasat mannet

(nb): vinkel på den sida av skjæreeggen som spona går

vuolahasčuohppan, vuolahastin

sponskjærende bearbeiding[nb], sponskjerande til-[nn] (nb) chipping, cutting (en) spånskärande bearbetning (sv) lastuava työstö (fi)

(se): oktasašnamahus gieđahallanvugiide maiguin ávnnas váldojuvvo eret čuohppamiin vuolahasaid; várven, jurssaheapmi, heavvalastin, sahen ja šliipen

(nb): fellesbetegnelse for bearbeidingsmetoder der materiale fjernes ved avskjæring av spon; dreiing, fresing, boring, høvling, saging og sliping

vuolahasdoaján

sponbryter[nb], sponbrytar[nn] (nb) chip breaker (en) spånbrytare (sv) lastunmurtaja (fi)

(se): šliipejuvvon dahje alaskruvvejuvvon ravda mii doadjá vuolahasaid čuohpadettiin

(nb): slipt eller påsett kant som bryt spona ved sponskjæring

vuolahasduolbadas

Geahča «vuolahaspláhtta, vuolahasduolbadas».

vuolahas, fuolahas, smáhkku

spon (nb) chip (en) spån (sv) lastu (fi)

(se): bihtáš mii lea čuhppojuvvon muoras dahje metállas

(nb): flis som er skoren av tre eller metall

vuolahasolggoš

sponflate (nb) back-rake surface (en) spånyta (sv) rintapinta, lastupinta (fi)

(se): čuohppanneavvu olggoš man mielde vuolahasat mannet eret (nb): overflate på skjæreverktøy som avleder spon

vuolahaspláhtta, vuolahas-duolbadas

sponplate (nb) chipwood (en) spånplatta (sv) lastulevy (fi)

(se): pláhtta čoahkkáideaddojuvvon ja liibmejuvvon muorravuolahusain

(nb): plate av samanpressa og limt trespon

vuolahastin

Geahča «vuolahasčuohppan, vuolahastin».

vuolggahangierdu

startkrans (nb) starter gear ring (en) startkrans (sv) käynnistyshammaskehä (fi)

(se): dássenjuvlla bátnegierdu, mii manna roahkkalagaid bátnejuvllain mii lea veivves dahje vuolggahanmohtoris

(nb): tannkrans på svinghjul, i inngrep med tannhjul på sveiv eller startmotor

vuolggahanmohtor

startmotor (nb) starting motor, starter (en) startmotor (sv) käynnistysmoottori (fi)

(se): elektralaš mohtor mainna vuolggaha boaldinmohtora

(nb): elektrisk motor til å starte forbrenningsmotor

vuolggahit

starte (bil, motor) (nb) start (en) starta (sv) käynnistää (fi)

(se): bidjat mašiinna dahje mohtora johtui

(nb): sette en maskin eller motor i drift

vuolledeatta

Geahča «vuollegisdeatta, vuolledeatta».

vuollegisdeatta, vuolledeatta

lavtrykk[nb], lågtrykk, undertrykk (nb) low pressure, negative pressure, depression (en) lågtryck, undertryck (sv) alipaine, matalapaine (fi)

(se): gássadeatta mii lea vuolit go atmosfearadeatta

(nb): trykk lågare enn atmosfæretrykket

vuorká, fiila

fil (nb) file (en) fil (sv) tiedosto (fi)

(se): ovtta ulbmilii čoggojuvvon dieđut dihtoris dahje diskeahtas; vuorká sáhttá leat prográmma, kartotehka, govva, čálus jna.

(nb): informasjon samla i ein datamaskin / på eit lagringsmedium, fila har eige namn og kan innehalde tekst, bilete, program osv.

vuorru

skift (nb) shift (en) skift (sv) vuoro (fi)

(se): áigi maid bargojoavku bargá hávalis

(nb): tid som eit arbeidslag arbeider

vuossu

belg, blåsebelg (nb) bellows (en) bälg (sv) palje (fi)

(se): neavvu mainna bossu heakka dollii

(nb): reidskap til å puste liv i varme med

vuostedeaddu

motvekt (nb) balance, counterweight (en) motvikt (sv) vastapaino (fi)

(se): deatta dahje fápmu mainna doallá juoidá dássedis dilis

(nb): vekt eller kraft til å halde jamvekt, faktor som veg opp noko

vuostejursan

motfresing (nb) conventional milling, up milling (en) motfräsning (sv) vastajyrsintä (fi)

(se): jursan mas čuohppanlihkadeapmi lea boranhanlihkadeami vuosteguvlui

(nb): fresing der skjærerørsla har motsett retning av matingsrørsla

vuostemuhtter

kontramutter (nb) counter nut, locknut (en) kontramutter (sv) vastamutteri (fi)

(se): muhtter mii čavgejuvvo váldomuhttera vuostá vai dat ii lihkas

(nb): mutter som blir skrudd mot ein hovudmutter for å sikre denne

vuostenákca

motstandsevne (nb) resistance power (en) motståndskraft (sv) vastavoima, vastustuskyky (fi)

(se): áđa dahje ávdnasa nákca vuosttaldit noađuheami, omd. mekánalaš gollama, suvraváikkuhean

(nb): evne hos gjenstand eller materiale til å motstå en viss påkjenning, for eksempel mekanisk slitasje, syrepåvirkning

vuostesveisen

motsveising, høyresveising[nb], høgresveising[nn] (nb) rightward welding (en) motsvetsning (sv) vastahitsaus (fi)

(se): gássasveisen assis ávdnasiin mas gássadolla dolvojuvvo suddama vuostá

(nb): gassveising der gassflammen føres mot smeltebadet, for tjukkere materialer

vuosttaldus, resistánsa

motstand, resistans (nb) re-
sistance (en) motstånd (sv)
vastus (fi)

(se): ávdnasa vuosttaldus
elrávnnji jođiheami vuostá;
oassi rávdnjebiires fásta
dahje stellehahtti resistans-
sain reguleret rávdnjefámu

(nb): motstand i eit
stoff mot å lede elektrisk
straum; komponent i ein
straumkrins med fast eller
regulerbar resistans for å
regulere straumstyrken

vurket

lagre (nb) save, record (en)
lagra (sv) tallentaa (fi)

(se): prográmmaid ja
dieđuid bidjat diehtorádjosii
nu ahte daid sáhttá maŋŋel
geavahit ođđasis

(nb): legge program eller
informasjon inn i datala-
gringsmedium slik at ein
seinare kan hente det fram
igjen

Registtar

- jyväinen[fi], 141
(for)ureining[nn], 126
(kierteen) nousu[fi], 84
(laakerin) holkki[fi], 152
(olje)tåkesmører[nb], 112
(polttoaineen) jäänestoaine[fi], 93
(strøm)aggregat[nb], 137
(trykk)lufthammer[nb], 3

A
aallonpituus[fi], 12
abrasive cloth[en], 154
abrasive grain[en], 154
abrasive particle[en], 154
absorb[en], 1
absorbera[sv], 1
absorbere[nb], 1
absorberet, 1
absorboida[fi], 1
accelerator (pedal)[en], 62
acceptance limit[en], 26
accumulator[en], 3
accuracy[en], 37
acetylen[nb], 1
acetylen[sv], 1
acetylena, 1
acetylene[en], 1
acid-proof stainless steel[en], 164
ackumulator[sv], 3, 10
acute angle[en], 33
adapter, 1

adapter sleeve[en], 28
adapter[en], 1
adapter[nb], 1
adapter[sv], 1
adapteri[fi], 1
adaptor[en], 1
adhesive[en], 29
adjust[en], 37
adjustable packing ring cutter[en], 158
adjustable reamer[en], 116
adjustable spanner[en], 116
adjustable wrench[en], 116
adjusting screw[en], 161
adjusting[en], 37
adjustment[en], 37, 139
admixturing material[en], 101
aducering[sv], 1
aducerjärn[sv], 1
aduseren, 1
adusering[nb], 1
aduserjern[nb], 1
aduserruovdi, 1
adusointi[fi], 1
adusoitu valurauta[fi], 1
advance[en], 21
aeration[en], 2
agglutinant[en], 29
aggregáhta, 1
aggregat[nb], 1
aggregat[sv], 1, 137
aggregate[en], 1, 137
agregaatti[fi], 1

agrigaatti[fi], 137
áhcagahttit, 2
áhcagastinárpu, 2
áhcagastingarra, 2
áhcagastinlámpá, 36
áhcagastit, 2
áhcahit, 166
ahdin[fi], 169
ahjo[fi], 6
áibmočoaskuduvvon, 2
áibmofilttar, 2
áibmomolsun, 2
áibmosirren, 3
áibmoveažir, 3
aiddolašvuohta, 37
áigodat, 3
aine[fi], 8
aines[fi], 8
air bleeding[en], 3
air blowing tube[en], 21
air cooled[en], 2
air filter[en], 2
air hammer[en], 3
air venting[en], 3
airing[en], 2
ajoneuvo[fi], 176
akku[fi], 3, 10
akkulaturi[fi], 10
akkumulaattori[fi], 3
akkumuláhtor, 3
akkumulator[nb], 3
aksel[nb], 4
akseli[fi], 4
akselin uritus[fi], 108
akselitappi[fi], 4
akseltapp[nb], 4
aksiaalilaakeri[fi], 3
aksiaalinen[fi], 3
aksiála, 3
aksiálláger, 3
aksiallager[nb], 3
aksiell[nb], 3
áksil, 4

aksilculci, 4
aksildáhppa, 4
aksling[nb], 4
ákšu, 4
alasin[fi], 158
alasveisen, 4
albue[nb], 60
álggalaš, 4
álgguviđá olju, 4
álgguviđá ruovdi, 4
álgo-, 4, 176
álgoávnnas, 5
álgobiire, 175
álgodáhppa, 5
álgogealdda, 129
álgogealdu, 5
alignment[en], 123
alipaine[fi], 179
alkeis-[fi], 4
alkeisvaraus[fi], 5
alkio[fi], 4
alladeatta, 5
alladeattacirggon, 5
allen key[en], 75
allodatsárggon, 5
allowance[en], 168
alloy[en], 112, 147
aloituskierretappi[fi], 5
áloravda, 78
alternate[en], 116
alternating current[en], 116
aluslaatta[fi], 142
álvi, 6
ambolt[nb], 158
amplifier[en], 68
analog[nb], 6
analog[sv], 6
analoga, 6
analogalaš, 6
analogic[en], 6
analoginen[fi], 6
analogous[en], 6
angle bar[en], 30

angle gauge[en], 30, 175
angle iron[en], 30
angle of thread[en], 69
angle screwdriver[en], 30
angle[en], 30, 156
angular grinder[en], 31
angulometer[en], 30
anker[nb], 142
ankkuri[fi], 142
anlegg[nb], 135, 160
anleggsmaskin[nb], 135
anläggning[sv], 135
anläggningsmaskin[sv], 135
anlöpa[sv], 42
anløpe[nb], 42
anløping[nb], 42
anlöpning[sv], 42
anneal[en], 2, 42
annealing[en], 42
anrika[sv], 140
anrike[nb], 140
anriking[nb], 140
anrikning[sv], 140
ansats[nb], 161
ansats[sv], 161
ansatsfil[nb], 160
ansatsfil[sv], 160
ansatsnippel[nb], 160
ansatsvinkel[nb], 160
anslagsvinkel[nb], 160
anti-knock value[en], 41
anturi[fi], 46
anvil[en], 158
apparáhta, 6
apparat[nb], 6
apparat[sv], 6
apparatus[en], 6
arbeidsmaskin[nb], 11
arbeidsmiljø[nb], 11
arbeidsmonn[nb], 11
arbeidsslag[nb], 11
arbeidsstykke[nb], 11
arbeidstakt[nb], 11

arbetsmaskin[sv], 11
arbetsmiljö[sv], 11
arbetsmån[sv], 11
arbetsstycke[sv], 11
arbetstakt[sv], 11
arborrhuvud[sv], 60
arc eye[en], 166
árja, 6
armatur[nb], 6
armatur[sv], 6
armature[en], 6, 151
armatuuri[fi], 6
armatuvra, 6
armering[nb], 119
armering[sv], 119
armeringsstål[nb], 119
armeringsstål[sv], 119
armouring[en], 119
árpogeassin, 6
artisan[en], 49
árvogássa, 83
asentaa kutistamalla[fi], 47
asentaa[fi], 146
asentaja[fi], 111
asento[fi], 146
asetus[fi], 139
asetuskulma[fi], 34
asetyleeni[fi], 1
assemble[en], 33
assembly tong[en], 18
asteikko[fi], 150
asynchronous motor[en], 6
asynchronous[en], 7
asynkron[nb], 7
asynkron[sv], 7
asynkroninen moottori[fi], 6
asynkroninen[fi], 7
asynkronmohtor, 6
asynkronmotor[nb], 6
asynkronmotor[sv], 6
asynkruvnnalaš, 7
atninčilgehus, 64
atomisering[sv], 62

atomization[en], 62
atomizing[en], 62
atta, 37
attán, 46
atulat[fi], 131
augebolt[nn], 27
aura[fi], 173
aurinkokenno[fi], 14
auto[fi], 17
automaatio[fi], 7
automaatti[fi], 7
automaattinen[fi], 7
automaattiteräs[fi], 7
automáhta, 7
automáhtalaš, 7
automáhtastálli, 7
automasjon[nb], 7
automašuvdna, 7
automat[nb], 7
automat[sv], 7
automatic[en], 7
automation[en], 7
automation[sv], 7
automatiseren, 7
automatisering[nb], 7
automatisering[sv], 7
automatisk[nb], 7
automatisk[sv], 7
automatization[en], 7
automaton[en], 7
automatstål[nb], 7
automatstål[sv], 7
avainväli[fi], 32
avarrusistukka[fi], 60
avarruspää[fi], 60
avbalansere[nb], 38
avbitartong[nn], 31
avbitartång[sv], 31
avbitertang[nb], 31
avbrytar-[nn], 46
avbryterkontakt[nb], 46
ávdnen, 66
ávdnet, 67

avdragar[nn], 64
avdragare[sv], 64
avdrager[nb], 64
avennin[fi], 59
avfallskärl[sv], 45
avgas[sv], 14
avgasmätare[sv], 14
avgasrör[sv], 13
avgass[nb], 14
avgassanalysator[nb], 14
avgassanlegg[nb], 14
avgassmålar[nn], 14
avgassmåler[nb], 14
avgassystem[sv], 14
avisoleringstang[nb], 60
avisoleringstong[nn], 60
ávjjoheapmi, 12
ávjočiehka, 8
ávju, 8
avlopp[sv], 105
avloppsrör[sv], 50
avlufting[nb], 3
avluftning[sv], 3
avløp[nb], 105
avløpsrør[nb], 50
ávnnas, 8
ávnnastat, 11
avolenkkiavain[fi], 134
avrettar[nn], 123
avretter[nb], 123
avrivare[sv], 123
avstickning[sv], 33
avstikking[nb], 33
avsug[nb], 122
avsugning[sv], 122
avsökare[sv], 74
avtappingsplugg[nb], 78
avtappningsplugg[sv], 78
avtrekk[nb], 122
avtrekker[nb], 64
avtrekkjar[nn], 64
avvik[nb], 59
avvikelse[sv], 59

186

awl[en], 120
axe[en], 4
axel[sv], 4
axeltapp[sv], 4
axial[en], 3
axial[sv], 3
axiallager[sv], 3
axiell[sv], 3
axle[en], 4

B

back clearance[en], 63
back edge of knife[en], 149
back[sv], 126
backfire[en], 59
backlash[en], 102
back-rake angle[en], 178
back-rake surface[en], 178
backskiva[sv], 126
backventil[sv], 107
backväxel[sv], 118
báddesahá, 8
bádjebasttat, 8
badjeldeatta, 8
bádjesveisen, 8
bádjeveažir, 9
bádji, 9
bagadas, 158
bagadasčuohpan, 158
bagaldat, 158
báhkadit, 9
báhkasgierdil, 9
báhkkagieđahallan, 9
báhkkagierdevaš, 9
báhtter, 10
báhttergealddán, 10
báisaboaltu, 10
báisan, 10
báisaskuohppu, 10
bajásdoalahus, 58
bajildaslohkki, 67
bakaksel[nb], 108
bakaxel[sv], 108

bakdokke[nb], 63
bakhjul[nb], 109
bakhjul[sv], 109
bakke[nb], 126
bakkskive[nb], 126
bakslag[nb], 59
bakslag[sv], 59
baksläppningsvinkel[sv], 63
balance[en], 38, 180
balans[sv], 38
balanse[nb], 38
balk[en], 16
balk[sv], 16
ball bearing[en], 104
ball cage[en], 104
ball hammer[en], 88
ball retainer[en], 104
ball[en], 104
balpress[sv], 163
banaanipistoke[fi], 10
banana plug[en], 10
bananbunci, 10
banankontakt[sv], 10
bananplugg[nb], 10
bananstikker[nb], 10
band saw[en], 8
band[en], 142
bandmål[nb], 112
bandmått[sv], 112
bandsag[nb], 8
bandsåg[sv], 8
bankefasthet[nb], 41
bankefastleik[nn], 41
bar[en], 12, 65
barggahat, 11
bargoávnnas, 11
bargobiras, 11
bargobumbá, 121
bargodákta, 11
bargomašiidna, 11
bargomunni, 11
bargoneavvu, 12
bárra, 12

barre[nb], 12
barrel[en], 55, 104
bárroguhkkodat, 12
base[en], 175
basic[en], 4
basismål[nb], 176
basmått[sv], 176
basttat, 12
basttoheapmi, 12
bátneallodat, 12
bátnejuohku, 12
bátnejuvla, 12
bátnelohku, 13
bátneráhtis, 12
bátnestággu, 13
batteri[nb], 10
batteri[sv], 10
batteriija, 10
batteriladar[nn], 10
batteriladdare[sv], 10
batterilader[nb], 10
battery charger[en], 10
battery[en], 10
baufil[nb], 39
bávkkehus, 13
bávkkiheapmi, 13
bázahasbohcci, 13
bázahasbohttu, 13
bázahasgarra, 24
bázahasgássa, 14
bázahasmihtádas, 14
bázahasrusttet, 14
bázahasveažir, 14
bead[en], 166
beaivvášsealla, 14
beaktu, 14
bealledagahat, 14
beallejođadas, 15
beallejorbafiilu, 15
bealljebunci, 15
bealljegohput, 15
bealljesuojan, 15
beam[en], 16

bearbeide[nb], 67
bearbeiding[nb], 66
bearbeidingsmonn[nb], 11
bearbeta[sv], 67, 109
bearbetning[sv], 66
bearbetningstillägg[sv], 11
bearing bush[en], 95
bearing housing[en], 95
bearing shell[en], 95
bearing[en], 95
beassansátni, 15
become blunt[en], 125
bed[en], 161
bedrift[nb], 57
beetle[en], 155
behaldar[nn], 167
beholder[nb], 167
behållare[sv], 167
belasta[sv], 124
belaste[nb], 124
belastning[nb], 124
belastning[sv], 124
belegg[nb], 73
belg[nb], 180
beliggenhet[nb], 146
belle, 16
bellečeahppi, 15
bellerávdi, 15
belleskárrit, 16
bellows[en], 180
belt drive[en], 142
belt pulley[en], 143
belt[en], 17
belte[nb], 17
beltemotorsykkel[nb], 115
belysning[nb], 36
belysningsstyrka[sv], 36
beläggning[sv], 73
bench vice[en], 152
bend[en], 156
bend[nb], 156
bensiidna, 16
bensiini[fi], 16

bensiinimoottori[fi], 16
bensin[nb], 16
bensin[sv], 16
bensinmohtor, 16
bensinmotor[nb], 16
bensinmotor[sv], 16
bent screwdriver[en], 30
benzine[en], 16
bereevne[nn], 75
beslag[nb], 151
beslag[sv], 151
betong[nb], 16
betong[sv], 16
betoni[fi], 16
betoniteräs[fi], 119
betoŋga, 16
bevegelse[nb], 87
bevel gear[en], 98
bevel protractor[en], 30, 175
bevel rule[en], 80
bevel[en], 78, 137
bibliotek[sv], 127
biegg[nb], 126
biegg[sv], 126
bielká, 16
bihttá, 16
biila, 17
bil[nb], 17
bil[sv], 17
bildeleser[nb], 74
bildskärm[sv], 148
biletlesar[nn], 74
billett saw[en], 31
bin[en], 167
binaarinen[fi], 17
binára, 17
binary[en], 17
bindemedel[sv], 29
bindemiddel[nb], 29
binding agent[en], 29
binær[nb], 17
binär[sv], 17
biprodukt[nb], 101

biprodukt[sv], 101
birrajohtu, 17
biskäregg[sv], 126
bistevaš, 17
bit[en], 16
bit[nb], 16
bit[sv], 16
bitti[fi], 16
bjelke[nb], 16
blacksmith[en], 137
blad[sv], 156
blade[en], 156
bladfjäder[sv], 49
bladfjær[nb], 49
bladfjør[nn], 49
bladmått[sv], 72
bladsøker[nb], 72
blandare[sv], 147
blandebatteri[nb], 147
blandekammer[nb], 147
blandingsforhold[nb], 147
blandningsförhållande[sv],
        147
blandningskammare[sv], 147
blast furnace[en], 109
bleck[sv], 16
blecksax[sv], 16
bleckslagare[sv], 15
blekk[nn], 16
blekksaks[nn], 16
blekkslagar[nn], 15
bli oskarp[sv], 125
bli slö[sv], 125
blikk[nb], 16
blikkenslager[nb], 15
blikksaks[nb], 16
blindnagle[nb], 133
blindnit[sv], 133
blinker[sv], 138
blinkers[sv], 153
blinkljus[sv], 138
blinklys[nb], 138, 153
block[en], 17

block[sv], 17
blocktyg[sv], 36
blohkka, 17
blokk[nb], 17
blunt file[en], 160
blunt[en], 12
blyackumulator[sv], 95
blyakkumulator[nb], 95
blybatteri[nb], 95
blybatteri[sv], 95
blyfri bensin[nb], 96
blyfri bensin[sv], 96
blære[nb], 151
bløtlodding[nb], 38
blåsebelg[nb], 180
blåsespiss[nb], 21
boagán, 17
boaldámuš, 17
boaldin, 18
boaldinmohtor, 18
boallobeavdi, 18
boaltu, 18
boazzi, 18
boazzuhuhttit, 18
body[en], 71
bogesag[nn], 31, 39
bohccebargi, 18
bohccebasttat, 18
bohccečuohpan, 19
bohccejeaŋga, 19
bohccesággi, 19
bohcci, 19
bohkat, 22
bolt cutter[en], 54
bolt[en], 18
bolt[nb], 18
boltsaks[nb], 54
bomspår[sv], 108
bond[en], 51
bonding[en], 51
bonjisbovra, 19
bonjisgurra, 19
bonjisjuvla, 19

bonjisskruvva, 20
bonte, 20
bontelakta, 20
bontet, 20
bor[nb], 22
borahanáksil, 20
borahanbumpa, 20
borahanjuvla, 25
borahanskruvva, 20
boraheapmi, 21
borahit, 21
bore[en], 22
bore[nb], 22
boremaskin[nb], 22
borhylse[nb], 22
boring head[en], 60
borkile[nb], 106
borr[sv], 22
borra[sv], 22
borrat, 21
borrchuck[sv], 22
borrmaskin[sv], 22
borste[sv], 78
bortnis, 21
boson, 21
bosonruopma, 21
boss[en], 92
bossunnjunni, 21
botkenbasttat, 31
botkkon, 22
botnedáhppa, 22
botnjanmomeanta, 89
botnjat, 80
botntapp[nn], 22
bottoming tap[en], 22
bovra, 22
bovraskuohppu, 22
bovrenmašiidna, 22
bovret, 22
bow saw[en], 39
bow[en], 65
box wrench[en], 72, 120
box[en], 72

brake block[en], 70
brake disc[en], 71
brake drum[en], 70
brake fluid[en], 71
brake pad[en], 70
brake shoe[en], 71
brake[en], 71, 72
brandslang[sv], 83
brandsläckare[sv], 83
brannslange[nb], 83
brannslokkingsapparat[nb],
    83
brass[en], 110
braze[en], 60
brekkjern[nb], 59
brems[nb], 72
bremse[nb], 71
bremsekloss[nb], 70
bremseskive[nb], 71
bremsesko[nb], 71
bremsetrommel[nb], 70
bremseveske[nb], 71
brennbar[nb], 24
brennstoff[nb], 17
brennverdi[nb], 100
brensel[nb], 17
bricka[sv], 142
brittleness[en], 155
broach[en], 59, 102
broms[sv], 72
bromsa[sv], 71
bromsback[sv], 71
bromskloss[sv], 70
bromsskiva[sv], 71
bromstrumma[sv], 70
bromsvätska[sv], 71
brons[sv], 22
bronsa, 22
bronša, 22
bronse[nb], 22
bronze[en], 22
brotflate[nn], 46
brotsch[sv], 59

brotscha[sv], 59
brotsj[nb], 59
brotsje[nb], 59
brotspon[nn], 46
brottyta[sv], 46
bruddflate[nb], 46
bruddspon[nb], 46
bruksanvisning[nb], 64
bruksanvisning[sv], 64
bruksrettleiing[nn], 64
brush[en], 78
bryna[sv], 145
bryne[nb], 145
bryne[sv], 145
brynestein[nb], 145
bryning[nb], 145
bryning[sv], 145
brytar[nn], 22
brytare[sv], 22
brytarspets[sv], 46
bryter[nb], 22
bräckjärn[sv], 59
brännbar[sv], 24
bränsle[sv], 17
bråkjøling[nb], 141
bucket[en], 156
buckrake[en], 168
buesag[nb], 31, 39
buffer[en], 51
buhtadit, 23
buiku, 23
built-up edge[en], 105
bukke[nb], 107
bukkemaskin[nb], 107
bulb[en], 36
buller[sv], 153
bult[sv], 18
bultsax[sv], 54
bulvarat, 23
bumpa, 23
bumpedoaŋggat, 18
bumper[en], 51
bumpet, 23

buncejođas, 70
bunci, 23
bunntapp[nb], 22
buohtalaslakta, 24
buohtalatgoallus, 130
buolihahtti, 24
buollángarra, 24
buođđoventiila, 23
buoššodanliibma, 24
buoššodanomman, 24
buoššodeapmi, 24
buoššodit, 24
burgit, 24
burr[en], 18
bush(ing)[en], 152
buškosahá, 25
bussning[sv], 152
but strap[en], 161
butt welding bend[en], 165
butt welding[en], 47
buváhat, 25
buvihanventiila, 25
buvkosahá, 25
buvku, 23
bygel[sv], 65
bygg[nb], 81
bygge[sv], 81
byggnad[sv], 81
byggnadsverk[sv], 135
bypass valve[en], 109
by-pass[en], 109
bypass[sv], 109
bypassventil[sv], 109
by-product[en], 101
bälg[sv], 180
bæreevne[nb], 75
bärförmåga[sv], 75
bølgelengde[nb], 12
bølgjelengd[nn], 12
børste[nb], 78
bøssing[nb], 152
bøyel[nb], 65
bøyle[nb], 65

bågfil[sv], 39
bågsåg[sv], 31, 39

C
cable clip[en], 86
cable shoe[en], 86
cable[en], 85
caggejuvla, 25
čáhcebumpedoaŋggat, 26
čáhcečalbmi, 26
čáhcečoaskuduvvon, 26
čáhcesirrehat, 26
čáhkanrádji, 26
cahkehahtti, 24
cahkkehanboksa, 26
cahkkehangiesttus, 27
cahkkehanginttal, 27
cahkkehanrusttet, 27
čálán, 27
čalbmeboaltu, 27
calibrate[en], 92
calipers[en], 67
calorific value[en], 100
camshaft[en], 123
čađagolganmihtádas, 25
čađđa, 25
cap[en], 74
capacitive[en], 92
capacitor[en], 94
capacity[en], 92
capillary action[en], 177
capstan[en], 175
car[en], 17
carbon[en], 25
carburettor[en], 62
cardan joint[en], 92
carpenter[en], 81, 156
carpenter's bench[en], 80
carriage[en], 172
carrier[en], 87
carrying capacity[en], 75
čárva, 93
čárvamihtádas, 93

čárvenbasttat, 27
čárvendoaŋggat, 27
čárvenruovdi, 28
čárvenskuohppu, 28
čárvet, 28
case-hardening[en], 96
časkinbovrenmašiidna, 28
časkindávgadat, 28
časkinguhkkodat, 28
časkinváiddon, 78
cast iron[en], 99
cast[en], 99
castellated nut[en], 144
caster[en], 89
casting[en], 99
castle nut[en], 144
catch[en], 66
čatnanávnnas, 29
čavgaheivehus, 29
čávgenbelle, 29
čavgenmomeanta, 29
čavgenoalul, 29
čávgenskuohppu, 29
čávgenspelle, 29
cavitation[en], 92
CDI-boks[nb], 26
CDI-boksa, 26
CDI-box[en], 26
CDI-laatikko[fi], 26
CDI-rasia[fi], 26
čeabetgalljideapmi, 137
ceaggut, 30
ceahkeheapmi, 30
cement[en], 100
centre bit[en], 76
centre drill[en], 76
centre punch[en], 111
centring gauge[en], 77
centrumborr[sv], 76
centrumvinkel[sv], 77
chain drive[en], 174
chain lock[en], 174
chain saw[en], 115

chain wheel[en], 174
chain[en], 65, 174
chamfer[en], 78, 137
change gear[en], 116
charge[en], 64
chaser[en], 84
chasing tool[en], 84
check valve[en], 107
chemical combination[en], 93
chemical compound[en], 93
chilling[en], 141
chip breaker[en], 178
chip[en], 178
chipping[en], 178
chipwood[en], 179
chisel[en], 105
choke[en], 25
choke[nb], 25
chokespjäll[sv], 25
chrome coat[en], 95
chrome plate[en], 95
chuck wrench[en], 65
chuck[en], 65
chuck[nb], 65
chuck[sv], 65
chucknyckel[sv], 65
čiehka, 30, 175
čiehkamihtádas, 30
čiehkaruovdi, 30
čiehkasirddan, 30
čiehkaskruvvaruovdi, 30
čiehkašliipa, 31
čielgesahá, 31
cikcenbasttat, 31
cinder[en], 24
circlip pliers[en], 97
circuit breaker[en], 22
circuit diagram[en], 96
circular grinding machine[en],
     88
circular pitch[en], 12
cirggangeahči, 31
cirgganjunni, 31

cirggon, 31
cirgoventiila, 32
cirgun, 32
cirkelsåg[sv], 68
cirkular saw[en], 68
cirkulär delning[sv], 12
clad welding[en], 4
clamp arbor[en], 66
clamp frame[en], 152
clamp[en], 28, 65
clamping bush[en], 28
clamping jaw[en], 29
clamping plate[en], 28
claw coupling[en], 63
clean off burrs[en], 18
clean[en], 101
clearance angle[en], 61
clearance surface[en], 62
climb milling[en], 112
clinch[en], 48
close a rivet[en], 48
closed circuit[en], 66
clutch[en], 98
čoahkkisvuohta, 32
coakcečoavdda, 156
coal[en], 25
coarse file[en], 136, 141
coarse-grained[en], 141
čoaskasahá, 32
čoaskudannjalbi, 32
čoaskudanrusttetiskkan, 32
coat[en], 73
coating[en], 73
čoavddagalljodat, 32
čoavddavuolggahus, 33
čoavdit, 33
cock[en], 79
coefficient of linear thermal ex-
        pansion[en], 75
cogwheel[en], 12
čohkačiehka, 33
čohkkedat, 33
čohkket, 33

čohkkosággi, 33
čohkolaš, 98
čohkolašvárven, 99
coil[en], 68
coil[nb], 27
coiling[en], 68
coke[en], 93
cold saw[en], 32
collar[en], 87, 108, 117, 161
combination pliers[en], 103
combination wrench[en], 103
combustible[en], 24
combustion engine[en], 18
combustion[en], 18
company[en], 57
compass saw[en], 25
compasses[en], 67
compensate[en], 23
compress[en], 28
compressed air[en], 41
compression gauge[en], 93
compression tester[en], 93
compression[en], 93
compressor[en], 93
computer[en], 44
concentrate[en], 140
concentration[en], 140
concrete[en], 16
condensate[en], 93
condensation[en], 94
condensed water remover[en],
        93
condenser[en], 94
conducting material[en], 85
conductor[en], 85
cone[en], 21, 98
conebelt[en], 103
coned[en], 98
conical[en], 98
coniform[en], 98
connecting rod[en], 110
construction machine[en], 135
construction steel[en], 135

194

construction works[en], 135
construction[en], 81, 135
consumption[en], 73
contact breaker[en], 46
contact face[en], 98
contact gap[en], 127
contact point[en], 113
contact set[en], 46
contact[en], 52
contactor[en], 94
container[en], 167
control engineering[en], 139
control technique[en], 161
control unit[en], 161
control[en], 37, 38, 161
conventional milling[en], 180
converter[en], 94, 118
conveyor[en], 56
coolant[en], 32
cooling system fitter[en], 60
coordinate[en], 94
copper[en], 172
cord[en], 85
corner iron[en], 30
corner radius[en], 124
corrode[en], 143
corrosion[en], 94
cotter[en], 163
counter nut[en], 180
counterbalance[en], 38
countershaft[en], 61
countersink[en], 72
countersunk head[en], 72
counterweight[en], 180
couple[en], 96
coupling[en], 98
cover[en], 74
crafter[en], 49
craftsman[en], 49
crane carriage[en], 46
crane[en], 104
crank pin[en], 173
crank[en], 173

crankcase[en], 173
crankshaft[en], 173
crimp[en], 47
cross bar[en], 45
cross beam[en], 45
cross chisel[en], 143
cross edge[en], 45
cross slide[en], 46
cross tool slide[en], 46
cross-slot screwdriver[en], 120
crow bar[en], 59, 144
crude oil[en], 4
čuggen, 33
čuggenstálli, 34
čugget, 34
culci, 34
čuohpastat, 155
čuohppanáigi, 34
čuohppanávjučiehka, 34
čuohppančikŋodat, 34
čuohppanleaktu, 34
čuohppanskearru, 34
čuokkissveisen, 35
čuokkissveisenapparáhta, 35
čuoldabovrenmašiidna, 35
čuonan, 35
čuonancahkkehat, 35
čuovgadávgi, 35
čuovgafierpmádat, 36
čuovgapeara, 36
cuozza, 36
current[en], 138
cursor[en], 148
cushion[en], 170
cushioning[en], 170
cut off[en], 34
cut threads[en], 84
cut[en], 155
cutting angle[en], 8
cutting burner[en], 46
cutting depth[en], 34
cutting die[en], 84

cutting disc[en], 34
cutting edge angle[en], 34
cutting edge[en], 8
cutting off[en], 33
cutting pliers[en], 31
cutting speed[en], 34
cutting torch[en], 46
cutting[en], 178
čuvgehus, 36
cycle[en], 17
cyclic[en], 138
cylinder block[en], 115
cylinder cover[en], 67
cylinder head cover[en], 67
cylinder leak tester[en], 166
cylinder[en], 104, 166
cylinder[sv], 166
cylinderblock[sv], 115
cylinderhuvud[sv], 67
cylindrical cutter[en], 171

D
dagahat, 11
dáhkkal, 36
dáhkohahtti, 36
dáhkut, 36
dáhppa, 34
dáhta, 37
dákta, 37
dammsugare[sv], 125
damp[en], 170
damp[nb], 100
damper[en], 13, 85, 117
dampmaskin[nb], 100
dárkilastin, 37
dárkilastit, 37
dárkivuohta, 37
dárkkistanbihttá, 37
dárkkistit, 37
dárkkistus, 38
dássádat, 38
dássehisvuohta, 38
dássenjuvla, 38

dásserávdnji, 38
dásset, 38
data[en], 37
data[fi], 37
data[nb], 37
data[sv], 37
datamaskin[nb], 44
datamaskin[sv], 44
datnejugaheapmi, 38
datni, 38
dator[sv], 44
dávgegealdda, 39
dávgerovvi, 39
dávgesahá, 39
dávgestálli, 39
dávggas, 54
dávggasbuoššodeapmi, 39
dávggasbuoššoduvvon   stálli,
     39
dávggasvuohta, 40
dávgi, 40
dávji, 40
dávžan, 145
dávžat, 145
dávžžan, 145
dead centre (lower / top)[en],
     83
dead centre peak[en], 70
dead centre point[en], 70
deaddeheivehus, 40
deaddemunni, 40
deaddinboallu, 40
deaddit, 41
deaeration[en], 3
deahkka, 41
deahpanit, 41
dearba, 41
dearbastihkka, 41
dearbbadit, 41
dearpannanosvuohta, 41
dearrebihttá, 74
deattaáibmu, 41
deattamihtádas, 42

deattán, 42
deattarádjenventiila, 42
deattareguláhtor, 42
deavddádas, 125
deavdinniibi, 158
deform[en], 41
deformation[en], 79
deformera[sv], 41
deformere[nb], 41
dekk[nb], 41
dekkgass[nb], 163
deksel[nb], 74
delehode[nb], 91
delehovud[nn], 91
delesirkel[nb], 88
deleskive[nb], 91
delevaskar[nn], 127
delevasker[nb], 127
deling[nb], 12
delningsdocka[sv], 91
delningshuvud[sv], 91
delningsskiva[sv], 91
demontera[sv], 24
demontere[nb], 24
dempe[nb], 170
demping[nb], 170
denna, 93
densimeter[en], 32
densitet[nb], 32
densitet[sv], 32
density[en], 32
depression[en], 179
design[en], 135
detaljlista[sv], 127
detector[en], 46
deviation[en], 59
device[en], 6
devkkodahttin, 42
devkkodahttit, 42
dial gauge[en], 113
dial indicator[en], 113
diaphragm[en], 36
die stock[en], 62

die[en], 121, 126
diesel, 43
diesel engine[en], 43
diesel oil[en], 43
diesel[nb], 43
dieselmohtor, 43
dieselmoottori[fi], 43
dieselmotor[nb], 43
dieselmotor[sv], 43
dieselolja[sv], 43
dieselolje[nb], 43
dieselolju, 43
dieselöljy[fi], 43
dievaslaš, 43
differensial[nb], 43
differensiála, 43
differensiálgiddehat, 43
differensialsperre[nb], 43
differential lock[en], 43
differential[en], 43
differential[sv], 43
differentialspärr[sv], 43
digitaalinen[fi], 43
digital[en], 43
digital[nb], 43
digital[sv], 43
digitála, 43
digitálalaš, 43
dihtor, 44
dimension[en], 114
dimensionera[sv], 114
dimensjonere[nb], 114
diod[sv], 44
dioda, 44
diode[en], 44
diode[nb], 44
diodi[fi], 44
direct current[en], 38
direction of current[en], 138
direction[en], 78
directional valve[en], 78
directory[en], 127
disc brake[en], 151

disc[en], 151
dismantle[en], 24
dismount[en], 24
display[en], 148
distributor[en], 91
divergence[en], 59
divider[en], 67
dividing head[en], 91
dividing plate[en], 91
divodeaddji, 111
divohat, 11
divvun, 44
divvut, 44
doaibma, 44
doaibmanmearri, 170
doaimmahis gássa, 44
doaimmár, 45
doalan, 45
doaŋggat, 12
doapparlihtti, 45
doaresávju, 45
doaresbielká, 45
doaresbielkálovtton, 45
doaresbielkávávdna, 46
doaresmielggas, 46
dobbeltverkande sylinder[nn], 77
dobbeltvirkende sylinder[nb], 77
doddjonolggoš, 46
doddjonvuolahas, 46
dollačuohpan, 46
dollaveažir, 46
domkraft[sv], 48
dor[nb], 51
dorn[sv], 51
double acting cylinder[en], 77
double row bearing[en], 77
dovddan, 46
dowel saw[en], 25
dowel[en], 145
down milling[en], 112
dragbrotsch[sv], 102

draghållfasthet[sv], 55
drain pipe[en], 50
drain plug[en], 78
drain[en], 105
drawing board[en], 147
drawing[en], 147
dredger[en], 71
dreiar[nn], 171
dreie[nb], 171
dreiebenk[nb], 171
dreiemoment[nb], 89
dreier[nb], 171
dreiestål[nb], 171
dreneringsplugg[nb], 78
dress[en], 50, 101, 140
dressed ore[en], 107
dresser[en], 123
dressing[en], 140
drev[nb], 86
drev[sv], 86
-dreven[nn], 129
drift[en], 51
drift[nb], 44
drift[sv], 44
drill coupling[en], 22
drill[en], 22
drilling head[en], 60
drilling machine[en], 22
drive fit[en], 29
drive[en], 86
drivhjul[nb], 86
drivhjul[sv], 86
driving belt[en], 86, 142
driving gear[en], 86
driving pinion[en], 86
driving wheel[en], 86
drivkraft[nb], 86
drivkraft[sv], 86
drivpasning[nb], 29
drivpassning[sv], 29
drivreim[nb], 86
drivrem[sv], 86
drivstoff[nb], 17

198

drivverk[nb], 86
drivverk[sv], 86
drum brake[en], 55
drum[en], 55
dual bearing[en], 77
dubb[sv], 76
dubbdocka[sv], 63
dubbelverkande cylinder[sv], 77
dubbhöjd[sv], 76
dubbrör[sv], 131
ductile[en], 36, 132
duhppen, 47
duhppet, 47
dulbenjurssán, 47
dulbenšliipenmašiidna, 47
dulbet, 47
dulka, 47
dull[en], 12
dulpensveisen, 47
dulpet, 48
dumájeaŋga, 48
dumámihtádas, 110
duobussillen, 48
duobussillet, 48
duobussilli, 57
duohpahuvvat, 48
duohpašuvvat, 48
duohppa, 49
duojár, 49
duolbabasttat, 49
duolbabeavdi, 49
duolbadávgi, 49
duolbajeaŋga, 122
duolbaluovččan, 49
duolbaruopma, 49
duolbaskearru, 50
duolbastálli, 50
duolbbas, 50
duolbbasinjorahit, 50
duolmman, 50
duolvačáhcebohcci, 50
duorrannávli, 120

duorranveažir, 88, 131
duorrat, 50
duŋke, 48
durra, 51
dust cleaner[en], 125
dustbin[en], 45
dustehat, 51
dynaaminen[fi], 51
dynámalaš, 51
dynamic[en], 51
dynamical[en], 51
dynamisk[nb], 51
dynamisk[sv], 51
dynamo[en], 65
dynamo[fi], 65
dynamo[nb], 65
dynamo[sv], 65
dysa[sv], 31
dyse[nb], 31
däck[sv], 41
dämpa[sv], 170
dämpning[sv], 170
dødgang[nb], 102
dödgång[sv], 102
dødpunkt (nedre / øvre)[nb], 83
dödpunkt (undre / övre)[sv], 83

E
e. shutdown[en], 79
eahpeguovddášlaš, 51
ear plug[en], 15
ear protection[en], 15
earmuff[en], 15
earth conductor[en], 51
earth lead[en], 51
earth wire[en], 51
earth[en], 51
earthing[en], 51
eccentricity[en], 151
edelgass[nb], 83
edge angle[en], 8

edge raising[en], 137
edge[en], 8
ednen, 51
ednenjođas, 51
ednet, 51
effect[en], 14
effekt[nb], 14
effekt[sv], 14
efficiency[en], 170
egg[nb], 8
egg[sv], 8
eggvinkel[nb], 8
eggvinkel[sv], 8
ejector[en], 106
eksentrisitet[nb], 151
eksentrisk[nb], 51
eksos[nb], 14
eksosa, 14
eksosanlegg[nb], 14
eksosbohcci, 13
eksosbohttu, 13
eksosgássa, 14
eksosmihtádas, 14
eksosmålar[nn], 14
eksosmåler[nb], 14
eksospotte[nb], 13
eksosrør[nb], 13
ekspansjon[nb], 10
ekspansjonsbolt[nb], 10
ekspansjonshylse[nb], 10
eksplosjon[nb], 13
elastic[en], 54
elastisk[nb], 54
elastisk[sv], 54
elbow bend[en], 60
elbow[en], 60, 156
el-čuggestat, 52
el-culci, 52
electric arc[en], 35
electric circuit[en], 137
electric(al)[en], 52
electrician[en], 52
electricity[en], 52

electrode[en], 53
electronic[en], 53
electronics[en], 53
elektralaš, 52
elektricitet[sv], 52
elektrihkalaš, 52
elektrihkkár, 52
elektrikar[nn], 52
elektriker[nb], 52
elektriker[sv], 52
elektrisitehta, 52
elektrisitet[nb], 52
elektrisk aggregat[nb], 137
elektrisk[nb], 52
elektrisk[sv], 52
elektrod[sv], 53
elektroda, 53
elektrode[nb], 53
elektrodi[fi], 53
elektronihkka, 53
elektroniikka[fi], 53
elektronik[sv], 53
elektronikk[nb], 53
elektroninen[fi], 53
elektronisk[nb], 53
elektronisk[sv], 53
elektrovnnalaš, 53
elementary charge[en], 5
elementær[nb], 4
elementär[sv], 4
elementärladdning[sv], 5
elementærladning[nb], 5
elnät[sv], 36
emergency stop device[en], 79
emery cloth[en], 154
emery paper[en], 147
emne[nb], 8
emulsio[fi], 105
emulsion[en], 105
emulsion[sv], 105
emulsjon[nb], 105
end face mill[en], 63
end mill[en], 145

endeklaringsvinkel[nb], 63
endeplanfres[nb], 63
end-play angle[en], 63
energi[nb], 6
energi[sv], 6
energia[fi], 6
energiija, 6
energy[en], 6
engagement[en], 141
engine anchorage[en], 114
engine block[en], 115
engine bracket[en], 114
engine heater[en], 115
engine lug[en], 114
engine[en], 114
enkeltverkande sylinder[nn], 130
enkeltvirkende sylinder[nb], 130
enkelverkande cylinder[sv], 130
enrich[en], 140
enrichment[en], 140
ensisijainen[fi], 176
ensiöpiiri[fi], 175
epäkeskinen[fi], 51
epäpuhtaus[fi], 126
epätahtimoottori[fi], 6
epätasapaino[fi], 38
eretsveisen, 53
eriste[fi], 53
eristin[fi], 53
eristys[fi], 53
eristysnauha[fi], 53
eristää[fi], 53
erreldat, 53
erren, 53
errenbáddi, 53
erret, 53
erttet, 54
esijännitys[fi], 129
esikierretappi[fi], 5
essesveising[nb], 8

etch[en], 21
etsa[sv], 21
etsata[fi], 21
etse[nb], 21
etuakseli[fi], 129
etuvaunu[fi], 130
etuvetoinen[fi], 129
excavator[en], 71
excentric[en], 51
excentrisk[sv], 51
exchange[en], 116
exhaust analyzer[en], 14
exhaust box[en], 13
exhaust pipe[en], 13
exhaust system[en], 14
exhaust[en], 14
expanderbult[sv], 10
expanderhylsa[sv], 10
expansion bolt[en], 10
expansion bush[en], 10
expansion sleeve[en], 10
expansion[en], 10
expansion[sv], 10
expansion-shell bolt[en], 10
expansionshylsa[sv], 10
explosion[en], 13
explosion[sv], 13
extension bar[en], 85
extension cord[en], 85
extension rod[en], 85
eye bolt[en], 27
eyebolt[en], 27

F

fabrihkka, 54
fabrik[sv], 54
fabrikk[nb], 54
face chuck[en], 50
face plate[en], 50
face[en], 47, 50
facing cutter[en], 47
facing[en], 73
factory[en], 54

fadnil, 54
fállu, 54
fals[nb], 20
fals[sv], 20
falsa[sv], 20
false[nb], 20
falsmaskin[sv], 107
falsskjøt[nb], 20
falsskøyt[nn], 20
fan belt[en], 21
fan[en], 21
fanasmohtor, 108
fápmočuohpan, 54
fápmonađđa, 54
fápmosirdin, 55
fápmoválddahat, 55
fárppal, 55
fárppalgoazan, 55
fart[nb], 99
fartsmålar[nn], 99
fartsmåler[nb], 99
fas[nb], 78
fas[sv], 78, 117
fasa[sv], 137
fase[nb], 78, 117, 137
faseforskuving[nn], 117
faseforskyving[nb], 117
fasförskjutning[sv], 117
fasförslitning[sv], 137
faskkon, 55
faskut, 55
fasslitasje[nb], 137
fast dubb[sv], 70
fast senterspiss[nb], 70
fasten[en], 66
fasthet[nb], 119
fasthet[sv], 119
fastleik[nn], 119
fastnøkkel[nb], 133
fatigue[en], 169
fatnannannodat, 55
faucet[en], 79, 117
fault finding[en], 174

fault location[en], 174
fealga, 55
feed pump[en], 20
feed rod[en], 20
feed worm[en], 20
feed[en], 21
feeler gauge[en], 72
feilsøking[nb], 174
feittpresse[nn], 177
felg[nb], 55
felgkryss[nb], 143
felloe[en], 55
felly[en], 55
felsökning[sv], 174
felt[en], 49
felt[nb], 67
fertilizer distributor[en], 117
feste[nb], 66
festeskrue[nb], 66
fettpresse[nb], 177
fettspruta[sv], 177
field[en], 67
fiellosahá, 56
fierbmegealdda, 56
fierdin, 56
fierra, 56
fievrran, 56
fiidnagieđahallan, 56
fiidnagortnat, 56
fiidnajeaŋga, 57
fiila, 179
fiilet, 57
fiilogazza, 57
fiilogušta, 57
fiilu, 57
fil[nb], 57, 179
fil[sv], 57, 179
fila[sv], 57
filament[en], 2
filborste[sv], 57
filbørste[nb], 57
file brush[en], 57
file[en], 57, 179

file[nb], 57
filing vice[en], 57
filklo[nb], 57
filklove[sv], 57
fill[en], 157
filler material[en], 101, 125
fillet weld[en], 103
filling knife[en], 158
fillings[en], 125
filt[nb], 49
filt[sv], 49
filter[en], 48, 57
filter[nb], 57
filter[sv], 57
filtering[en], 48
filtra[sv], 48
filtration[en], 48
filtrere[nb], 48
filtrering[nb], 48
filtrering[sv], 48
filttar, 57
fin[en], 54
finbearbeiding[nb], 56
fine thread[en], 57
fine-grained[en], 56
finfördelning[sv], 62
fingjenge[nb], 57
fingänga[sv], 57
finish[en], 56, 101
finishing stick[en], 145
finishing tap[en], 22
finishing[en], 66
finkorna[nb], 56
finkornig[sv], 56
fire extinguisher[en], 83
fire hose[en], 83
firehjuling[nb], 123
firehjulssykkel[nb], 123
firetaktsmotor[nb], 123
firkantgjenge[nb], 122
firkantskrue[nb], 122
fish joint[en], 161
fit[en], 40, 80

fitment[en], 80
fitnodat, 57
fittings[en], 6, 151
fix[en], 66
fixing screw[en], 66
fixture[en], 6
fjernkontroll[nb], 58
fjernstyring[nb], 58
fjäder[sv], 40
fjäderbricka[sv], 39
fjäderringstång[sv], 97
fjäderspänning[sv], 39
fjäderstål[sv], 39
fjädrande rörpinne[sv], 19
fjær[nb], 40
fjärrmanövrering[sv], 58
fjærskive[nb], 39
fjærspenning[nb], 39
fjærsplint[nb], 169
fjærstål[nb], 39
fjør[nn], 40
fjørskive[nn], 39
fjørspenning[nn], 39
fjørsplint[nn], 169
fjørstål[nn], 39
flacktång[sv], 49
flackvinkel[sv], 131
flange[en], 20, 64
flanging[en], 137
flank of thread[en], 84
flank[en], 62
flankevinkel[nb], 69
flankvinkel[sv], 69
flap[en], 117
flare nut spanner[en], 134
flare nut wrench[en], 134
flash light[en], 153
flat chisel[en], 49
flat file[en], 160
flat nose pliers[en], 49
flat pliers[en], 49
flat steel[en], 50
flat thread[en], 122

flat transmission belt[en], 49
flat[en], 50
flat[nb], 50
flatgänga[sv], 122
flatjern[nb], 50
flatmeisel[nb], 49
flatmejsel[sv], 49
flatreim[nb], 49
flatrem[sv], 49
flatstål[nb], 50
flattang[nb], 49
flattong[nn], 49
fleirkilesamband[nn], 108
flens[nb], 64
flerkileforbindelse[nb], 108
flexible[en], 54
float ball[en], 74
float[en], 74
flotasjon[nb], 74
flotation[en], 74
flotation[sv], 74
flottør[nb], 74
flottör[sv], 74
flow direction[en], 138
flowmeter[en], 25
flue[en], 122
fluidizer[en], 157
fluks[nb], 57
fluksa, 57
fluksasuhkodat, 58
flukstetthet[nb], 58
flukstettleik[nn], 58
flussmedel[sv], 157
flussmiddel[nb], 157
flute[en], 140
fluted pin[en], 140
flux density[en], 58
flux[en], 57, 157
flytegrense[nb], 106
flytespon[nb], 85
flytgräns[sv], 106
flywheel[en], 38
fläkt[sv], 21
fläktrem[sv], 21
fläns[sv], 64
flöde[sv], 57
flödesmätare[sv], 25
flödestäthet[sv], 58
foarbma, 58
fog[sv], 146
foga[sv], 77
fold[en], 20, 107
folding machine[en], 107
folding metre rule[en], 110
forage harvester[en], 58
foraksel[nb], 129
forbrenning[nb], 18
forbrenningsmotor[nb], 18
forbruk[nb], 73
forbränning[sv], 18
forceps[en], 131
fordelar[nn], 91
fordeler[nb], 91
fordon[sv], 176
forecarriage[en], 130
foretak[nb], 57
forgassar[nn], 62
forgasser[nb], 62
forge hearth[en], 6
forge tongs[en], 8
forge[en], 9, 36
forgeable[en], 36
forger[en], 137
forge-welding[en], 8
forging hammer[en], 9
forgjengetapp[nb], 5
forgreiningsrør[nb], 163
forhaustar[nn], 58
forhjuls-[nb], 129
forhøster[nb], 58
fork lift truck[en], 58
forkromme[nb], 95
forlenger[nb], 85
forlengjar[nn], 85
form[nb], 58
form[sv], 58

204

formbar[nb], 132
formendring[nb], 79
formförändring[sv], 79
forming[en], 132
forsenka hode[nb], 72
forsenka hovud[nn], 72
forsenkar[nn], 72
forsenke[nb], 72
forsenker[nb], 72
forsenkingsbor[nb], 72
forsinking[nb], 149
forspenning[nb], 129
forsterkar[nn], 68
forsterke[nb], 69
forsterker[nb], 68
forsterking[nb], 69
forsterkning[nb], 69
forstilling[nb], 130
forstøving[nb], 62
forstøvning[nb], 62
forurensning[nb], 126
fotpassar[nn], 68
fotpasser[nb], 68
found[en], 99
foundation[en], 175
foundry[en], 99
four wheel bike[en], 123
four-stroke engine[en], 123
framaksel[nb], 129
framaxel[sv], 129
frame[en], 56, 81
framhjulsdrevet[nb], 129
framhjulsdriven[sv], 129
framvagn[sv], 130
frasveising[nb], 53
free cutting steel[en], 7
free machining steel[en], 7
frekvens[nb], 40
frekvens[sv], 40
frequency[en], 40
fres[nb], 91
frese[nb], 91
fresemaskin[nb], 91

friction coupling[en], 70
friction tape[en], 53
friction[en], 70
friflate[nb], 62
friksjon[nb], 70
friksjonskopling[nb], 70
friktion[sv], 70
friktionskoppling[sv], 70
frivinkel[nb], 61
front axle[en], 129
front wheel drive[en], 129
fräs[sv], 91
fräsa[sv], 91
fräsmaskin[sv], 91
fråsveising[nn], 53
fuel[en], 17
fuge[nb], 77, 146
fundament[nb], 175
fundament[sv], 175
funnel[en], 138
fuoladeapmi, 58
fuolahas, 178
fuolahus, 58
fuođđarrájan, 58
fuse[en], 149
fyllmedel[sv], 125
fyllmiddel[nb], 125
fyrhjuling[sv], 123
fyrkantskruv[sv], 122
fyrtaktsmotor[sv], 123
fälg[sv], 55
fälgnyckel[sv], 143
fält[sv], 67
fälthack[sv], 58
färdigbehandling[sv], 56
fästa[sv], 66
fästskruv[sv], 66
følar[nn], 46
føler[nb], 46
förbigång[sv], 109
förbigångsventil[sv], 109
förbrukning[sv], 73
förbränningsmotor[sv], 18

fördelare[sv], 91
företag[sv], 57
føretak[nn], 57
förgasare[sv], 62
förgreningsrör[sv], 163
förkroma[sv], 95
förlängningssladd[sv], 85
förlängningsstång[sv], 85
förorening[sv], 126
förspänning[sv], 129
förstärka[sv], 69
förstärkare[sv], 68
förstärkning[sv], 69
försänka[sv], 72
försänkare[sv], 72
försänkt huvud[sv], 72
förtapp[sv], 5
förtunningsmedel[sv], 122
förzinkning[sv], 149

G
gacoring[nb], 97
gaffaltrukka, 58
gaffellyftvagn[sv], 103
gaffeltruck[nb], 58
gaffeltruck[sv], 58
gáiddusstivren, 58
gáidu, 59
gákkan, 59
galján, 59
galjidit, 59
galkan, 59
gallehit, 59
gállen, 24
gállet, 24
galljudanoaivi, 60
galmmihanmekanihkkár, 60
galvanisering[nb], 149
galvanisering[sv], 149
galvanization[en], 149
garahanbasttat, 60
garasvuohta, 60
garbage can[en], 45

gardnjil, 60
garniture[en], 151
garradat, 60
garrajugahit, 60
garrametálla, 60
garramuitu, 61
garraskearru, 61
garvinrádji, 61
gas igniter[en], 35
gaskaáksil, 61
gaskačiehka, 61
gaskadáhppa, 61
gaskaheivehus, 61
gaskaolggoš, 62
gaskatčuohppan, 33
gaskatčuohppat, 34
gasket[en], 158
gaskkus, 62
gasoline motor[en], 16
gasoline[en], 16
gaspedal[sv], 62
gass-[nb], 35
gássaduolmman, 62
gássor, 62
gasspedal[nb], 62
gaständare[sv], 35
gate valve[en], 23
gauge block[en], 37, 130
gauge[en], 47, 107, 112
gavjadeapmi, 62
gavjanjaman, 125
gávvaruovdi, 62
gazzadoaŋggat, 63
gazzalakta, 63
geahčebihttá, 121
geahčedoalan, 63
geahčedulbenjurssan, 63
geahčegaskačiehka, 63
geahpametálla, 63
geahpidanventiila, 64
gealdda, 64
gealddehahtti, 64
gealdit, 64

206

geallat, 148
gear wheel[en], 12
gear[en], 116
gearbox[en], 116
gearing[en], 116
gearru, 151
gearsi, 64
geasán, 64
geavahančilgehus, 64
geavja, 65, 119
geavli, 65
gehtegat, 65
generaattori[fi], 65
generáhtor, 65
generator[en], 65
generator[nb], 65
generator[sv], 65
geson, 122
giddehat, 65
giddehatčoavdda, 65
giddejuvvon rávdnjebiire, 66
giddenáksil, 66
giddenmekanisma, 66
giddenskruvva, 66
giddet, 66
giebahuhttit, 66
gieddi, 67
giehpa, 67
giehtaanulaš, 67
gieđahallan, 66
gieđahallat, 67
gieralohkki, 67
gierdočoavdda, 120
gierdodahkki, 67
gierdomihtádas, 68
gierdosahá, 68
giesahat, 68
giesaldat, 68
giesastat, 68
giessat, 68
giessu, 68
giesttus, 68
gievrudat, 68

gievrudit, 69
gievrudus, 69
giira, 116
giirakássa, 116
gilgačiehka, 69
gilgacikcenbasttat, 69
gill[en], 54
ginttalčoavdda, 132
ginttalgahpir, 69
ginttaljođas, 70
gižaldat, 70
gir[nb], 116
gire[nb], 116
girkasse[nb], 116
gitta guovddášnjunni, 70
givare[sv], 46
giver[nb], 46
gjenge[nb], 84
gjengebakke[nb], 84
gjengeflanke[nb], 84
gjengelære[nb], 84
gjengesnitt[nb], 84
gjengestigning[nb], 84
gjengestål[nb], 84
gjengesøker[nb], 84
gjengesøkjar[nn], 84
gjengetapp[nb], 84
gjengevinkel[nb], 69
gjennomstrømmingsmåler[nb],
    25
gjennomstrøymingsmålar[nn],
    25
gjevar[nn], 46
gjuta[sv], 99
gjuteri[sv], 99
gjutgods[sv], 99
gjutjärn[sv], 99
gjødselspreder[nb], 117
gjødselspreiar[nn], 117
gli[nb], 87
glida[sv], 87
glidelager[nb], 123
glidemotstand[nb], 87

glidlager[sv], 123
glidmotstånd[sv], 87
glow[en], 2
glue[en], 100
glø[nb], 2
glöda[sv], 2
gløde[nb], 2
glødeskal[nn], 2
glødeskall[nb], 2
glødetråd[nb], 2
glödga[sv], 2
glödlampa[sv], 36
glödskal[sv], 2
glödtråd[sv], 2
gneiste[nn], 35
gneistetennar[nn], 35
gniding[nb], 144
gnidning[sv], 144
gnist[nb], 35
gnista[sv], 35
gnisttenner[nb], 35
goahca, 70
goahcalakta, 70
goahcanbircu, 70
goahcanfárppal, 70
goahcangáma, 71
goahcanlohti, 70
goahcannjalbi, 71
goahcanskearru, 71
goahcat, 71
goaivunmašiidna, 71
goallus, 98
goallusjođas, 85
goallustingovus, 96
goallustit, 96
goavdi, 71
goavkedulka, 72
goazan, 72
goban, 72
gohpat, 72
gohpeloaktu, 72
gohpeoaivi, 72
gohppočoavdda, 72

gohppu, 72
gokčangeardi, 73
gokčanlakta, 73
gollu, 73
golmmaborat fiilu, 73
golmmačiegat fiilu, 73
golmmamuddutmohtor, 73
golve, 74
gomuhanávju, 74
gožu, 67
gožuhuhttit, 66
gordnesturrodat, 74
govadat, 74
govččas, 74
govddon, 74
govdudeapmi, 74
governing[en], 139
governor[en], 139
govvalohkki, 74
grab tongs[en], 27
grad[nb], 18
grad[sv], 18
grada[sv], 18
grádaviŋkil, 30
grade[nb], 18
gradtapp[sv], 22
graduated cylinder[en], 113
gradvinkel[nb], 30
grafskrivar[nn], 147
grafskriver[nb], 147
grain size[en], 74
grannsemd[nn], 37
gravemaskin[nb], 71
grease gun[en], 177
grease nipple[en], 176
grease[en], 177
grensemål[nb], 134
grensesnitt[nb], 96
grind stone[en], 153
grind[en], 155
grinding disc[en], 154
grinding gauge[en], 154
grinding machine[en], 154

grinding pin[en], 154
grinding wheel[en], 153, 154
grinding[en], 154
grip[en], 119
gripetong[nn], 27
griptang[nb], 27
griptång[sv], 27
grisepikk[nb], 152
groove[en], 77, 140, 146
gropförslitning[sv], 72
gropslitasje[nb], 72
ground[en], 51
grounding[en], 51
grovbearbeiding[nb], 141
grovbearbetning[sv], 141
grovfil[nb], 141
grovfil[sv], 141
grovkorna[nb], 141
grovkornig[sv], 141
gränsmått[sv], 134
gränssnitt[sv], 96
grävmaskin[sv], 71
gråberg[nb], 136
gråberg[sv], 136
gudgeon[en], 34
guhkidangorri, 75
guide bar[en], 112
guksi, 156
gullosuojan, 15
gummi, 75
gummi[nb], 75
gummi[sv], 75
guoddináhppi, 75
guoddinnákca, 75
guorbmádeapmi, 124
guorbmádit, 124
guorusnatgealdda, 76
guorusnatjohtin, 76
guorusrassehit, 136
guovddášallodat, 76
guovddášbovra, 76
guovddášnjunni, 76
guovddášviŋkil, 77

guovlu, 78
guovttedávttatmohtor, 77
guovttedoaimmat sylinddar, 77
guovtteoasát liibma, 24
guovtteráiddoláger, 77
guđaborat čoavdda, 75
guđaborat skruvva, 75
guđačiegat čoavdda, 75
guđačiegat skruvva, 75
guđju, 53
gurra, 77
gurradit, 77
gurraluođđaláger, 78
gurraskruvva, 78
gurrenculci, 78
gusta, 78
gänga[sv], 84
gängback[sv], 84
gängflank[sv], 84
gängkloppa[sv], 62
gängpressande skruv[sv], 82
gängsnitt[sv], 84
gängstigning[sv], 84
gängstål[sv], 84
gängtapp[sv], 84
gängtolk[sv], 84
gängvinkel[sv], 69
gödselspridare[sv], 117
gå-grense[nb], 26
gångjärn[sv], 70

H

haarukkatrukki[fi], 58
hábmehahtti, 132
hack saw[en], 39
haft[en], 118, 119
hair pin spring[en], 169
haka-avain[fi], 141
hakemisto[fi], 127
hakenøkkel[nb], 141
haknyckel[sv], 141
haldar[nn], 45

half finished goods[en], 14
half-round file[en], 15
háloravda, 78
hálteventiila, 78
hálti, 78
halvfabrikat[nb], 14
halvfabrikat[sv], 14
halvledare[sv], 15
halvleder[nb], 15
halvleiar[nn], 15
halvrundfil[nb], 15
halvrundfil[sv], 15
hamara[fi], 149
hammar[nn], 173
hammare[sv], 173
hammasjako[fi], 12
hammasluku[fi], 13
hammaspyörä[fi], 12
hammastanko[fi], 13
hammer drill[en], 28
hammer[en], 173
hammer[nb], 173
hampaan korkeus[fi], 12
hana[fi], 79
hand pallet truck[en], 103
hand riveter[en], 133
hand vice[en], 57
hand wheel[en], 135
handle[en], 65, 119, 173
handtag[sv], 119
handtak[nb], 119
handverkar[nn], 49
hanger[en], 155
hankaaminen[fi], 144
hantverkare[sv], 49
haŋkinváiddon, 78
hápmemuhttin, 79
haponkestävä teräs[fi], 164
hard disc[en], 61
hard metal[en], 60
harddisk[nb], 61
harden[en], 24
hardening furnace[en], 24

hardening[en], 24
hardhet[nb], 60
hardleik[nn], 60
hardlodde[nb], 60
hardmetall[nb], 60
hardness[en], 60
harittaa[fi], 80
harja[fi], 78
harjapäävasara[fi], 131
hárjehahttit, 79
harkko[fi], 12, 17
harkkorauta[fi], 4
harppi[fi], 67
harrow[en], 79
harv[nb], 79
harv[sv], 79
hárva, 79
harvester[en], 95
haspel[nb], 175
haspel[sv], 175
hastighet[nb], 99
hastighet[sv], 99
hastighetsmätare[sv], 99
hastighetsmåler[nb], 99
hátna, 79
hauraus[fi], 155
hay press[en], 163
hay rake[en], 168
head stock[en], 89
heahteorustahtti, 79
heailu, 41
heailut, 41
hearing protection[en], 15
heat resistant[en], 9
heat treatment[en], 9
heat[en], 9
heating value[en], 100
heatproof[en], 9
heavval, 79
heavvalasttit, 79
heavvalbeaŋka, 80
heavvalmašiidna, 80
heavy force fit[en], 40

heavy shrink fit[en], 40
hehkua[fi], 2
hehkulamppu[fi], 36
hehkulanka[fi], 2
hehkuttaa[fi], 2
hehkutushilse[fi], 2
height of centres[en], 76
heilahduksen vaimennin[fi], 78
heilua[fi], 41
heiluri[fi], 41
hein[nb], 145
heine[nb], 145
heining[nb], 145
heinähäntä[fi], 168
heisekran[nb], 104
heitto[fi], 151
heivehus, 80
heivenviŋkil, 80
hela[fi], 151
hellingsvinkel[nb], 155
hellittää[fi], 33
heloitus[fi], 151
hendel[nb], 65
hengsel[nb], 70
hengsle[nb], 70
hening[sv], 145
herde[nb], 24
herdelim[nb], 24
herdeomn[nn], 24
herdeovn[nb], 24
herding[nb], 24
hevarm[nb], 103
hevstang[nb], 103
hevstong[nn], 103
hexagon nipple[en], 160
hexagon wrench[en], 75
hexagonal headed bolt[en], 75
hiekkapuhallus[fi], 144
hiekkopaperi[fi], 147
hienojyväinen[fi], 56
hienokierre[fi], 57
hienotyöstö[fi], 56

hierto[fi], 56
high pressure cleaner[en], 5
high pressure[en], 5
high-speed steel[en], 157
hihna[fi], 142
hihnakäyttö[fi], 142
hihnapyörä[fi], 143
hiiletyskarkaisu[fi], 96
hiili[fi], 25
hiiliharja[fi], 78
hiiri[fi], 146
hiljentää[fi], 170
hilseyly[fi], 2
hinge[en], 70
hioa[fi], 145, 155
hiomakangas[fi], 154
hiomakara[fi], 154
hiomakivi[fi], 145, 153
hiomakone[fi], 154
hiomalaikka[fi], 154
hiomarae[fi], 154
hiominen[fi], 145, 154
hirret, 80
hitauslaite[fi], 164
hitsaaja[fi], 164
hitsata[fi], 166
hitsattu palko[fi], 166
hitsaus[fi], 164
hitsauselektrodi[fi], 165
hitsauskypärä[fi], 165
hitsauslanka[fi], 164
hitsausmuuntaja[fi], 166
hitsauspoltin[fi], 165
hitsaussokeus[fi], 166
hitsaussuojus[fi], 165
hitsi[fi], 164
hitsisauma?[fi], 165
hitsisula[fi], 164
hiukkanen[fi], 130
hiusputki-ilmiö[fi], 177
hjul[nb], 92
hjul[sv], 92
hjulkryss[nb], 143

hoarbma, 58
-hohde[fi], 112
hohtimet[fi], 63
hoiganheivehus, 80
hoiganmihtádas, 150
hoist pulley[en], 36
holder[en], 45
holder[nb], 45
holga, 81
holkki[fi], 117
hollow punch[en], 136
holpipe[nn], 136
holsirkel[nn], 136
holtong[nn], 136
hona[sv], 81
hone[en], 81, 145
hone[nb], 81
hood[en], 122
hook spanner[en], 141
hoonata[fi], 81
horisontal milling ma-
chine[en], 173
horisontal[en], 96
horisontal[nb], 96
horisontalfresemaskin[nb],
173
horisontalfräsmaskin[sv], 173
horisontell[sv], 96
horn[en], 85
horn[nb], 85
hose clamp[en], 153
hose clip[en], 153
hose[en], 153
hovedegg[nb], 170
hovtang[nb], 63
hovtong[nn], 63
hovtång[sv], 63
hovudegg[nn], 170
hub[en], 92
huggpipa[sv], 136
huksehus, 81
huksejeaddji, 81
hullpipe[nb], 136
hullsirkel[nb], 136
hulltang[nb], 136
hunet, 81
huokoinen[fi], 149
huokonen[fi], 151
huokosten muodostuminen[fi],
146
huolto[fi], 58
huopa[fi], 49
hurtigstål[nb], 157
huullos[fi], 20
huvudegg[sv], 170
huvudskäregg[sv], 170
hydraulalaš, 81
hydraulic[en], 81
hydraulics[en], 81
hydraulihkka, 81
hydrauliikka[fi], 81
hydraulik[sv], 81
hydraulikk[nb], 81
hydraulinen[fi], 81
hydraulisk[nb], 81
hydraulisk[sv], 81
hylkykivi[fi], 136
hylsa[sv], 72
hylse[nb], 152
hylsnyckel[sv], 72
hylsy[fi], 72
hylsyavain[fi], 72
hyvel[sv], 79
hyvelbänk[sv], 80
hyvelmaskin[sv], 80
hyvittää[fi], 23
hyvla[sv], 79
hyötysuhde[fi], 170
härda[sv], 24
härdlim[sv], 24
härdning[sv], 24
härdugn[sv], 24
hätäpysäytin[fi], 79
hävstång[sv], 103, 172
høgderissar[nn], 5
høgresveising[nn], 180

högtryck[sv], 5
högtrycksaggregat[sv], 5
høgtrykk[nn], 5
høgtrykkspylar[nn], 5
hörselskydd[sv], 15
hörselskyddskåpa[sv], 15
hörselskyddspropp[sv], 15
hørselsvern[nb], 15
hösvans[sv], 168
høvel[nb], 79
høvelbenk[nb], 80
høvelmaskin[nb], 80
høvle[nb], 79
høyballepresse[nb], 163
høyderisser[nb], 5
höylä[fi], 79
höyläkone[fi], 80
höyläpenkki[fi], 80
höylätä[fi], 79
høyresveising[nb], 180
höyry[fi], 100
höyrykone[fi], 100
høysvans[nb], 168
høytrykk[nb], 5
høytrykkspyler[nb], 5
hålcirkel[sv], 136
hållare[sv], 45
hålstans[sv], 136
håltång[sv], 136
håndtak[nb], 119
håndtverker[nb], 49
hårddisk[sv], 61
hårdhet[sv], 60
hårdlöda[sv], 60
hårdmetall[sv], 60
hårnål[nb], 169
hårrørs-[nb], 177
hårrörsverkan[sv], 177

I

idle running[en], 76
idling[en], 76
ieš-, 81

iešcaggi skruvva, 81
iešdoalli skruvva, 81
iešguovddášahtti, 82
iešjeŋgenskruvva, 82
ignition coil[en], 27
ignition plug[en], 27
ignition system[en], 27
ikke-gå-grense[nb], 61
ikkje-gå-grense[nn], 61
ilá -, 101
illuminance[en], 36
illuminans[nb], 36
illuminans[sv], 36
ilmaisin[fi], 46
ilmajäähdytteinen[fi], 2
ilmanpoisto[fi], 3
ilmansuodatin[fi], 2
ilmanvaihto[fi], 2
impact resistance[en], 28
impact strength[en], 28
imperial thread[en], 48
impuls[nb], 82
impuls[sv], 82
impulsa, 82
impulse[en], 82
impulssi[fi], 82
imu[fi], 122
imusarja[fi], 163
inaktiv gass[nb], 44
inch rule[en], 110
inch thread[en], 48
index plate[en], 91
indexable insert[en], 74
indicator[en], 174
induce[en], 82
inducera[sv], 82
induction[en], 82
inductive[en], 82
induksjon[nb], 82
indukšuvdna, 82
induktiivalaš, 82
induktiivinen[fi], 82
induktio[fi], 82

induktion[sv], 82
induktiv[nb], 82
induktiv[sv], 82
indusere[nb], 82
induseret, 82
indusoida[fi], 82
inert gas[en], 44, 83
inert gas[sv], 44
inert gass[nb], 44
inerttikaasu[fi], 44
inflammable[en], 24
ingot[en], 12
ingrepp[sv], 141
ingreppstid[sv], 34
injection[en], 32
injector[en], 32
injeksjon[nb], 32
injektor[nb], 32
inklinometer[sv], 30
inlet[en], 122
inner race[en], 150
inner ring[en], 150
innerring[nb], 150
innerring[sv], 150
inngrep[nb], 141
inngrepstid[nb], 34
innsmelting[nb], 150
innsprøyting[nb], 32
innstillingsvinkel[nb], 34
innsuging[nb], 122
inre lagerring[sv], 150
inspection[en], 38
insprutning[sv], 32
insprutningsventil[sv], 32
install[en], 146
installera[sv], 146
installere[nb], 146
installoida[fi], 146
insulate[en], 53
insulating tape[en], 53
insulation[en], 53
insulator[en], 53
interface[en], 96

interference[en], 82
interferens[nb], 82
interferens[sv], 82
interferensa, 82
interferenssi[fi], 82
intermediate shaft[en], 61
intermittent light[en], 138
intermittent[en], 138
interrupter[en], 22
interval[en], 3
intervall[nb], 3
intervall[sv], 3
inträngning[sv], 150
iron bar[en], 144
iron ore[en], 144
iron[en], 144
irrotin[fi], 64, 106
irtosärmä[fi], 105
iskan, 83
iskunpituus[fi], 28
iskunvaimennin[fi], 78
iskuporakone[fi], 28
iskusitkeys[fi], 28
isolasjon[nb], 53
isolasjonstape[nb], 53
isolate[en], 53
isolation[en], 53
isolation[sv], 53
isolator[nb], 53
isolator[sv], 53
isolera[sv], 53
isolerband[nb], 53
isolerband[sv], 53
isolere[nb], 53
istuin[fi], 33
istukka[fi], 65
istukka-avain[fi], 65
itna, 70
itsekeskittävä[fi], 82
itsekierteittävä ruuvi[fi], 82
itsepidättävä ruuvi[fi], 81

J
jack[en], 48
jáddadanapparáhta, 83
jáddadanšláŋŋa, 83
jáffut, 23
jakkara[fi], 130
jako[fi], 12
jakoavain[fi], 116
jakohihna[fi], 139
jakoketju[fi], 139
jakolevy[fi], 91
jakopää[fi], 91
jakopään hihna[fi], 139
jakopään ketju[fi], 139
jakso[fi], 17
jaksoittainen[fi], 138
jalgat, 101
jalkapoljin[fi], 50
jállogássa, 83
jalokaasu[fi], 83
jalt[en], 48
jalusta[fi], 81
jamvekt[nb], 38
jápmačuokkis, 83
jargŋa, 64
jarru[fi], 72
jarrukenkä[fi], 71
jarrulevy[fi], 71
jarruneste[fi], 71
jarrupala[fi], 70
jarrurumpu[fi], 70
jarruttaa[fi], 71
jatke[fi], 85
jatkojohto[fi], 85
jatkovarsi[fi], 85
jauhe[fi], 23
jaw chuck[en], 126
jaw[en], 126
jeahkka, 48
jeaŋga, 84
jeaŋgagilga, 84
jeaŋgagoargŋun, 84
jeaŋgamihtádas, 84

jekk[nb], 48
jekketralle[nb], 103
jeŋgenbáhkka, 84
jeŋgendáhppa, 84
jeŋgenstálli, 84
jeŋget, 84
jern[nb], 144
jernmalm[nb], 144
jet[en], 31
jietnadorve, 85
jietnaváiddon, 13, 85
jig[en], 107, 170
jigg[nb], 170
jigg[sv], 170
jiki[fi], 170
joatkka, 85
joatkkajođas, 85
joatkkán, 85
joatkkavuolahas, 85
johde[fi], 85, 161
johdinkierros[fi], 68
johteet[fi], 161
johtimen liitin[fi], 86
johtinláger, 123
johtinvuosti, 87
johtit, 87
johto[fi], 85
johtoruuvi[fi], 86
johtu, 87
joiner[en], 81
joiner's saw[en], 56
joining[en], 127
joint hook[en], 131, 160
joint[en], 20
jointing[en], 158
jođadas, 85
jođas, 85
jođasávnnas, 85
jođasgáma, 86
jođasgámabasttat, 86
jođihandoaimmahat, 86
jođihanfápmu, 86
jođihanjuvla, 86

jođihanruopma, 86
jođihanrusttet, 86
jođihanskruvva, 86
jorahanbeaŋka, 171
jorahanruovdi, 87
jorahanskearru, 87
jorahit, 171
jorbabasttat, 88
jorbadas, 104
jorbafiilu, 88
jorbagrafihttaruovdi, 88
jorbašliipenmašiidna, 88
jorbaveažir, 88
jorda[sv], 51
jorde[nb], 51
jording[nb], 51
jordingsledning[nb], 51
jordingsleidning[nn], 51
jordledare[sv], 51
jordledning[nb], 51
jordleidning[nn], 51
jordning[sv], 51
jorggihansadji (bajit / vuolit),
        83
jorran, 88
jorrangierdu, 88
jorranlohku, 89
jorranmihtádas, 89
jorranmomeanta, 89
jorrat, 89
jorreáksil, 89
jorredoalan, 89
jorregeavri, 89
jorreláger, 90
jorreruovdi, 62
jorri, 90, 142
jorri guovddášnjunni, 90
journal bearing[en], 134
journal[en], 34
jousenjännitys[fi], 39
jousi[fi], 40
jousialuslaatta[fi], 39
jousialuslevy[fi], 39

jousiteräs[fi], 39
joustava[fi], 54
joutokäynti[fi], 76
jugahahttin, 90
jugahandatni, 90
jugaheapmi, 90
jugahit, 91
junction plate[en], 161
juogan, 91
juohkinoaivi, 91
juohkinskearru, 91
juoksute[fi], 157
juoksuvaunu[fi], 46
juotin[fi], 74
juotostahna[fi], 157
juottaa[fi], 91
juottaminen[fi], 90
juottokolvi[fi], 74
juottotina[fi], 90
jursanmašiidna, 91
jursat, 91
jurssahit, 91
jurssan, 91
justera[sv], 37
justerbrotsch[sv], 116
justere[nb], 37
justering[nb], 37
justering[sv], 37
justeringsskrue[nb], 161
justerskruv[sv], 161
juvla, 92
juvlaguovddáš, 92
juvlanáhpi, 92
jyrsin[fi], 91
jyrsinkone[fi], 91
jyrsiä[fi], 91
jännite[fi], 64
jännitys[fi], 64
järjestelmä[fi], 176
järn[sv], 144
järnmalm[sv], 144
järnskrot[sv], 153
jätekivi[fi], 136

jäykkyys[fi], 160
jäyste[fi], 18
jäähdytin[fi], 134
jäähdyttimen koestuslaite[fi], 32
jäähdytysneste[fi], 32

K
kaapeli[fi], 85
kaapelikenkä[fi], 86
kaapelikenkäpihdit [fi], 86
kaapia[fi], 55
kaari[fi], 56
kaarisaha[fi], 31, 39
kaasuhitsauspilli[fi], 165
kaasunsytytin[fi], 35
kaasupoljin[fi], 62
kaasutin[fi], 62
kaavin[fi], 55
kaaviopiirros[fi], 96
kabel[nb], 85
kabel[sv], 85
kabelsko[nb], 86
kabelsko[sv], 86
kabelskotang[nb], 86
kabelskotong[nn], 86
kabelskotång[sv], 86
kahva[fi], 119
kaivinkone[fi], 71
kaksikomponenttiliima[fi], 24
kaksirivinen laakeri[fi], 77
kaksitahtimoottori[fi], 77
kaksitoiminen sylinteri[fi], 77
kaksoisnippa[fi], 160
kaldsag[nb], 32
kalibrera[sv], 92
kalibrere[nb], 92
kalibreret, 92
kalibroida[fi], 92
kallistuskulma[fi], 155
kallsåg[sv], 32
kaltevuusmittari[fi], 30
kalvia[fi], 59

kalvin[fi], 59
kalvo[fi], 36
kamaksel[nb], 123
kamaxel[sv], 123
kamaxelkedja[sv], 139
kamaxelrem[sv], 139
kammentappi[fi], 173
kampi[fi], 173
kampiakseli[fi], 173
kampikammio[fi], 173
kamstål[nb], 119
kansi[fi], 74
kantavuus[fi], 75
kapacitet[sv], 75, 92
kapacitiv[sv], 92
kapasiteetti[fi], 92
kapasitehta, 92
kapasitet[nb], 92
kapasitiivalaš, 92
kapasitiivinen[fi], 92
kapasitiv[nb], 92
kapillaari-ilmiö[fi], 177
kapillardoaibma, 177
kapillaritet[sv], 177
kapillarvirkning[nb], 177
kapslipskiva[sv], 34
kara[fi], 89
karapylkkä[fi], 89
karbon, 25
karbon[nb], 25
karburatorsprit[sv], 93
kardang[nb], 92
kardanknut[sv], 92, 96
kardaŋga, 92
karhi[fi], 79
karkaista[fi], 24
karkaisu[fi], 24
karkaisusammutus[fi], 141
karkaisu-uuni[fi], 24
karkearakeinen[fi], 141
karkeatyöstö[fi], 141
karkeaviila[fi], 141
karkeus[fi], 142

kaross[sv], 71
karosseri[nb], 71
karosseri[sv], 71
kartio[fi], 98
kartiohammaspyörä[fi], 98
kartiokas[fi], 98
kartiosorvaus[fi], 99
kartiotappi[fi], 33
kast[nb], 151
kast[sv], 151
kasvu[fi], 10
katalog[nb], 127
katalog[sv], 127
katkaisin[fi], 22
katkaista[fi], 34
katkaisu[fi], 33
katkaisulaikka[fi], 34
katkojan kärki[fi], 46
katkojan kärkiväli[fi], 127
katkolastu[fi], 46
kauko-ohjaus[fi], 58
kaulus[fi], 108
kavitaatio[fi], 92
kavitasjon[nb], 92
kavitašuvdna, 92
kavitation[sv], 92
kedja[sv], 174
kedjedrift[sv], 174
kedjehjul[sv], 174
kedjelås[sv], 174
kehys[fi], 81
kela[fi], 68, 175
kelkka[fi], 112
kemiallinen sidos[fi], 93
kemiijalaš ovttastus, 93
kemisk förening[sv], 93
kenttä[fi], 67
keskimmäinen kierretappi[fi], 61
keskiökulma[fi], 77
keskiökärki[fi], 76
keskiöpora[fi], 76
kesto-[fi], 17

kestävyys[fi], 119
ketju[fi], 174
ketjukäyttö[fi], 174
ketjulukko[fi], 174
ketjupyörä[fi], 174
ketjut[fi], 65
kevytmetalli[fi], 63
key bed[en], 102
key groove[en], 102
keyboard[en], 18
keyway cutter[en], 102
keyway[en], 102
kick[en], 59
kierre[fi], 84
kierrekampa[fi], 84
kierreleuka[fi], 84
kierremitta[fi], 84
kierrepakka[fi], 84
kierresorkka[fi], 62
kierretappi[fi], 84
kierreterä[fi], 84
kierreura[fi], 19
kierroslukumittari[fi], 89
kierteen kylki[fi], 84
kierteittää[fi], 84
kierteitystyökalu[fi], 84
kierto[fi], 88
kiertokanki[fi], 110
kierukka[fi], 20
kierukkapora[fi], 19
kierukkapyörä[fi], 19
kiila[fi], 103
kiilahihna[fi], 103
kiilaholkki[fi], 10
kiilapultti[fi], 10
kiilaura[fi], 102
kiilauranhöylä[fi], 102
kiilauranjyrsin[fi], 102
kiillottaa[fi], 101, 148
kiinnitin[fi], 45
kiinnittää[fi], 66
kiinnityskara[fi], 66
kiinnitysleuka[fi], 126

kiinnitysruuvi[fi], 66
kiinnitystuurna[fi], 66
kiinteä keskiökärki[fi], 70
kiintoavain[fi], 133
kiintolenkkiavain[fi], 103
kiintolevy[fi], 61
kil[sv], 103
kile[nb], 103
kilereim[nb], 103
kilreim[nb], 103
kilrem[sv], 103
kilspor[nb], 102
kilsporfres[nb], 102
kilsporhøvel[nb], 102
kilspår[sv], 102
kilspårfräs[sv], 102
kilspårsfräs[sv], 102
kilspårshyvel[sv], 102
kilsveis[nb], 103
kipinä[fi], 35
kiristysholkki[fi], 10, 29
kiristysleuka[fi], 29
kiristysmomentti[fi], 29
kirjoitin[fi], 27
kirves[fi], 4
kirvesmies[fi], 81, 156
kita[fi], 32
kitka[fi], 70
kitkakytkin[fi], 70
kjede[nb], 174
kjededrift[nb], 174
kjedehjul[nb], 174
kjedelås[nb], 174
kjemisk forbindelse[nb], 93
kjemisk sambinding[nn], 93
kjerringkjeft[nb], 158
kjetting[nb], 65
kjoks[nb], 65
kjoksnøkkel[nb], 65
kjølesystemtestar[nn], 32
kjølesystemtester[nb], 32
kjølevæske[nb], 32
kjøretøy[nb], 176

kjørnar[nn], 111
kjørner[nb], 111
klangkontroll[sv], 163
klangprøve[nb], 163
klaringsflate[nb], 62
klaringsvinkel[nb], 61
klemhylse[nb], 28
klemjern[nb], 28
klinke[nb], 50
klinknagle[nb], 120
kloakkrør[nb], 50
klokopling[nb], 63
klokoppling[sv], 63
klubba[sv], 155
klubbe[nb], 155
klämhylsa[sv], 28
kløtsj[nb], 98
knackningsbeständighet[sv],
    41
knee[en], 156
knekke[nb], 107
knekkemaskin[nb], 107
knife tool[en], 121
knife[en], 121
kniv[nb], 121
kniv[sv], 121
knivrygg[nb], 149
knivrygg[sv], 149
knivstål[nb], 121
knivstål[sv], 121
knock rating[en], 127
knurl[en], 140
knurled pin[en], 140
knärör[sv], 156
koe[fi], 83
kofot[sv], 59
kohdistin[fi], 148
kohtisuora[fi], 30
koje[fi], 6
koks[nb], 93
koks[sv], 93
koksa, 93
koksi[fi], 93

kol[nn], 25
kol[sv], 25
kolmikulmaviila[fi], 73
kolmivaihemoottori[fi], 73
kolv[sv], 110
kolvring[sv], 109
kolvslag[sv], 37
kolvstång[sv], 110
kombinasjonsnøkkel[nb], 103
kombinasjonstang[nb], 103
kombinasjonsvinkel[nb], 104
kombinationstång[sv], 103
kompensera[sv], 23
kompensere[nb], 23
kompensoida[fi], 23
kompresjon[nb], 93
kompresjonsmålar[nn], 93
kompresjonsmåler[nb], 93
kompression[sv], 93
kompressionsmätare[sv], 93
kompressor, 93
kompressor[nb], 93
kompressor[sv], 93
kompressori[fi], 93
komprešuvdna, 93
komprešuvdnamihtádas, 93
komprimera[sv], 28
komprimere[nb], 28
komprimeret, 28
kon[nb], 98
kona[sv], 98
kondeansa, 93
kondeansajávkkadas, 93
kondens[nb], 93
kondens[sv], 93
kondensaattori[fi], 94
kondensáhtor, 94
kondensator[nb], 94
kondensator[sv], 94
kondenseren, 94
kondensering[nb], 94
kondensering[sv], 94
kondensfjernar[nn], 93

kondensfjerner[nb], 93
kondensointi[fi], 94
kondenssi[fi], 93
kondreiing[nb], 99
koneellistaminen[fi], 111
koneistaa[fi], 109
koneistaminen[fi], 109
koneisto[fi], 111
konepeitto[fi], 74
konisk dreiing[nb], 99
konisk tannhjul[nb], 98
konisk[nb], 98
konisk[sv], 98
koniskt kugghjul[sv], 98
konpinne[nb], 33
konpinne[sv], 33
konstruksjon[nb], 135
konstruksjonsstål[nb], 135
konstrukšuvdna, 135
konstruktio[fi], 135
konstruktion[sv], 135
konstruktionsstål[sv], 135
konsvarvning[sv], 99
kontakt[nb], 52
kontakt[sv], 52
kontaktavstand[nb], 127
kontaktavstånd[sv], 127
kontaktor, 94
kontaktor[nb], 94
kontaktor[sv], 94
kontaktori[fi], 94
kontaktåpning[nb], 127
kontramutter[nb], 180
kontramutter[sv], 180
kontroll[nb], 38
kontroll[sv], 38
kontrollera[sv], 37
kontrollere[nb], 37
konverter, 94
konverter[nb], 94
konverter[sv], 94
konvertteri[fi], 94
koordinaatti[fi], 94

koordináhta, 94
koordinat[nb], 94
koordinat[sv], 94
koota[fi], 33
kopar[nn], 172
kople[nb], 96
kopling[nb], 98, 100
koplingsskjema[nb], 96
kopp[nb], 72
koppar[sv], 172
kopper[nb], 172
koppla[sv], 96
koppling[sv], 98, 100
kopplingsschema[sv], 96
koppnøkkel[nb], 72
koputuskoe[fi], 163
kori[fi], 71
korjaaja[fi], 111
korjaamo[fi], 11
korjata[fi], 44
korjaus[fi], 44
korkeapaine[fi], 5
korkeapainepesulaite[fi], 5
kornstorleik[nn], 74
kornstorlek[sv], 74
kornstørrelse[nb], 74
korroosio[fi], 94
korrosion[sv], 94
korrosjon[nb], 94
korrošuvdna, 94
kortslutning[nb], 124
kortslutning[sv], 124
kortspån[sv], 46
korvakupit[fi], 15
korvakuvut[fi], 15
korvata[fi], 23
korvatulppa[fi], 15
koskenaika[fi], 34
kosketus[fi], 141
kovajuottaa[fi], 60
kovalevy[fi], 61
kovametalli[fi], 60
kovasin[fi], 145

kovuus[fi], 60
kraftarm[nb], 54
kraftavbitar[nn], 54
kraftavbitare[sv], 54
kraftavbiter[nb], 54
kraftoverføring[nb], 55
kraftuttag[sv], 55
kraftuttak[nb], 55
kraftöverföring[sv], 55
krage[nb], 161
kraging[nb], 137
kragning[sv], 137
kran[nb], 79, 104
kran[sv], 79
kretsschema[sv], 96
kromata[fi], 95
krommadit, 95
krommet, 95
kronemutter[nb], 144
kronmutter[sv], 144
krumcirkel[sv], 68
krumpassar[nn], 68
krumpassare[sv], 68
krumpasser[nb], 68
kruunumutteri[fi], 144
krympa på[sv], 47
krympa[sv], 48
krympe på[nb], 47
krympe[nb], 48
krymping[nb], 47
krympning[sv], 47
kryss[nb], 143
kryssmeisel[nb], 143
kryssmejsel[sv], 143
kryssskruvmejsel[sv], 120
kubein[nb], 59
kuggdelning[sv], 12
kugghjul[sv], 12
kugghöjd[sv], 12
kuggrem[sv], 139
kuggstång[sv], 13
kuggtal[sv], 13
kula[sv], 104

kuldemontør[nb], 60
kule[nb], 104
kulegrafittjern[nb], 88
kulehaldar[nn], 104
kulehammar[nn], 88
kulehammer[nb], 88
kuleholder[nb], 104
kulelager[nb], 104
kulhammare[sv], 88
kulhållare[sv], 104
kuljetin[fi], 56
kull[nb], 25
kullager[sv], 104
kulma[fi], 30
kulmahiomakone[fi], 31
kulmamittari[fi], 30
kulmaruuvitaltta[fi], 30
kulmateräs[fi], 30
kulmaviivain[fi], 160
kuluminen[fi], 73
kulumiskestävyys[fi], 101
kumi[fi], 75
kunnossapito[fi], 58
kuolokohta (ala-/ylä-)[fi], 83
kuona[fi], 24
kuonahakku[fi], 14
kuonavasara[fi], 14
kuorintapihdit[fi], 60
kuormitettavuus[fi], 75
kuormittaa[fi], 124
kuormitus[fi], 124
kupari[fi], 172
kurvritare[sv], 147
kurvskrivare[sv], 147
kutistua[fi], 48
kutistuma[fi], 47
kutistuminen[fi], 47
kuttdjupn[nn], 34
kuttdybde[nb], 34
kutteskive[nb], 34
kuula[fi], 104
kuulakehikko[fi], 104
kuulalaakeri[fi], 104

kuulanpidin[fi], 104
kuulapäävasara[fi], 88
kuulonsuojain[fi], 15
kuumentaa[fi], 2, 9
kuusioavain[fi], 75
kuusioruuvi[fi], 75
kuvanlukija[fi], 74
kylare[sv], 134
kylkikulma[fi], 69
kyllästää[fi], 59
kylmontör[sv], 60
kylmäkoneasentaja[fi], 60
kylmäkonekorjaaja[fi], 60
kylmäsaha[fi], 32
kylvätska[sv], 32
kynsikytkin[fi], 63
kytkentäkaavio[fi], 96
kytkeä[fi], 96
kytkin[fi], 22, 98
kädensija[fi], 119
kälsvets[sv], 103
kärkikorkeus[fi], 76
kärkikulma[fi], 33
kärkipylkkä[fi], 63
käsi-[fi], 67
käsikäyttöinen[fi], 67
käsisaha[fi], 56
käsityöläinen[fi], 49
kätting[sv], 65
käynnistin[fi], 33
käynnistyshammaskehä[fi],
    179
käynnistysmoottori[fi], 179
käynnistää[fi], 179
käyrä[fi], 156
käyttö[fi], 44, 73
käyttöhihna[fi], 86
käyttölaite[fi], 86
käyttömekanismi[fi], 86
käyttöohje[fi], 64
käyttöpyörä[fi], 86
käyttövoima[fi], 86
käämi[fi], 68

222

käämitys[fi], 68
käämiä[fi], 68
kääntökulmain[fi], 80
körnare[sv], 111
körriktningsvisare[sv], 138

L
laahia[fi], 81
laajeneminen[fi], 10
laakeri[fi], 95
laakerikuori[fi], 95
laakerin sisäkehä[fi], 150
laakerin ulkokehä[fi], 128
laakeripesä[fi], 95
laatta[fi], 131
ladata[fi], 64
ladda[sv], 64
láddjenmašiidna, 95
laddningsbar[sv], 64
lade[nb], 64
ladjoakkumuláhtor, 95
láger, 95
lager[nb], 95
lager[sv], 95
lágerbeassi, 95
lagerbox[sv], 95
lágergárri, 95
lagerhus[nb], 95
lagerhus[sv], 95
lagerskål[nb], 95
lagerskål[sv], 95
lagra[sv], 181
lagre[nb], 181
láhkki, 174
laipoitus[fi], 137
laippa[fi], 64, 112
laita[fi], 56
laite[fi], 6
laiteperustus[fi], 175
lajuhis bensiidna, 96
lakta, 96
laktingovus, 96
laktit, 96

lamealla, 96
lamell[nb], 96
lamell[sv], 96
lamelli[fi], 96
lamp bulb[en], 36
langanveto[fi], 6
lannanlevittäjä[fi], 117
laðasčoavdda, 95
lapping[en], 56
larvband[sv], 17
lasihanbuoššodeapmi, 96
laskostuskone[fi], 107
laskskjøt[nb], 161
laskskøyt[nn], 161
láskut, 96
lášmeslaðas, 96
lássenbelle, 97
lássenrieggabasttat, 97
lássenriekkis, 97
lássenskearru, 97
lasta[fi], 158
lastu[fi], 178
lastuamisnopeus[fi], 34
lastuamissyvyys[fi], 34
lastuava työstö[fi], 178
lastulevy[fi], 179
lastunmurtaja[fi], 178
lastupinta[fi], 178
lateral edge[en], 45
lathe bed[en], 161
lathe carrier disc[en], 87
lathe tool[en], 171
lathe[en], 171
latnalaslakta, 73
lattahihna[fi], 49
lattakierre[fi], 122
lattapihdit[fi], 49
lattataltta[fi], 49
lattateräs[fi], 50
lattaviila[fi], 160
laturi[fi], 65
lauhde[fi], 93
lauhtuminen[fi], 94

lausegg[nb], 105
lávgadangierdu, 97
lávgadanriekkis, 97
lávgadas, 97
lávgehat, 98
lávgenruovdi, 152
lávži, 142
lavtrykk[nb], 179
lavtta, 98
lávvamuhttin, 79
lávvolat, 98
lávvolat bátnejuvla, 98
lávvolatvárven, 99
lead accumulator[en], 95
lead battery[en], 95
lead screw[en], 86
lead-free gasoline / petrol[en], 96
leading screw[en], 86
leadless[en], 96
leaf spring[en], 49
leahttu, 99
leak[en], 162, 176
leakage[en], 162, 176
leaktomihtádas, 99
leaktu, 99
ledare[sv], 85
ledarskruv[sv], 86
leddhandtak[nb], 54
leddnøkkel[nb], 95
leder[nb], 85
ledeskrue[nb], 86
ledhandtag[sv], 54
ledhylsnyckel[sv], 95
ledning[nb], 85
ledning[sv], 85
leftward welding[en], 53
legera[sv], 147
legere[nb], 147
legering[nb], 112
legering[sv], 112
lehtijousi[fi], 49
leiar[nn], 85

leidning[nn], 85
leieskrue[nn], 86
leikehat, 99
leiket, 99
leikkaaminen[fi], 33
leikkaus[fi], 155
leikkauspoltin[fi], 46
leikkuri[fi], 150
leikkuripihdit[fi], 31
leikkurit[fi], 31
leikkuu[fi], 33
leikkuunopeus[fi], 34
leikkuusyvyys[fi], 34
leikkuusärmä[fi], 8
leikonávnnas, 99
leikonruovdi, 99
lejeerata[fi], 147
leka[fi], 153
lekk[nb], 162, 176
lekkasje[nb], 162, 176
lengdeutvidingskoeffisient[nb], 75
length of stroke[en], 28
lenkki[fi], 65
lenkkiavain[fi], 120
lepping[nb], 56
letku[fi], 153
letkunkiristin[fi], 153
lettmetall[nb], 63
leuansuojukset[fi], 29
leukaistukka[fi], 126
level[en], 26, 96
lever[en], 65, 103, 144, 172
-levitin[fi], 117
leviäminen[fi], 10
levlo, 100
levlomašiidna, 100
levy[fi], 96, 131, 151
levyjarru[fi], 151
levysakset[fi], 16, 131
levyseppä[fi], 15
lid[en], 74
liekkasárvu, 100

lieriöjyrsin[fi], 171
lieriöotsajyrsin[fi], 63
lievla, 100
lievlamašiidna, 100
light metal[en], 63
lihkadeapmi, 87
lihtdoaŋggat, 63
lihtolaš, 100
lihtti, 167
lihttu, 1
liibma, 100
liibmet, 100
liigeávnnas, 101
liigebuvtta, 101
liigenoađuheapmi, 101
liigeoassi, 101
liike[fi], 87
liima[fi], 100
liimata[fi], 100
liitin[fi], 1, 98, 100
liitos[fi], 127
liittää[fi], 96
liitäntä[fi], 96
likerettar[nn], 124
likeretter[nb], 124
likestraum[nn], 38
likestrøm[nb], 38
likevekt[nb], 38
likriktare[sv], 124
likström[sv], 38
liktet, 101
lim[nb], 100
lim[sv], 100
lime[nb], 100
limiliitos[fi], 161
limit value[en], 134
limittäisliitos[fi], 161
limitys[fi], 73
limma[sv], 100
linda[sv], 68
lindning[sv], 68
lindningsvarv[sv], 68
line voltage[en], 56

lining[en], 73
linjal[nb], 101
linjal[sv], 101
linjála, 101
liquid[en], 121
lisäaine[fi], 101
liukua[fi], 87, 122
liukukytkin[fi], 122
liukulaakeri[fi], 123
liukuvastus[fi], 87
liuote[fi], 105
liuotinaine[fi], 105
live centre[en], 90
livttis, 101
ljuddämpare[sv], 13, 85
ljusbåge[sv], 35
load[en], 124
loadbearing capacity[en], 75
loahppagieđahallan, 56
loaktinnannodat, 101
loaktinnanosvuohta, 101
loaktinstálli, 126
loaktu, 73
loaŋkkisteapmi, 102
location[en], 146
locking device[en], 66
locking ring[en], 97
locking washer[en], 97
locknut[en], 180
lodde[nb], 91
loddebolt[nb], 74
loddetinn[nb], 90
lodding[nb], 90
loddrett[nb], 30
lodrät[sv], 30
lohkkadan-, 97
lohkkadanrieggabasttat, 97
lohkkadanriekkis, 97
lohko[fi], 17
lohtegurraheavval, 102
lohtegurrajurssan, 102
lohteluodda, 102
lohteluoddaheavval, 102

lohteruopma, 103
lohtesveisa, 103
lohti, 103
lokke[nb], 169
loktenstággu, 103
loktenvávdna, 103
loop[en], 65
loose jaws[en], 29
loosen[en], 33
lossa[sv], 33
lotnolasbasttat, 103
lotnolasčoavdda, 103
lotnolasviŋkil, 104
lovtton, 104
low pressure[en], 179
lubricant[en], 177
lubricate[en], 177
lubricating film[en], 177
lubricating grease[en], 177
lubricating oil[en], 177
ludnemašiidna, 104
ludni, 104
luft(av)kjølt[nb], 2
luftfilter[nb], 2
luftfilter[sv], 2
lufthammar[nn], 3
lufthammare[sv], 3
luftkyld[sv], 2
luftpistol[nb], 21
luftpistol[sv], 21
lug[en], 161
luistaa[fi], 122
luistattaa[fi], 122
luisti[fi], 112
luistiventtiili[fi], 23
luja pakotustiukkuus[fi], 40
lukitsin[fi], 66
lukituslevy[fi], 97
lukitusrengas[fi], 97
lukka krets[nb], 66
lukka krins[nn], 66
lukkoaluslevy[fi], 97
lukkopihdit[fi], 27

lukkorengas[fi], 149
lukkorengaspihdit[fi], 97
lumisokeus[fi], 166
luodda, 77
luoddanibba, 140
luoitahat, 105
luokčat, 105
luondduviđá ávnnas, 5
luondduviđá olju, 4
luonnos[fi], 74
luođđa, 104
luođđadoalan, 104
luođđaláger, 104
luovččan, 105
luovusávju, 105
lutningsmätare[sv], 30
lutningsvinkel[sv], 155
luvda, 78
luvvadanávnnas, 105
luvvadat, 105
luvvadus, 105
luvvenlohti, 106
lyddempar[nn], 13, 85
lyddemper[nb], 13, 85
lyftkran[sv], 104
lyftögla[sv], 27
lyijyakku[fi], 95
lyijytön bensiini[fi], 96
lysboge[nn], 35
lysbue[nb], 35
lysnett[nb], 36
lyspære[nb], 36
läckage[sv], 162, 176
läge[sv], 146
lämmönkestävä[fi], 9
lämpöarvo[fi], 100
lämpökäsittely[fi], 9
längdutvidgningskoefficient[sv],
    75
länkiharppi[fi], 68
länkskruv[sv], 27
läppning[sv], 56
lære[nb], 107

lättmetall[sv], 63
lävistin[fi], 136
lävistyskone[fi], 169
lävistää[fi], 169
löda[sv], 91
lödkolv[sv], 74
lödning[sv], 90
lödtenn[sv], 90
løpekatt[nb], 46
løpekran[nb], 45
løs(n)e[nb], 33
løsegg[nb], 105
lösegg[sv], 105
løsemiddel[nb], 105
lösenord[sv], 15
lösning[sv], 105
lösningsmedel[sv], 105
løyse[nn], 33
løysemiddel[nb], 105
lågtryck[sv], 179
lågtrykk[nb], 179
långspån[sv], 85
låsbleck[sv], 97
låsbricka[sv], 97
låseblekk[nn], 97
låseblikk[nb], 97
låsering[nb], 97
låseringstang[nb], 97
låseringstong[nn], 97
låseskive[nb], 97
låsetang[nb], 27
låsetong[nn], 27
låsring[sv], 97

M

maadoittaa[fi], 51
maadoitus[fi], 51
maadoitusjohdin   ukkosenjo-
        hdin[fi], 51
maajohdin[fi], 51
machine key[en], 103
machine[en], 109
machining allowance[en], 11
machining[en], 66, 109
magneetti[fi], 106
magneettikenttä[fi], 106
magneettisytytys[fi], 106
magneettivuo[fi], 57
magneettivuon tiheys[fi], 58
magnehta, 106
magnehtacahkkeheapmi, 106
magnehtagieddi, 106
magnet[en], 106
magnet[nb], 106
magnet[sv], 106
magnetfelt[nb], 106
magnetfält[sv], 106
magnetic field[en], 106
magnetisk felt[nb], 106
magnetoelectric   ignition[en],
        106
magnettenning[nb], 106
magnettändning[sv], 106
máhccanjođas, 106
máhccanrádji, 106
máhccanventiila, 107
máhccunmášiidna, 107
máhccut, 107
main cutting edge[en], 170
mains voltage[en], 56
mains[en], 36
maintenance[en], 58
major cutting edge[en], 170
mal[nb], 107
málbma, 107
málbmariggudus, 107
málgur, 22
mall[sv], 107
málle, 107
malleable cast iron[en], 1
malleable[en], 36
mallet[en], 153, 155
malli[fi], 107
malline[fi], 107, 170
malm[nb], 107
malm[sv], 107

malmi[fi], 107
malmirikaste[fi], 107
mandrel stock[en], 89
manifold[en], 163
manifold[nb], 163
manifold[sv], 163
mannolat, 108
mannu, 73
manomehtar, 42
manometer[en], 42
manometer[nb], 42
manometer[sv], 42
manometri[fi], 42
manšeahtta, 108
mansjett[nb], 108
manual[en], 64, 67
manuell[nb], 67
manuell[sv], 67
manufacturing plant[en], 54, 57
máŋggalođatovttastus, 108
maŋŋálaslakta, 108
maŋŋeáksil, 108
maŋŋegeašmohtor, 108
maŋŋejuvla, 109
margin[en], 168
marking gauge[en], 5, 120
markør[nb], 148
markör[sv], 148
mašineren, 109
mašineret, 109
maskinbearbetning[sv], 109
maskinere[nb], 109
maskinering[nb], 109
masomman, 109
masomn[nn], 109
masovn[nb], 109
massetetthet[nb], 32
massiv[nb], 43
massiv[sv], 43
masugn[sv], 109
masuuni[fi], 109
masuvdna, 109

mata[sv], 21
matalapaine[fi], 179
matarpump[sv], 20
matarspindel[sv], 20
mate[nb], 21
mateaksel[nb], 20
matehjul[nb], 25
matepumpe[nb], 20
materiaali[fi], 8
material[en], 8
material[sv], 8
materiale[nb], 8
mateskrue[nb], 20
mating[nb], 21
matning[sv], 21
matta[sv], 17
maul[en], 153
meaddilmannan, 109
meaddilventiila, 109
meanderiekkis, 109
meandestággu, 110
meandi, 110
mearka, 110
measure out[en], 114
measure[en], 113
measurement[en], 113
measuring surface[en], 113
measuring tape[en], 112
measuring tool[en], 112
measuring[en], 113
mechanic[en], 111
mechanical[en], 110
mechanician[en], 111
mechanism[en], 111
mechanization[en], 111
med-[nb], 53
medbringare[sv], 87
medbringarskiva[sv], 87
medbringer[nb], 87
medbringerskive[nb], 87
medfresing[nb], 112
medfräsning[sv], 112
medtakar[nn], 87

medtakarskive[nn], 87
mehtarlaš, 110
mehtarmihtádas, 110
meisel[nb], 105
meisle[nb], 105
meisset, 110
meistauskone[fi], 169
meisti[fi], 170
meistää[fi], 169
mejsel[sv], 105
mejsla[sv], 105
mekaaninen seos[fi], 110
mekaaninen[fi], 110
mekánalaš, 110
mekánalaš seaguhus, 110
mekanihkkalaš, 110
mekanihkkár, 111
mekanikar[nn], 111
mekaniker[nb], 111
mekaniker[sv], 111
mekaniseren, 111
mekanisering[nb], 111
mekanisering[sv], 111
mekanisk blanding[nb], 110
mekanisk blandning[sv], 110
mekanisk[nb], 110
mekanisk[sv], 110
mekanism[sv], 111
mekanisma, 111
mekanisme[nb], 111
mekanismi[fi], 111
mellanaxel[sv], 61
mellanlägg[sv], 62
mellanpassning[sv], 61
mellantapp[sv], 61
mellomaksel[nb], 61
mellomlegg[nb], 62
mellompasning[nb], 61
mellomtapp[nb], 61
melt[en], 157, 162
melting point[en], 156
melting temperature[en], 156
melu[fi], 153

membran[nb], 36
membran[sv], 36
membrána, 36
membrane[en], 36
memory[en], 118
mend[en], 44
menu[en], 54
meny[nb], 54
meny[sv], 54
merkendurra, 111
merkenluovččan, 111
merkki[fi], 110
mesh[en], 141
messet, 110
messing[nb], 110
messinki[fi], 110
metal[en], 111
metal[sv], 111
metall[nb], 111
metálla, 111
metállaseaguhus, 112
metállašealgu, 112
metallglans[nb], 112
metallglans[sv], 112
metalli[fi], 111
metallic glint[en], 112
metallic lustre[en], 112
metallinkiilto[fi], 112
metalliseos[fi], 112
meterstokk[nb], 110
metric[en], 110
metrinen[fi], 110
metrisk[nb], 110
metrisk[sv], 110
mette[nb], 59
micro switch[en], 114
micrometer[en], 114
microprocessor[en], 114
midttapp[nb], 61
miehkki, 112
miehttejursan, 112
mielggas, 112
mierkavuoidi, 112

mihtádas, 112
mihtidanbáddi, 112
mihtidandiibmu, 113
mihtidanfárppal, 113
mihtidanneavvu, 112
mihtidannjunni, 113
mihtidanoalul, 113
mihtidanolggoš, 113
mihtideapmi, 113
mihttár, 112
mihttobidjan, 113
mihttodallat, 114
mihttoovttadat, 114
mikrobotkkán, 114
mikrobrytar[nn], 114
mikrobryter[nb], 114
mikrodoaimmár, 114
mikrokytkin[fi], 114
mikrometer[nb], 114
mikrometer[sv], 114
mikrometri[fi], 114
mikromihtádas, 114
mikroprocessor[sv], 114
mikroprosessor[nb], 114
mikroprosessori[fi], 114
mikroströmbrytare[sv], 114
mikrosuoritin[fi], 114
mill[en], 91
milling cutter[en], 91
milling machine[en], 91
minne[nb], 118
minne[sv], 118
minor cutting edge[en], 126
mitoittaa[fi], 113, 114
mitre rule[en], 80
mittaaminen[fi], 113
mittain[fi], 112
mittakaava[fi], 150
mittakello[fi], 113
mittakärki[fi], 113
mittanauha[fi], 112
mittapala[fi], 37
mittarumpu[fi], 113

mittaus[fi], 113
mittauspinta[fi], 113
mittaustyökalu[fi], 112
mittayksikkö[fi], 114
mixer tap[en], 147
mixing battery[en], 147
mixing chamber[en], 147
mixing cock[en], 147
mixing[en], 110
mixture[en], 110
mjuklodding[nb], 38
model[en], 107
modell[nb], 107
modell[sv], 107
modular measure[en], 176
mohtor, 114
mohtorgiddehat, 114
mohtorgielka, 115
mohtorgorut, 115
mohtorliekkan, 115
mohtorsahá, 115
mohtorsihkkal, 115
mohtorsuodjebotkkon, 115
molecule[en], 115
molekyl[nb], 115
molekyl[sv], 115
molekyla, 115
molekyyli[fi], 115
molsa, 116
molssačoavdda, 116
molssarávdnji, 116
molssohahtti galján, 116
molsson, 116
molssonkássa, 116
molsut, 116
molten mass[en], 157
molten pool[en], 164
momeanta, 116
momeantačoavdda, 117
moment[en], 116
moment[nb], 116
moment[sv], 116
momentnyckel[sv], 117

momentnøkkel[nb], 117
momentti[fi], 116
momenttiavain[fi], 117
moniotepihdit[fi], 26
monitor[en], 148
-monn[nb], 11
montera[sv], 33
montere[nb], 33
monteret, 33
moottori[fi], 114
moottorikelkka[fi], 115
moottorilämmitin[fi], 115
moottorin kiinnitin[fi], 114
moottorin suojakytkin[fi], 115
moottoripolkupyörä[fi], 117
moottoripyörä[fi], 115
moottorisaha[fi], 115
moped[en], 117
moped[nb], 117
moped[sv], 117
mopeda, 117
mopo[fi], 117
motfresing[nb], 180
motfräsning[sv], 180
motion[en], 87
motive force[en], 86
motive power[en], 86
motor cycle[en], 115
motor protecting switch[en], 115
motor)[nb], 179
motor[en], 114
motor[nb], 114
motor[sv], 114
motorbike[en], 115
motorblokk[nb], 115
motor-car[en], 17
motorcykel[sv], 115
motorfeste[nb], 114
motorfäste[sv], 114
motorsag[nb], 115
motorskydd[sv], 115
motorsykkel[nb], 115

motorsåg[sv], 115
motorvarmar[nn], 115
motorvarmer[nb], 115
motorvernbrytar[nn], 115
motorvernbryter[nb], 115
motorvärmare[sv], 115
motstand[nb], 180
motstandsevne[nb], 180
motstånd[sv], 180
motståndskraft[sv], 180
motsveising[nb], 180
motsvetsning[sv], 53, 180
motvekt[nb], 180
motvikt[sv], 180
moukari[fi], 153
mould[en], 58, 99
mount[en], 33
mountings[en], 151
mouse[en], 146
mouth piece[en], 121
movement[en], 87
mower[en], 95
mowing machine[en], 95
muddenbelle, 117
muddosirdu, 117
muddu, 117
muff[sv], 117
muffa, 117
muffe[nb], 117
muffler[en], 13, 85
muhkebiđggon, 117
muhtán, 118
muhtter, 118
muhvi[fi], 117
muisti[fi], 118
muitu, 118
multipower end cutting nippers[en], 54
munnstykke[nb], 121
munstycke[sv], 31, 121
muodonmuutos[fi], 79
muorraskruvva, 118
muotava[fi], 41

231

muotti[fi], 58
muovaava työstö[fi], 132
muovailtava[fi], 132
muovaus[fi], 132
muovautuva[fi], 132
muovi[fi], 132
muovivasara[fi], 132
muovveveažir, 132
muovvi, 132
murdinmolsson, 118
murtolastu[fi], 46
murtopinta[fi], 46
mus[nb], 146
mus[sv], 146
mutter[nb], 118
mutter[sv], 118
mutteri[fi], 118
muttertrekker[nb], 3
muunnin[fi], 171
muuntaja[fi], 118, 168
myötähitsaus[fi], 53
myötäjyrsintä[fi], 112
männän isku[fi], 37
männänrengas[fi], 109
männänvarsi[fi], 110
mäntä[fi], 110
mässing[sv], 110
mätklocka[sv], 113
mätning[sv], 113
mätspets[sv], 113
mätstock[sv], 110
mätta[sv], 59
mättrumma[sv], 113
mätverktyg[sv], 112
mätyta[sv], 113
mönkijä[fi], 123
-målar[nn], 89
måleband[nb], 112
måleining[nn], 114
målekjeft[nb], 113
målenhet[nb], 114
målespiss[nb], 113
måletrommel[nb], 113

måleur[nb], 113
måleverktøy[nb], 112
måling[nb], 113
målsetje[nn], 113
målsette[nb], 113
måttenhet[sv], 114
måttsätta[sv], 113

N
nábár, 22
nagle[nb], 120
náhpi, 119
náhpul, 23
nail puller[en], 63, 158
nail[en], 158
nákca, 92
nakutuksenkestävyys[fi], 41
nálloláger, 119
nammaoassi, 119
nannen, 119
nannenstálli, 119
nannodat, 119
nanosmahtti, 119
nanosmahttinstálli, 119
nanosmahttit, 69
nađđa, 119
nađđadit, 118
napa[fi], 92, 119
nárbma, 120
náskál, 120
naskali[fi], 120
nástečoavdda, 120
nástegolbmačiegatgoallus,
        120
násterabasčoavdda, 103
násteskruvvaruovdi, 120
naudstopp[nn], 79
naula[fi], 158
naulanvedin[fi], 158
nav[nb], 92
nav[sv], 92
nave[en], 92
návli, 120

neavvobumbá, 121
neavvogiddehat, 121
neavvojohtolat, 121
neavvorávdi, 121
nebbtang[nb], 49
nebbtong[nn], 49
needle bearing[en], 119
negative pressure[en], 179
nelitahtimoottori[fi], 123
neliökantaruuvi[fi], 122
neseradius[nb], 124
neste[fi], 121
neste-[fi], 81
nettspenning[nb], 56
neulalaakeri[fi], 119
nihppel, 121
niibestálli, 121
niibi, 121
niitata[fi], 50
niitti[fi], 120
niittokone[fi], 95
niittosilppuri[fi], 58
nikkarinsaha[fi], 56
nippa[fi], 121
nippel[nb], 121
nippel[sv], 121
nippeli[fi], 121
nippers[en], 63
nipple[en], 121
nit[sv], 120
nita[sv], 50
nittång[sv], 133
nivel[fi], 92
nivelavain[fi], 95
nivelmitta[fi], 110
nivelväännin[fi], 54
njalbi, 121
njálbmebihttá, 121
njalpagoallus, 122
njalpalavtta, 122
njalpit, 122
njaman, 122
njamman, 122

njárbbadas, 122
njealjeborat skruvva, 122
njealječiegat skruvva, 122
njealječiegatjeaŋga, 122
njealjedávttatmohtor, 123
njealjejuvllat (sihkkal), 123
njielahat, 105
njoalveláger, 123
njulgen, 123
njulgenneavvu, 123
njulggonas, 123
njunneáksil, 123
njunnebasttat, 49
njunneradius, 124
njuolggan, 124
njuolggogidden, 124
njuolggolaktin, 124
njuolggolinjála, 124
no load voltage[en], 76
noađuheapmi, 124
noađuhit, 124
noavki, 125
noble gas[en], 83
nodular cast iron[en], 88
noeta[fi], 66
noggrannhet[sv], 37
noise[en], 153
noki[fi], 67
nokka-akseli[fi], 123
nollakohta[fi], 125
nollapiste[fi], 125
nolläge[sv], 125
no-load[en], 76
non-acceptance limit[en], 61
nonie, 125
nonie[nb], 125
nonie[sv], 125
nonieskala[sv], 125
nonius[nb], 125
noniusa, 125
non-return valve[en], 107
noonio[fi], 125
nopeus[fi], 99

nopeusmittari[fi], 99
normaaliasento[fi], 125
normal position[en], 125
normálasajádat, 125
normalisera[sv], 125
normalisere[nb], 125
normaliseret, 125
normalisoida[fi], 125
normalize[en], 125
normalläge[sv], 125
normalstilling[nb], 125
nosradie[sv], 124
nostosilmukka[fi], 27
nostovaunu[fi], 46, 103
nosturi[fi], 48, 104, 175
notch[en], 155
notkkaldat, 125
nozzle[en], 31, 121
nuija[fi], 155
nullačuokkis, 125
nullpunkt[nb], 125
number of teeth[en], 13
numeerinen[fi], 43
nuorrahuvvat, 125
nuorrašuvvat, 125
nuorrutettu teräs[fi], 39
nuorrutus[fi], 39
nuoskkideapmi, 126
nuppáldas, 126
nut[en], 118
nyckelgap[sv], 32
nyckelvidd[sv], 32
näppäimistö[fi], 18
nätspänning[sv], 56
näyttö[fi], 148
nødstopp[nb], 79
nödstopp[sv], 79
nøkkelvidd[nn], 32
nøkkelvidde[nb], 32
nötning[sv], 73
nötningsmotstånd[sv], 101
nøyaktighet[nb], 37
nøytralstilling[nb], 125

nålelager[nb], 119
nållager[sv], 119

O

oaiveávju, 170
oalásruovdi, 126
oalgeávju, 126
oalul, 126
oalulgiddehat, 126
oasselávgu, 127
oasselistu, 127
obalans[sv], 38
octane number[en], 127
ohcu, 127
ohennin[fi], 122
ohitusventtiili[fi], 109
ohivirtaus[fi], 109
ohjain[fi], 161, 170
ohjaus[fi], 161
ohjausosa[fi], 161
ohjauspyörä[fi], 135
ohjausrauta[fi], 126
ohjaustekniikka[fi], 161
ohjausteline[fi], 130
ohjelma[fi], 133
ohjelmoida[fi], 133
oikaisu[fi], 123
oikaisulaite[fi], 123
oikaisutyökalut[fi], 123
oikosulku[fi], 124
oikotaso[fi], 49
oil bath[en], 128
oil can[en], 128
oil groove[en], 176
oil mist lubricator[en], 112
oil[en], 129
oktaaniluku[fi], 127
oktánalohku, 127
oktantal[nn], 127
oktantal[sv], 127
oktantall[nb], 127
oktavuođagoavki, 127
oktiibidjan, 127

oktiigidden, 127
olake[fi], 161
olasrauta[fi], 126
olboge[nn], 60
olggoš, 127
olggošgieđahallan, 128
olggošmálle, 128
olggosoassi, 128
olggošroamši, 128
olggošromšodat, 128
olgoriekkis, 128
olja[sv], 129
olje[nb], 129
oljebad[nb], 128
oljebad[sv], 128
oljedimbildare[sv], 112
oljekanna[sv], 128
oljekanne[nb], 128
oljesump[nb], 128
oljogádnu, 128
oljolávgu, 128
olju, 129
omdreiing[nb], 88
omdreiingsmåler[nb], 89
omdreiingstall[nb], 89
omformar[nn], 118
-omformar[nn], 166
omformare[sv], 118
omformer[nb], 118
ominais-[fi], 81
omløp[nb], 109
omløpsventil[nb], 109
open circuit voltage[en], 76
open ringnøkkel[nn], 134
open-end spanner[en], 133
open-end wrench[en], 133
operating instructions[en], 64
operation[en], 44, 161
-opning[nn], 127
oppalašjursanmašiidna, 129
oppladbar[nb], 64
oppløsning[nb], 105
oppløysing[nb], 105

oppretting[nb], 123
opprettingsverktøy[nb], 123
opprike[nn], 140
oppriking[nn], 140
opprømme[nb], 59
oppspenningsdor[nb], 66
oppvarme[nb], 9
ore concentrate[en], 107
ore[en], 107
O-rengas[fi], 129
orepinne[nb], 149
O-riekkis, 129
O-ring seal[en], 129
O-ring[nb], 129
O-ring[sv], 129
osaluettelo[fi], 127
oscillate[en], 41
oscilloscope[en], 129
oscilloskohppa, 129
oscilloskop[nb], 129
oscilloskop[sv], 129
osienpesulaite[fi], 127
oskarp[sv], 12
oskilloskooppi[fi], 129
osoitin[fi], 174
otsajyrsin[fi], 47
outboard engine[en], 108
outer race[en], 128
outer ring[en], 128
outlet tube[en], 50
outlet[en], 105, 122
output unit[en], 128
outside calipers[en], 68
ovdaáksil, 129
ovdagealdda, 129
ovdajuvlageassin, 129
ovdastelle, 130
overbelastning[nb], 101
overflate[nb], 127
overflatebehandling[nb], 128
overflatenormal[nb], 128
overflateruhet[nb], 128
overflateruleik[nn], 128

overføring[nb], 150
overhead travelling crane[en], 45
over-lapping[en], 73
overlappskjøt[nb], 73
overlappskøyt[nn], 73
overload[en], 101
overpressure[en], 8
overtrykk[nb], 8
ovttadoaimmat sylinddar, 130
oxide scale[en], 2

P
p. control valve[en], 42
paalain[fi], 163
packing[en], 97, 158
packning[sv], 158
paikka[fi], 146
painaa[fi], 41
paineenalennusventtiili[fi], 42, 64
paineensäädin[fi], 42
paineilma[fi], 41
paineilma-[fi], 132
paineilmapistooli[fi], 21
paineilmasuutin[fi], 21
paineilmavasara[fi], 3
painemittari[fi], 42
painepesuri[fi], 5
painike[fi], 40
pair of compasses[en], 68
paisuntakuoripultti[fi], 10
paja[fi], 9
pajahitsaus[fi], 8
pajapihdit[fi], 8
pajavasara[fi], 9
pakning[nb], 158
pakningsskjerar[nn], 158
pakningsskjærer[nb], 158
pakokaasu[fi], 14
pakokaasumittari[fi], 14
pakoputki[fi], 13
pakoputkisto[fi], 14
pakosarja[fi], 163
pakotustiukkuus[fi], 29
palava[fi], 24
palhjul[nb], 25
palje[fi], 180
palkki[fi], 16
pall[nb], 130
pall[sv], 130
palla, 130
palle[nb], 130
pallografiittirauta[fi], 88
pallomainen laakeri[fi], 148
pallomainen[fi], 148
paloarvo[fi], 100
paloletku[fi], 83
palstasovite[fi], 161
paluujohto[fi], 106
panel[nb], 151
paralleallabihttá, 130
paralleallagoallus, 130
parallel connection[en], 130
parallel interface[en], 24
parallell gränssnitt[sv], 24
parallellbit[sv], 130
parallellkloss[nb], 130
parallellkopling[nb], 130
parallellkoppling[sv], 130
parallelt grensesnitt[nb], 24
paristo[fi], 10
particle[en], 130
partihkal, 130
partikel[sv], 130
partikkel[nb], 130
parts list[en], 127
pasning[nb], 80
passar[nn], 67
passare[sv], 67
passbit[nb], 37
passbit[sv], 37
passer[nb], 67
passning[sv], 80
passord[nb], 15
password[en], 15

peannaveažir, 131
pedal[en], 50
pedal[nb], 50
pedal[sv], 50
peg[en], 23
pelarborrmaskin[sv], 35
pelti[fi], 16
peltisakset[fi], 16
peltiseppä[fi], 15
pendel[nb], 41
pendel[sv], 41
pendla[sv], 41
pendle[nb], 41
pendulum[en], 41
penhammare[sv], 131
pennhammar[nn], 131
pennhammer[nb], 131
percolate[en], 48
percussion drilling machine[en], 28
perforated plate[en], 136
perforerad platta[sv], 136
perforert plate[nb], 136
period[en], 17
period[sv], 17
periode[nb], 17
periodical[en], 138
periodisk[nb], 138
periodisk[sv], 138
permanent[en], 17
permanent[nb], 17
permanent[sv], 17
perpendicular[en], 30
perusmitta[fi], 176
perustus[fi], 175
peruutusvaihde[fi], 118
perämoottori[fi], 108
petrol engine[en], 16
petrol[en], 16
phase shift[en], 117
phase wear[en], 137
phase[en], 117
pidin[fi], 45

pidätinruuvi[fi], 66
pienahitsi[fi], 103
pieni vetopyörä[fi], 131
pig iron[en], 4
pihdit[fi], 12
piirrottaa[fi], 146
piirrotus[fi], 145
piirrotuskelkka[fi], 5
piirtokärki[fi], 146
piirtopuikko[fi], 146
piirturi[fi], 147
piirustus[fi], 147
piirustuslauta[fi], 147
pikateräs[fi], 157
pillar drilling machine[en], 35
pilot tap[en], 5
pin hammer[en], 131
pin[en], 23, 145, 163
pincers[en], 63
pincett[sv], 131
pinion[en], 131
pinjong[nb], 131
pinjong[sv], 131
pinjoŋga, 131
pinnankarheus[fi], 128
pinnankarheusmalli[fi], 128
pinne[nb], 145
pinne[sv], 145
pinnefres[nb], 145
pinnfräs[sv], 145
pinnoite[fi], 73
pinol[nb], 131
pinol[sv], 131
pinolbohcci, 131
pinoldocka[sv], 63
pinoldokke[nb], 63
pinolnjunni, 76
pinolrør[nb], 131
pinolspiss[nb], 76
pinseahtat, 131
pinsetit[fi], 131
pinsett[nb], 131
pinta[fi], 127

pintakarkaisu[fi], 96
pintakäsittely[fi], 128
pinzers[en], 131
pipe cutter[en], 19
pipe thread[en], 19
pipe tongs[en], 18
pipe wrench[en], 18
pipe[en], 19
pipe[nb], 72
pipenøkkel[nb], 72
pistehitsaus[fi], 35
pistehitsauskone[fi], 35
pistepuikko[fi], 111
pistin[fi], 34
pistomitta[fi], 167
piston ring[en], 109
piston rod[en], 110
piston stroke[en], 37
piston travel[en], 28
piston[en], 110
pistorasia[fi], 52
pistosaha[fi], 25
pistoterä[fi], 34
pistotulppa[fi], 52
pistää[fi], 34
pitch circle of bolt holes[en], 136
pitch circle[en], 88
pitch of thread[en], 84
pitch rack[en], 13
pitting wear[en], 72
pituuslaajenemiskerroin[fi], 75
pivot[en], 34
pláhtta, 131
pláhttaskárrit, 131
pláhttaskierat, 131
pláhttaviŋkil, 131
plain bearing[en], 123
plain milling cutter[en], 171
plain milling machine[en], 173
plan[nb], 50
plan[sv], 50

plana[sv], 47
planbord[nb], 49
plandreie[nb], 50
plane[en], 47, 79
plane[nb], 47
planer[en], 80
planfres[nb], 47
planfräs[sv], 47
planfräsmaskin[sv], 173
planing bench[en], 80
planing machine[en], 80
planing tool[en], 123
planskiva[sv], 50
planskive[nb], 50
planslipemaskin[nb], 47
planslipmaskin[sv], 47
plansvarva[sv], 50
plant[en], 135
plasma cutter[en], 132
plasmačuohpan, 132
plasmaleikkain[fi], 132
plasmaleikkauslaite[fi], 132
plasmaskjerar[nn], 132
plasmaskjærer[nb], 132
plasmaskärare[sv], 132
plast[nb], 132
plast[sv], 132
plásta, 132
plástalaš, 132
plástalaš gieđahallan, 132
plástaveažir, 132
plasthammar[nn], 132
plasthammare[sv], 132
plasthammer[nb], 132
plastic mallet[en], 132
plastic[en], 132
plastics[en], 132
plastisk bearbeiding[nb], 132
plastisk bearbetning[sv], 132
plastisk[nb], 132
plastisk[sv], 132
plate shears[en], 131
plate spring[en], 49

plate[en], 96, 131, 151
plate[nb], 131
platelager[nb], 61
platesaks[nb], 131
platevinkel[nb], 131
platinastift[nb], 46
platta[sv], 131
plattstål[sv], 50
pliers[en], 12
plog[nb], 173
plog[sv], 173
plottar[nn], 147
plotter[en], 147
plotter[nb], 147
plough[en], 173
plug tap[en], 22, 61
plug[en], 23, 52
pluga, 173
plugg[nb], 23, 52
plugg[sv], 23
pluggačoavdda, 132
plugghette[nb], 69
pluggledning[nb], 70
pluggleidning[nn], 70
pluggnøkkel[nb], 132
plugwire[en], 70
plumber[en], 18
plunger[en], 19
plåt[sv], 16, 131
plåtsax[sv], 16, 131
plåtslagare[sv], 15
pneumaattinen[fi], 132
pneumáhtalaš, 132
pneumatic hammer[en], 3
pneumatic[en], 132
pneumatisk[nb], 132
pneumatisk[sv], 132
poikittaisluisti[fi], 46
poikittaispalkki[fi], 45
poikkema[fi], 59
poikkileikkaus[fi], 155
poikkiparru[fi], 45
poikkisärmä[fi], 45

poikkitaiskelkka[fi], 46
poistaa jäysteet[fi], 18
poistoimuri[fi], 122
pol[nb], 119
pol[sv], 119
pole[en], 119
polera[sv], 148
polere[nb], 148
polish[en], 101, 148
poljin[fi], 50
pollution[en], 126
polttaminen[fi], 18
polttoaine[fi], 17
polttomoottori[fi], 18
pop rivet[en], 133
popnagle[nb], 133
popnagletangb   blindnagle-
      tang[nb], 133
popnávledoaŋggat, 133
popnávli, 133
pop-niitti[fi], 133
pop-niittipihdit[fi], 133
popnit[sv], 133
por[sv], 151
pora[fi], 22
porakone[fi], 22
porata[fi], 22
porbildning[sv], 146
pore forming[en], 146
pore[en], 151
pore[nb], 151
poredanning[nb], 146
porous[en], 149
portaaton[fi], 30
porøs[nb], 149
porös[sv], 149
posisjon[nn], 146
positive pressure[en], 8
potensiell energi[nb], 172
potentiaalienergia[fi], 172
potential energy[en], 172
potentiell energi[sv], 172
potkuri[fi], 133

239

powder[en], 23
power drive[en], 55
power grid[en], 36
power network[en], 36
power saw[en], 115
power source[en], 137
power stroke[en], 11
power transmission[en], 55
precision[en], 37
precision[sv], 37
prepare[en], 67
presisjon[nb], 37
press[en], 41, 42
press[sv], 42
pressa[sv], 41
presse[nb], 41, 42
pressmonn[nb], 40
pressmån[sv], 40
presspasning[nb], 40
presspassning[sv], 40
pressure gauge[en], 42
pressure governor[en], 42
pressure reducing valve[en], 42
pressure regulator[en], 42
pre-stressing[en], 129
pre-tensioning[en], 129
primára, 176
primary circuit[en], 175
primary[en], 176
primær[nb], 176
primär[sv], 176
primærkrets[nb], 175
primärkrets[sv], 175
primærkrins[nn], 175
printer[en], 27
prisma[sv], 161
probe[en], 46
process[en], 67, 108
process[sv], 108
processor[en], 45
processor[sv], 45
program[en], 133

program[nb], 133
program[sv], 133
programera[sv], 133
prográmma, 133
programme[en], 133
programmere[nb], 133
prográmmeret, 133
pronssi[fi], 22
propealla, 133
propell[nb], 133
propeller[en], 133
propeller[sv], 133
proportion of ingredients[en], 147
proseassa, 108
prosess[nb], 108
prosessi[fi], 108
prosessor[nb], 45
prosessori[fi], 45
protective equipment[en], 162
protective helmet[en], 162
protective spectacles[en], 162
prov[sv], 83
prøve[nb], 83
puhallin[fi], 21
puhdistaa[fi], 101
puller[en], 64
pulley block[en], 17
pulley[en], 89, 143
puls[nb], 138
puls[sv], 138
pulsating[en], 138
pulse[en], 138
pulserande[nn], 138
pulserende[nb], 138
pulssi[fi], 138
pultti[fi], 18
pulttisakset[fi], 54
pulver[nb], 23
pulver[sv], 23
pulveri[fi], 23
pump[en], 23
pump[sv], 23

240

pumpa[sv], 23
pumpata[fi], 23
pumpe[nb], 23
pumppu[fi], 23
punch[en], 51, 111, 136, 169
punching machine[en], 169
punching tool[en], 170
punktsveiseapparat[nb], 35
punktsveising[nb], 35
punktsvetsning[sv], 35
punktsvetsningsmaskin[sv],
35
puolijohde[fi], 15
puolipyöreä viila[fi], 15
puolivalmiste[fi], 14
puristaa kokoon[fi], 28
puristaa[fi], 41
puristin[fi], 42
puristus[fi], 93
puristusholkki[fi], 28
puristuskone[fi], 42
puristuspainemittari[fi], 93
puristusrauta[fi], 28
puristustiukkuus[fi], 40
purkaa[fi], 24
purse[fi], 18
push button[en], 40
puskuri[fi], 51
pusse[nb], 101
putken mutka[fi], 60
putkenkatkaisin[fi], 19
putki[fi], 19
putkiasentaja[fi], 18
putkikierre[fi], 19
putkileikkuri[fi], 19
putkipihdit[fi], 18
putkisokka[fi], 19
putsa[sv], 101
putty[en], 157
puukko[fi], 23
puuruuvi[fi], 118
puuseppä[fi], 81, 156
pykälä[fi], 140

pylväsporakone[fi], 35
pystysuora[fi], 30
pysyvyys[fi], 159
pysyvä[fi], 159
pyälletty tappi[fi], 140
pyällyskehrä[fi], 140
pyällystyökalu[fi], 140
pyältää[fi], 140
pyörimisnopeus[fi], 89
pyörimisnopeusmittari[fi], 89
pyörivä keskiökärki[fi], 90
pyöriä[fi], 89
pyörteisyys[fi], 90
pyörä[fi], 92
pyöröhiomakone[fi], 88
pyörökärkipihdit[fi], 88
pyörösaha[fi], 68
pyöröviila[fi], 88
päittäislaakeri[fi], 3
pää-[fi], 176
pääleikkuusärmä[fi], 170
päällehitsaus[fi], 4
pääpiiri[fi], 175
päästäminen[fi], 42
päästää[fi], 42
päästö[fi], 42
päästökarkaistu teräs[fi], 39
päästökarkaisu[fi], 39
päästökulma[fi], 61, 63
päästöpinta[fi], 62
pölynimuri[fi], 125
påhengsmotor[nb], 108
påleggssveising[nb], 4
påsvetsning[sv], 4

Q
quenching[en], 141

R
raaka-aine[fi], 5
raakaöljy[fi], 4
rabas čoavdda, 133
rabas gierdočoavdda, 134

rabas nástečoavdda, 134
rabbet[en], 20
race[en], 136
rack[en], 13, 81
radiaalinen[fi], 134
radiáhtor, 134
radial bearing[en], 134
radial drilling machine[en], 134
radial[en], 134
radial[nb], 134
radial[sv], 134
radiála, 134
radialboremaskin[nb], 134
radialborrmaskin[sv], 134
radialbovrenmašiidna, 134
radialláger, 134
radiallager[nb], 134
radiallager[sv], 134
radiator[en], 134
radiator[nb], 134
radiell[nb], 134
radiell[sv], 134
rádjemihttu, 134
rádna, 22
rádnet, 22
raekoko[fi], 74
rággu, 56
ráhkadus, 135
ráhkadusmašiidna, 135
ráhkadusstálli, 135
ráhkku, 151
ráhtta, 135
ráhtte, 138
ráidogoallus, 135
ráiganbasttat, 136
ráiganbiipu, 136
ráigegierdu, 136
ráigeguoskkahat, 52
ráiggaspláhtta, 136
railo[fi], 146
railon valmistus[fi], 77
rajamitta[fi], 134

rake[en], 155
-rakeinen[fi], 56
rakenne[fi], 135
rakenneteräs[fi], 135
rakennus[fi], 81, 135
rakomitta[fi], 72
rakotulkki[fi], 72
ránesbákti, 136
-ražaheapmi, 101
rasp[en], 136
rasp[nb], 136
rasp[sv], 136
ráspa, 136
raspi[fi], 136
rassehit, 136
rasvata[fi], 177
ratchet handle[en], 156
ratchet wheel[en], 25
ratchet wrench[en], 156
rate[en], 99
ratio of mixture[en], 147
ratt[nb], 135
ratt[sv], 135
ráttis, 92
raudoitus[fi], 151
rauta[fi], 144
rautakanki[fi], 144
rautamalmi[fi], 144
rautasaha[fi], 39
ravdadeapmi, 137
ravdadit, 137
ravdaloaktu, 137
ravdet, 137
rávdi, 137
rávdnje-aggregáhta, 137
rávdnjebiire, 137
rávdnjegáldu, 137
rávdnjehálti, 138
rávdnjejuogan, 91
rávdnji, 138
ravkečuovga, 138
ravki, 138
-ravkkas, 138

242

raw material[en], 5
reaidu, 12
reakta, 138
ream[en], 59
reamer[en], 59
reaming bit[en], 59
reaper[en], 95
rear axle[en], 108
rear wheel[en], 109
rebate[en], 20
rechargeable[en], 64
recoil[en], 59
record[en], 181
rectifier[en], 124
reduction valve[en], 64
reduksjonsventil[nb], 64
reel[en], 68, 175
register belt[en], 139
register chain[en], 139
register[en], 138
register[nb], 138
register[sv], 138
registerkedja[sv], 139
registerkjede[nb], 139
registerreim[nb], 139
registerrem[sv], 139
registtar, 138
registtarruopma, 139
registtarviđji, 139
reglerenteknihkka, 139
reglering[sv], 139
reglerteknik[sv], 139
regneenhet[nb], 45
reguláhtor, 139
regulation[en], 139
regulator[en], 139
regulator[nb], 139
regulator[sv], 139
reguleren, 139
regulering[nb], 139
reguleringsteknikk[nb], 139
reie[nb], 124
rei'itetty levy[fi], 136

reikälevy[fi], 136
reikämeisti[fi], 136
reikäpihdit[fi], 136
reim[nb], 142
reimdrift[nb], 142
reimskive[nb], 143
reinforce[en], 69
reinforcement steel[en], 119
reinforcement[en], 69
reinforcing[en], 119
rekisteri[fi], 138
rekneeining[nn], 45
relay[en], 139
rele, 139
rele[fi], 139
rele[nb], 139
relief angle[en], 61
relä[sv], 139
rem[sv], 142
remdrift[sv], 142
remote control[en], 58
remove burrs[en], 18
remskiva[sv], 143
rengas[fi], 41
rengasavain[fi], 120
repair[en], 44
reparasjon[nb], 44
reparation[sv], 44
reparatør[nb], 111
reparera[sv], 44
reparere[nb], 44
reservdel[sv], 101
reservedel[nb], 101
reservoir[en], 167
resistance power[en], 180
resistance[en], 180
resistans[nb], 180
resistánsa, 180
restore[en], 44
retning[nb], 78
retningslys[nb], 138
retningsventil[nb], 78
rettholt[nb], 124

returledning[nb], 106
returledning[sv], 106
returleidning[nn], 106
return line[en], 106
reusable pallet[en], 130
revers[nb], 118
reverse[en], 118
revolution counter[en], 89
revolution[en], 88
revolving punch pliers[en],
      136
revre, 19
rib[en], 54, 56
ribba[sv], 54
ribbe[nb], 54
rifle[en], 140
rifle[nb], 140
riflepinne[nb], 140
riggudeapmi, 140
riggudit, 140
riggudus, 107
rightward welding[en], 180
rigid ball bearing[en], 78
rigidity[en], 160
rihkkosággi, 140
rihkku, 140
rihkkuhit, 140
rihkon, 140
rihlaus[fi], 108
rihloittaa[fi], 140
rikastaa[fi], 140
rikastaminen[fi], 140
rikaste[fi], 107
rikastin[fi], 25
rikastus[fi], 140
rikki[fi], 141
riktning[sv], 78, 123
riktningsventil[sv], 78
riktplatta[sv], 49
riktverktyg[sv], 123
rilla[sv], 140
rille[nb], 140
rim[en], 55

rima[fi], 54
ringnyckel[sv], 120
ringnøkkel[nb], 120
rinnakkaiskytkentä[fi], 130
rinnakkaisliitäntä[fi], 24
rinnankytkentä[fi], 130
rinsing nozzle[en], 31
rintakulma[fi], 178
rintapinta[fi], 178
ripa[fi], 54
ripe[nb], 140, 146
ripple[en], 140
riss[nb], 74, 145
rišša, 141
risse[nb], 146
rissefot[nb], 5
rissenål[nb], 146
rissmål[nb], 120
ristikkoavain[fi], 143
ristikärkitaltta[fi], 120
ristitaltta[fi], 143
ritbräde[sv], 147
ritning[sv], 147
rits[sv], 145
ritsa[sv], 146
ritskubb[sv], 5
ritsmått[sv], 120
ritsnål[sv], 146
rivet tool[en], 133
rivet[en], 50, 120
roahkkečoavdda, 141
roahkkohus, 141
roahtačoaskudeapmi, 141
roaisteruovdi, 153
roamši, 142
roaŋkeskruvvaruovdi, 30
roavvafiilu, 141
roavvagieđahallan, 141
roavvagortnat, 141
roavvastálli, 142
rod[en], 155
rohtor, 142
roll[en], 104

roller bearing[en], 142
roller[en], 104, 142
rolling bearing[en], 90
rolling machine[en], 104
rolling mill[en], 171
romšodat, 142
romurauta[fi], 153
roottori[fi], 142
roskalaatikko[fi], 45
roskasäiliö[fi], 45
rost[sv], 143
rosta[sv], 143
rostfritt stål[sv], 143
rostlösare[sv], 143
rotate[en], 89
rotational speed[en], 89
rotera[sv], 89
roterande dubb[sv], 90
roterande senterspiss[nn], 90
rotere[nb], 89
roterende senterspiss[nb], 90
rotor[en], 142
rotor[nb], 142
rotor[sv], 142
rotterumpe[nb], 25
rough edge[en], 18
rough-finish[en], 141
roughing tool[en], 142
roughing[en], 141
roughness[en], 142
rouhinta[fi], 141
rouhintaterä[fi], 142
rouhintaviila[fi], 141
round end pliers[en], 88
round file[en], 88
rovvi, 142
rowel[en], 89
rpm[en], 89
rubber[en], 75
rubbing[en], 144
ruhet[nb], 142
ruiskutus[fi], 32
ruiskutusventtiili[fi], 32

rule[en], 124
ruleik[nn], 142
ruler[en], 101
rull[nb], 142
rulla, 142
rulla[fi], 142
rullager[sv], 142
rullalaakeri[fi], 142
rullaláger, 142
rulle[sv], 142
rullelager[nb], 142
rullingslager[nb], 90
rullning[sv], 68
rullningscirkel[sv], 88
rullningslager[sv], 90
rumpu[fi], 55
rumpujarru[fi], 55
rundbalspress[sv], 163
rundfil[nb], 88
rundfil[sv], 88
rundskärare[sv], 158
rundslipemaskin[nb], 88
rundslipmaskin[sv], 88
rundtang[nb], 88
rundtong[nn], 88
rundtång[sv], 88
runko[fi], 81, 161
running[en], 44
run-out[en], 151
ruopma, 142
ruopmadoaibma, 142
ruopmaskearru, 143
ruossa, 143
ruossaluovččan, 143
ruosta, 143
ruostaluvvi, 143
ruostameahttun stálli, 143
ruoste[fi], 143
ruosteenirroitin[fi], 143
ruostua[fi], 143
ruostumaton teräs[fi], 143
ruostut, 143
ruoto[fi], 21

ruovdegákkan, 59
ruovdegáŋga, 144
ruovdemálbma, 144
ruovdesahá, 39
ruovdi, 144
rupture disc[en], 39
rusa[sv], 136
ruse[nb], 136
ruskalihtti, 45
rust killer[en], 143
rust removing fluid[en], 143
rust[en], 143
rust[nb], 143
ruste[nb], 143
rustfritt stål[nb], 143
rustløser[nb], 143
rustløysar[nn], 143
rusttet, 6
ruuvi[fi], 151
ruuviavain[fi], 152
ruuvikuljetin[fi], 20
ruuvimeisseli[fi], 152
ruuvin ulosvetäjä[fi], 152
ruuvipenkki[fi], 152
ruuvipuristin[fi], 57, 152
ruuvitaltta[fi], 152
ruvdnomuhtter, 144
ruvven, 144
ryntäyttää[fi], 136
räffla[sv], 140
räikkä[fi], 156
räikkäväännin[fi], 156
räjähdys[fi], 13
rätskiva[sv], 124
rømmer[nb], 59
rør[nb], 19
rör[sv], 19
rörelse[sv], 87
rørgjenge[nb], 19
rörgänga[sv], 19
rörkapare[sv], 19
rørkne[nb], 60
rörkrök[sv], 60

rørkuttar[nn], 19
rørkutter[nb], 19
rørlegger[nb], 18
rörläggare[sv], 18
rørsle[nn], 87
rørsplint[nb], 19
rørtang[nb], 18
rørtong[nn], 18
rörtång[sv], 18
røyr[nn], 19
røyrleggjar[nn], 18
råde[nb], 110
råhet[sv], 142
råjern[nb], 4
råmaterial[sv], 5
råmateriale[nb], 5
råolja[sv], 4
råolje[nb], 4
råvara[sv], 5
råvare[nb], 5

S
saaste[fi], 126
sáddobossun, 144
sadjin, 145
sadjingeađgi, 145
sadjit, 145
safe-edge file[en], 160
safety trustee[en], 163
sag[nb], 145
sagblad[nb], 145
sággeguoskkahat, 52
sággejurssan, 145
sággi, 145
sahá, 145
saha[fi], 145
sahádearri, 145
sahanterä[fi], 145
sáhcu, 145
sáhcunnállu, 146
sáhcut, 146
sáhpán, 146
sáigun, 146

sajádat, 146
sajáiduhttit, 146
sajálduhttit, 146
sakka[fi], 169
saks[nb], 150
saksesplint[nb], 163
sakset[fi], 150
salpa[fi], 66
sálvu, 146
samanføying[nn], 127
samlestokk[nb], 163
samlingsrör[sv], 163
sammanfogning[sv], 127
sammenføyning[nb], 127
sammutin[fi], 83
sandblasting[en], 144
sandblästring[sv], 144
sandblåsing[nb], 144
sandpaper[en], 147
sandpapir[nb], 147
sandpapper[sv], 147
sanka[fi], 65
sarana[fi], 70
sárggon, 147
sárggus, 147
sárgunbreahtta, 147
sarjakytkentä[fi], 135
sarjaliitäntä[fi], 108
sáttobábir, 147
saturate[en], 59
save[en], 181
saw blade[en], 145
saw[en], 145
sax[sv], 150
saxpinne[sv], 163
scale[en], 2, 150
scanner[en], 74
scanner[sv], 74
scarf[en], 20
schablon[sv], 107
scissors[en], 150
scoop[en], 156
scouring machine[en], 127

scrap iron[en], 153
scrape[en], 55
scraper[en], 55
scratch awl[en], 146
scratch[en], 146
scratching[en], 145
screen[en], 148
screw clamp[en], 152
screw die[en], 84
screw extractor[en], 152
screw feeder[en], 20
screw pitch gauge[en], 84
screw pitch[en], 84
screw tap[en], 84
screw[en], 151
screwdriver[en], 152
scribe[en], 146
scriber[en], 146
scribing awl[en], 146
scroll[en], 19
seaguhangámmár, 147
seaguhanhátna, 147
seaguhit, 147
seaguhus, 112
seaguhusgorri, 147
seal[en], 97
sealing device[en], 97
sealing face[en], 98
sealing ring[en], 97
seam[en], 20
šearbma, 148
seat[en], 33, 97
seaván, 148
seavdinbumpa, 20
second tap[en], 61
secondary edge[en], 126
secondary[en], 126
section[en], 155
securing plate[en], 97
seegerring[nb], 97
seghet[sv], 40
seghärdat stål[sv], 39
seghärdning[sv], 39

segjärn[sv], 88
segohus, 112
seigherda stål[nb], 39
seigherding[nb], 39
seighet[nb], 40
seigjern[nb], 88
seigleik[nn], 40
sekoitin[fi], 147
sekoituskammio[fi], 147
sekskantnøkkel[nb], 75
sekskantskrue[nb], 75
sekundára, 126
sekundær[nb], 126
sekundär[sv], 126
self-centering[en], 82
self-locking screw[en], 81
self-tapping screw[en], 82
šelget, 148
selvstarter[nb], 33
semi-circular   protractor[en],
        30
semiconductor[en], 15
semi-products[en], 14
senkhode[nb], 72
senkhovud[nn], 72
sensor[en], 46
sensor[nb], 46
sensor[sv], 46
sensori[fi], 46
senterbor[nb], 76
senterhøgd[nn], 76
senterhøyde[nb], 76
senterspiss[nb], 76
sentrumsbor[nb], 76
sentrumsvinkel[nb], 77
seos[fi], 112
seossuhde[fi], 147
seostaa[fi], 147
separator[en], 53
seppä[fi], 137
serial connection[en], 135
seriekopling[nb], 135
seriekoppling[sv], 135

seriel interface[en], 108
seriellt gränssnitt[sv], 108
serielt grensesnitt[nb], 108
series connection[en], 135
serrat, 140
serrat[nb], 140
serrate tool[en], 140
serrate[en], 140
serratere[nb], 140
serrateret, 140
service[en], 58
service[nb], 58
service[sv], 58
set screw[en], 66, 161
set[en], 80
sete[nb], 33
settherding[nb], 96
setting angle[en], 34
settskrue[nb], 66
sewer pipe[en], 50
sexkantnippel[sv], 160
sexkantnyckel[sv], 75
sexkantskruv[sv], 75
sfearalaš, 148
sfearalaš láger, 148
sfærisk lager[nb], 148
sfærisk[nb], 148
sfärisk[sv], 148
sfäriskt lager[sv], 148
shaft extension[en], 4
shaft journal[en], 4
shaft[en], 4, 119
shale[en], 136
shaper[en], 80
shaping machine[en], 80
sharpen[en], 155
sharpening[en], 154
shavings[en], 85
shears[en], 150
sheath knife[en], 23
sheet metal shears[en], 131
sheet metal[en], 16
sheet[en], 131

248

shell end mill[en], 63
shield gas[en], 163
shift gear[en], 116
shift[en], 180
shim[en], 62
shock absorber[en], 78
short-circuit[en], 124
shoulder[en], 161
shrink on[en], 47
shrink[en], 48
shrinkage[en], 47
shrinking[en], 47
shunt switch[en], 130
shunt[en], 130
shuntvewntil[sv], 109
sidavbitare[sv], 69
side cutting pliers[en], 69
side of thread[en], 84
side[fi], 155
sideaine[fi], 29
sideavbitartong[nn], 69
sideavbitertang[nb], 69
sideprodukt[nb], 101
sidosaine[fi], 29
sieve[en], 149
signaali[fi], 110
signal horn[en], 85
signal[en], 110
signal[nb], 110
signal[sv], 110
signála, 110
signalhorn[nb], 85
signalhorn[sv], 85
sihkkarasti, 149
sihkkarastinriekkis, 149
siipi[fi], 156
siipimutteri[fi], 156
siirto[fi], 150
siirtopylkän holkki[fi], 131
siirtymä[fi], 150
siivilä[fi], 149
sijainti[fi], 146
sikring[nb], 149

sikringsring[nb], 149
sil[nb], 149
sil[sv], 149
silencer[en], 13, 85
sileä[fi], 101
silli, 149
silmukka-avain[fi], 120
silmukkaruuvi[fi], 27
siloinen[fi], 101
siloittaa[fi], 157
silta[fi], 45
siltanosturi[fi], 45
šimir, 149
single-acting cylinder[en], 130
sinkadeapmi, 149
sinken, 149
sinkilä[fi], 65
sinkitys[fi], 149
sintering[en], 149
sintraus[fi], 149
sintren, 149
sintring[nb], 149
sintring[sv], 149
sirdin, 150
sirdinmihtádas, 150
sirkelsag[nb], 68
sisasuddadeapmi, 150
sisasuddan, 150
sisriekkis, 150
site[en], 146
sitkatvuohta, 40
sitkeys[fi], 40
situation[en], 146
sivuleikkurit[fi], 69
sivusärmä[fi], 126
sivutuote[fi], 101
sjablon[nb], 107
självcentrerande[sv], 82
självhämmande skruv[sv], 81
sjølgjengende skrue[nb], 82
sjøllåsende skrue[nb], 81
sjølsentrerende[nb], 82
sjølsperrende skrue[nb], 81

sjølvgjengande skrue[nn], 82
sjølvlåsande skrue[nn], 81
sjølvsentrerande[nn], 82
sjølvstartar[nn], 33
skaft[nb], 119
skaft[sv], 119
skafta[sv], 118
skála, 150
skala[nb], 150
skala[sv], 150
skaltång[sv], 60
skanner[nb], 74
skárrit, 150
skarvförbindning[sv], 161
skarvsladd[sv], 85
skearrogoazan, 151
skearru, 151
skenhammare[sv], 9
skid[en], 122
skieivun, 151
skierat, 150
-skierat, 16
skift[nb], 180
skift[sv], 180
skiftenøkkel[nb], 116
skiftnyckel[sv], 116
skims[nb], 62
skiss[sv], 74
skiva[sv], 151
skivbroms[sv], 151
skivdnjeviŋkil, 80
skive[nb], 151
skivebrems[nb], 151
skjefte[nb], 118
skjemt[nb], 12
skjer[nn], 8
skjerebrennar[nn], 46
skjerefart[nn], 34
skjerfil[nn], 39
skjerm[nb], 148
skjutmått[sv], 150
skjutpassning[sv], 80
skjær[nb], 8

skjærebrenner[nb], 46
skjærehastighet[nb], 34
skjærfil[nb], 39
skjøteledning[nb], 85
skoađas, 151
skoavhli, 151
skohter, 115
skootteri[fi], 115
skovel[sv], 156
skovl[nb], 156
skralle[nb], 156
skrapa[sv], 55
skrape[nb], 55
skrapjern[nb], 153
skrivar[nn], 27
skrivare[sv], 27
skriver[nb], 27
skrubbstål[nb], 142
skrubbstål[sv], 142
skrue[nb], 151
skruedrev[nb], 19
skruestikke[nb], 152
skruetransportør[nb], 20
skrueuttrekker[nb], 152
skrueuttrekkjar[nn], 152
skrujern[nb], 152
skrunøkkel[nb], 152
skrutrekker[nb], 152
skrutrekkjar[nn], 152
skrutvinge[nb], 152
skruv[sv], 151
skruvmejsel[sv], 152
skruvnyckel[sv], 152
skruvstycke[sv], 152
skruvtransportör[sv], 20
skruvtving[sv], 152
skruvutdragare[sv], 152
skruvva, 151
skruvvabasta, 152
skruvvabonjan, 152
skruvvačárvvon, 152
skruvvadoalan, 152
skruvvageasán, 152

250

skruvvaruovdi, 152
skruvvenčoavdda, 152
skränka[sv], 80
skråavbiter[nb], 69
skuibi, 138
skuohppu, 152
skyddsgas[sv], 163
skyddsglasögon[sv], 162
skyddshjälm[sv], 162
skyddshylsa[sv], 108
skyddsombud[sv], 163
skyddsutrustning[sv], 162
skyvelære[nb], 150
skyvemål[nb], 150
skyvepasning[nb], 80
skärbrännare[sv], 46
skärdjup[sv], 34
skärhastighet[sv], 34
skärpverktyg[sv], 123
skötsel[sv], 58
skøyteleidning[nn], 85
slag hammer[en], 14
slag[en], 24
slagboremaskin[nb], 28
slagborrmaskin[sv], 28
slagg[nb], 24
slagg[sv], 24
slagghammar[nn], 14
slagghammare[sv], 14
slagghammer[nb], 14
slaggpikke[nb], 14
slaglengd[nn], 28
slaglengde[nb], 28
slaglängd[sv], 28
slagseghet[sv], 28
slagseighet[nb], 28
slagseigleik[nn], 28
slakk[nb], 102
šlámbarruovdi, 153
slang[sv], 153
slange[nb], 153
slangeklemme[nb], 153
slangklämma[sv], 153

šláŋŋa, 153
šláŋŋačárvvon, 153
šlápma, 153
šleagga, 153
šleađggočuovga, 153
sledge hammer[en], 9, 153
sleeve[en], 108, 117, 152
slegge[nb], 153
sleggje[nn], 153
sleide[nb], 112
slett[nb], 101
slid[sv], 112
slide coupling[en], 122
slide fit[en], 80
slide gauge[en], 150
slide valve[en], 23
slide[en], 87, 112, 122
sliding bearing[en], 123
sliding caliper[en], 150
sliding friction[en], 87
sliding resistance[en], 87
slidkniv[sv], 23
slidventil[sv], 23
slig[nb], 107
slig[sv], 107
šliipa, 153
šliipen, 154
šliipenbábir, 147
šliipengordni, 154
šliipenliidni, 154
šliipenmálle, 154
šliipenmašiidna, 154
šliipenmoallu, 154
šliipennibba, 154
šliipenskearru, 154
šliipet, 155
šlimpa, 41
slip[en], 122
slipa[sv], 155
slipduk[sv], 154
slipe[nb], 155
slipekorn[nb], 154
slipelerret[nb], 154

slipelære[nb], 154
slipemaskin[nb], 154
slipeskive[nb], 154
slipestein[nb], 153
slipestift[nb], 154
sliping[nb], 154
slipkorn[sv], 154
slipmaskin[sv], 154
slipning[sv], 154
slipping clutch[en], 122
slipskiva[sv], 154
slipsten[sv], 153
slipstift[sv], 154
slira[sv], 122
slirkoppling[sv], 122
slitage[sv], 73
slitasje[nb], 73
slitestyrke[nb], 101
slitestål[nb], 126
slitsmått[sv], 72
slitstyrka[sv], 101
slitstål[sv], 126
šloaŋkkisteapmi, 102
slot[en], 77
slotted screw[en], 78
slotting tool[en], 34
šluppot, 155
slure[nb], 122
slurekopling[nb], 122
sluseventil[nb], 23
slussventil[sv], 23
slutbehandling[sv], 56
sluten stömkrets[sv], 66
slutta krins[nn], 66
slutta strømkrets[nb], 66
sluttapp[nb], 22
slägga[sv], 153
släppningsvinkel[sv], 61
släppningsyta[sv], 62
slät[sv], 101
slö[sv], 12
sløv[nb], 12
sløvast[nn], 125

sløves[nb], 125
slåmaskin[nb], 95
slåttermaskin[sv], 95
smáhkku, 178
smed[nb], 137
smed[sv], 137
smedja[sv], 9
smelle[nb], 156
smelte[nb], 157, 162
smeltebad[nb], 164
smeltepunkt[nb], 156
smeltetemperatur[nb], 156
smergelduk[sv], 154
smi[nb], 36
smibar[nb], 36
smida[sv], 36
smidbar[sv], 36
smideshärd[sv], 6
smidessvetsning[sv], 8
smidestång[sv], 8
smie[nb], 9
smierusvuohta, 155
smiesse[nb], 6
smihammar[nn], 9
smihammer[nb], 9
smilčečiehka, 155
smirrodat, 155
smisveising[nb], 8
smitang[nb], 8
smith[en], 137
smithy[en], 9
smitong[nn], 8
smygvinkel[nb], 80
smygvinkel[sv], 80
smälta[sv], 157, 162
smältpunkt[sv], 156
smälttemperatur[sv], 156
smøre[nb], 177
smørefett[nb], 177
smørefilm[nb], 177
smøremiddel[nb], 177
smørenippel[nb], 176
smøreolje[nb], 177

252

smøreoljekanne[nb], 128
smørespor[nb], 176
smörja[sv], 177
-smørjar[nn], 112
smørje[nn], 177
smørjefeitt[nn], 177
smørjefilm[nn], 177
smørjemiddel[nn], 177
smørjenippel[nn], 176
smørjeolje[nn], 177
smørjeoljekannen[nb], 128
smørjespor[nn], 176
smörjfett[sv], 177
smörjfilm[sv], 177
smörjmedel[sv], 177
smörjnippel[sv], 176
smörjolja[sv], 177
smörjspår[sv], 176
snabbstål[sv], 157
snáhki, 155
snađđen, 56
snap ring[en], 149
sneaktačuohpastat, 155
sneaktagovva, 155
snekkedrev[nb], 19
snekkehjul[nb], 19
snekker[nb], 156
snekkersag[nb], 56
snekkeskrue[nb], 20
snickare[sv], 156
snickarsåg[sv], 56
snihkkár, 156
snihkkársahá, 56
snikkar[nn], 156
snikkarsag[nn], 56
snitt[nb], 155
snitt[sv], 155
snow scooter[en], 115
snäckhjul[sv], 19
snäckskruv[sv], 20
snøggstål[nn], 157
snöskoter[sv], 115
snøskuter[nb], 115

soadjemuhtter, 156
soadji, 156
soairu, 120, 146
socket wrench[en], 72, 120
socket[en], 52, 72, 117, 152
sodju, 156
soft soldering[en], 38
šohkka, 25
sokka[fi], 145
sokkanaula[fi], 163
sokkel[nb], 175
solar cell[en], 14
solar[nb], 43
solcell[sv], 14
solcelle[nb], 14
solder[en], 91
soldering iron[en], 74
soldering paste[en], 157
soldering tin[en], 90
soldering[en], 90
šolgantemperatuvra, 156
šolgenávnnas, 157
šolggas, 157
šolgu, 157
solid[en], 43
solution[en], 105
solvent[en], 105
soot[en], 66, 67
sorkkarauta[fi], 59, 158
sorvaaja[fi], 171
sorvari[fi], 171
sorvata[fi], 171
sorvi[fi], 171
sorvinterä[fi], 171
sot[nb], 67
sot[sv], 67
sota[sv], 66
sote[nb], 66
sound testing[en], 163
source of current[en], 137
sovite[fi], 80
sovituslevy[fi], 62
sŋiran, 156

spackel[sv], 158
spackla[sv], 157
spáitastálli, 157
spak[nb], 65
spak[sv], 65
span of jaws[en], 32
spanner[en], 120, 152
spant[nb], 56
spant[sv], 54, 56
sparaideapmi, 157
sparaidit, 157
spare part[en], 101
spark coil[en], 27
spark plug cable[en], 70
spark plug cap[en], 69
spark plug wrench[en], 132
spark plug[en], 27
spark[en], 35
sparkel, 158
sparkel[nb], 158
sparkelastit, 157
sparkle[nb], 157
spattle[en], 158
spatula[en], 158
specifik[sv], 81
speed[en], 99
speedometer[en], 99
spel[nn], 175
spel[sv], 102, 175
spelle, 16
spelle-, 15, 16
-spelle, 97
spennbakke[nb], 29
spennblikk[nb], 29
spenne fast[nb], 66
spenne opp[nb], 66
spennhylse[nb], 29
spenning[nb], 64
spennstift[nb], 19
sperre[nb], 66
sperremekanisme[nb], 66
sperring[nb], 157
spesific[en], 81

spesifikk[nb], 81
spetsvinkel[sv], 33
spett[nb], 144
spett[sv], 144
spherical bearing[en], 148
spherical[en], 148
spiikkár, 158
spiikkárgeasán, 158
spik[sv], 158
spikar[nn], 158
spikartrekkjar[nn], 158
spiker[nb], 158
spikertrekker[nb], 158
spikutdragare[sv], 158
spill[nb], 175
spindel[nb], 89
spindel[sv], 89
spindeldocka[sv], 89
spindeldokke[nb], 89
spindle[en], 89
spintočuohpan, 158
spintu, 158
spiral drill[en], 19
spiral groove[en], 19
spiralbor[nb], 19
spiralborr[sv], 19
spiralspor[nb], 19
spiralspår[sv], 19
spisstang[nb], 49
spisstapp[nb], 5
spisstong[nn], 49
spissvinkel[nb], 33
spjell[nb], 117
spjäll[sv], 117
spline shaper[en], 102
splines[en], 108
splines[nb], 108
splines[sv], 108
splint[en], 163
splint[nb], 163
splinter[en], 163
split pin[en], 163
splittpinne[nb], 163

spole[nb], 68
spole[sv], 68
spon[nb], 178
sponbrytar[nn], 178
sponbryter[nb], 178
sponflate[nb], 178
sponplate[nb], 179
sponskjerande til-[nn], 178
sponskjærende bearbeiding[nb], 178
sponta, 20
spontalakta, 20
spontet, 20
sponvinkel[nb], 178
spool[en], 68
spor[nb], 77
sporkile[nb], 103
sporkulelager[nb], 78
sporskrue[nb], 78
sporstift[nb], 140
spot welder[en], 35
spot welding machine[en], 35
spot welding[en], 35
spray nozzle[en], 31
sprengskive[nb], 39
spring steel[en], 39
spring tension[en], 39
spring washer[en], 39
spring[en], 40
sprint[sv], 163
sprödhet[sv], 155
sprøhet[nb], 155
sprøleik[nn], 155
spylespiss[nb], 31
spänna fast[sv], 66
spännback[sv], 29
spänndorn[sv], 66
spännhylsa[sv], 29
spänning[sv], 64
spännklov[sv], 28
spärr[sv], 66
spärranordning[sv], 66
spärrnyckel[sv], 156

spån[sv], 178
spånbrytare[sv], 178
spånplatta[sv], 179
spånskärande bearbetning[sv], 178
spånvinkel[sv], 178
spånyta[sv], 178
spår[sv], 77, 140
spårkullager[sv], 78
spårskruv[sv], 78
square head screw[en], 122
square thread[en], 122
square[en], 131, 160, 175
staattinen[fi], 159
staattori[fi], 159
stabil[nb], 159
stabil[sv], 159
stabilisera[sv], 38
stabilisere[nb], 38
stabilitet[nb], 159
stabilitet[sv], 159
stability[en], 159
stable[en], 159
stag[nb], 155
stag[sv], 155
stahtalaš, 159
stahtor, 159
stainless steel[en], 143
stake[en], 158
stállebáddi, 159
stálledoalan, 159
stálletoavva, 159
stálleullu, 159
stálli, 159
stamp(er)[en], 170
stamp[en], 169
stámpa, 167
stamping machine[en], 169
stand[en], 81
stansa[sv], 169
stanse[nb], 169
stansemaskin[nb], 169
stanseverktøy[nb], 170

stansmaskin[sv], 169
stansverktyg[sv], 170
stáđis, 159
stáđisvuohta, 159
stáđđi, 158
star-delta connection[en], 120
starga, 159
stargatvuohta, 159, 160
stargodat, 160
start[en], 179
starta[sv], 179
starte (bil[nb], 179
starter gear ring[en], 179
starter[en], 33, 179
starting motor[en], 179
starting point[en], 176
startkrans[nb], 179
startkrans[sv], 179
startmotor[nb], 179
startmotor[sv], 179
static[en], 159
statisk[nb], 159
statisk[sv], 159
stativ[nb], 81
stativ[sv], 81
stator[en], 159
stator[nb], 159
stator[sv], 159
steady[en], 159
stealládat, 175
steallečiehka, 160
steallefiilu, 160
steallenihppel, 160
steallevinkil, 160
stealli, 160, 161
steam engine[en], 100
steam[en], 100
steamppal, 110
steel shavings[en], 159
steel tape rule[en], 112
steel wool[en], 159
steel[en], 159
steering wheel[en], 135

steering[en], 161
steghjul[sv], 25
steglös[sv], 30
stellenskruvva, 161
stem[en], 89
stempel[nb], 110
stempelring[nb], 109
stempelslag[nb], 37
stempelstang[nb], 110
stepless[en], 30
sticka av[sv], 34
stickpropp[sv], 52
stickstål[sv], 34
sticksåg[sv], 25
stielkalakta, 161
stiffness[en], 160
stift[nb], 46
stigning[nb], 84
stikke av[nb], 34
stikkontakt[nb], 52
stikkpasser[nb], 67
stikksag[nb], 25
stikkstål[nb], 34
stillbar brotsj[nb], 116
stillbar vinkel[nb], 80
stillingsenergi[nb], 172
stillskrue[nb], 161
stirddisvuohta, 160
stirrup[en], 65
stivhet[nb], 160
stivleik[nn], 160
stivren, 161
stivrenbielka, 161
stivrenteknihkka, 161
stivrran, 161
stjernefastnøkkel[nb], 103
stjernenøkkel[nb], 120
stjerneskrujern[nb], 120
stjernetrekantkopling[nb],
        120
stjärntriangelkoppling[sv],
        120
stock[en], 118

256

-stong[nn], 110
stoppskive[nb], 142
stoppskruv[sv], 66
straight pane hammer[en],
    131
straightening tool[en], 123
straightening[en], 123
strain[en], 48
strainer[en], 57, 149
strap[en], 142
straum[nn], 138
straum-[nn], 91, 137
straumkjelde[nn], 137
straumkrins[nn], 137
straumretning[nn], 138
streckmått[sv], 120
strekkfasthet[nb], 55
strekkfastleik[nn], 55
strekmål[nb], 120
strength[en], 119
strengthen[en], 69
strengthening[en], 69
stress[en], 64
stripping pliers[en], 60, 86
stroke[en], 37
structural steel[en], 135
strupar[nn], 25
struper[nb], 25
strupeventil[nb], 25
strutting[en], 155
strykmått[sv], 120
strypventil[sv], 25
sträng[sv], 166
strøm[nb], 138
ström[sv], 138
strømfordeler[nb], 91
strømkilde[nb], 137
strømkrets[nb], 137
strömkrets[sv], 137
strömkälla[sv], 137
strømretning[nb], 138
strömriktning[sv], 138
stud torque[en], 29

stud[en], 23
stuka[sv], 48
stuke[nb], 48
stukesveising[nb], 47
stuksvetsning[sv], 47
stycklista[sv], 127
stykkliste[nb], 127
styreeining[nn], 161
styreenhet[nb], 161
styrejern[nb], 126
styrenhet[sv], 161
styring[nb], 161
styringsteknikk[nb], 161
styrning[sv], 161
styrteknik[sv], 161
styvhet[sv], 160
städ[sv], 158
ställbar brotsch[sv], 116
ställskruv[sv], 161
ställvinkel[sv], 34, 80
stöd[sv], 160
støpe[nb], 99
støpegods[nb], 99
støpejern[nb], 99
støperi[nb], 99
støpsel[nb], 52
störtkylning[sv], 141
støtdemper[nb], 78
stötdämpare[sv], 78
støtfanger[nb], 51
stötfångare[sv], 51
støvsugar[nn], 125
støvsuger[nb], 125
støy[nb], 153
støype[nb], 99
støypegods[nb], 99
støypejer[nn], 99
støyperi[nb], 99
støytdempar[nn], 78
støytfangar[nn], 51
stål[nb], 159
stål[sv], 159
stålfäste[sv], 159

stålhaldar[nn], 159
stålholder[nb], 159
stålhållare[sv], 159
stålull[nb], 159
stålull[sv], 159
suction[en], 122
suddadit, 162
suddat, 162
sudjenjealbma, 162
sudjenláset, 162
sudjenneavvut, 162
sug[nb], 122
sug[sv], 122
sugadangiehta, 162
sula[fi], 157
sulaa[fi], 162
sulake[fi], 149
sulamispiste[fi], 156
sulattaa[fi], 162
sulatuserä[fi], 157
suljettu piiri[fi], 66
sulkutulppa[fi], 23
sulphur[en], 141
sumuttuminen[fi], 62
sumutus[fi], 62
suodatin[fi], 57, 149
suodattaa[fi], 48
suodatus[fi], 48
suodjalusáittardeaddji, 163
suodjegássa, 163
suoidnespábbačárvvon, 163
suoja-asu[fi], 162
suojaholkki[fi], 108
suojakaasu[fi], 163
suojakypärä[fi], 162
suojalasit[fi], 162
suojapakat[fi], 29
suojavarusteet[fi], 162
šuokŋaiskan, 163
suonjarbovrenmašiidna, 134
suonjarháltásaš, 134
suonjarláger, 134
suođđu, 162

suorakulma[fi], 131, 175
suorakulmain[fi], 160
suorgebohcci, 163
suoritin[fi], 45
suorresággi, 163
supistusholkki[fi], 22
suppilo[fi], 138
support[en], 160
surface cutter[en], 47
surface gauge[en], 5
surface grinding machine[en], 47
surface norm[en], 128
surface of fracture[en], 46
surface plate[en], 49
surface roughness[en], 128
surface rule[en], 128
surface treatment[en], 128
surface[en], 127
surfacing[en], 73
suunta[fi], 78
suuntaispala[fi], 130
suuntapiirrin[fi], 5, 120
suuntaventtiili[fi], 78
suunturi[fi], 120
suutin[fi], 31, 121
suutinventtiili[fi], 31
suvrenanu stálli, 164
svarv[sv], 171
svarva[sv], 171
svarvare[sv], 171
svarvstål[sv], 171
svavel[sv], 141
sveis[nb], 164
sveisa, 164
sveisar[nn], 164
sveisašolgu, 164
sveise[nb], 166
sveiseapparat[nb], 164
sveisebend[nb], 165
sveiseblindhet[nb], 166
sveiseblink[nb], 166
sveisebrennar[nn], 165

sveisebrenner[nb], 165
sveiseelektrode[nb], 165
sveisefuge[nb], 165
sveisehjelm[nb], 165
sveisejeaddji, 164
sveiselarve[nb], 166
sveisemaske[nb], 165
sveisen, 164
sveisenapparáhta, 164
sveisenárpu, 164
sveisenboalddan, 165
sveisenelektroda, 165
sveisengurra, 146, 165
sveisenhápma, 165
sveisenluodda, 165
sveisenmáska, 165
sveisenmoalki, 165
sveisenrievdadeaddji, 166
sveisenšleađggastat, 166
sveisenstreaŋga, 166
sveisensuddon, 166
sveisensuotna, 166
sveisentransformáhtor, 166
sveiseomformer[nb], 166
sveiser[nb], 164
sveisestreng[nb], 166
sveiset, 166
sveisetråd[nb], 164
sveising[nb], 164
sveiv[nb], 173
sverd[nb], 112
svets[sv], 164
svetsa[sv], 166
svetsaggregat[sv], 164
svetsare[sv], 164
svetsblänk[sv], 166
svetsbrännare[sv], 165
svetselektrod[sv], 165
svetsfog[sv], 165
svetshjälm[sv], 165
svetsinsats[sv], 165
svetsmask[sv], 165
svetsning[sv], 164

svetsomformare[sv], 166
svetssmälta[sv], 164
svetstråd[sv], 164
svinghjul[nb], 38
svingjern[nb], 62
svovel[nb], 141
svänghjul[sv], 38
svängjärn[sv], 62
svärd[sv], 112
swarf[en], 46
swift[en], 175
switch[en], 22
swivel handle[en], 54
swivel rod[en], 54
swivel socket wrench[en], 95
sydän[fi], 172
sydänvoitelu[fi], 172
syke[fi], 138
syklus[nb], 17
syl[nb], 120
syl[sv], 120
sylinddar, 166
sylinddargorut, 115
sylinddarsuođđaniskkan, 166
sylinder[nb], 166
sylinderblokk[nb], 115
sylinderlekkasjetester[nb],
        166
sylinteri[fi], 166
sylinterinkansi[fi], 67
sylinteriryhmä[fi], 115
symmetralaš, 166
symmetric[en], 166
symmetrinen[fi], 166
symmetrisk[nb], 166
symmetrisk[sv], 166
synchronous motor[en], 167
synchronous[en], 167
synkron[nb], 167
synkron[sv], 167
synkronimoottori[fi], 167
synkroninen[fi], 167
synkronmohtor, 167

synkronmotor[nb], 167
synkronmotor[sv], 167
synkruvdnalaš, 167
synteettinen[fi], 167
syntetalaš, 167
syntetisk[nb], 167
syntetisk[sv], 167
synthetic[en], 167
syrafast stål[sv], 164
syrefast stål[nb], 164
systeemi[fi], 176
system[en], 176
system[nb], 176
system[sv], 176
systema, 176
syttyvä[fi], 24
sytytustulpan johto[fi], 70
sytytyslaitteisto[fi], 27
sytytyspuola[fi], 27
sytytystulpan hattu[fi], 69
sytytystulppa[fi], 27
syöpyminen[fi], 94
syöttää[fi], 21
syöttö[fi], 21
syöttöakseli[fi], 20
syöttöpumppu[fi], 20
syöttöpyörä[fi], 25
syöttöruuvi[fi], 20
syövyttää[fi], 21
sähkö[fi], 52
sähköasentaja[fi], 52
sähkögeneraattori[fi], 137
sähköinen[fi], 52, 53
sähköverkko[fi], 36
säiliö[fi], 167
säkring[sv], 149
säkringsring[sv], 149
säppi[fi], 66
säppipyörä[fi], 25
särmäyskone[fi], 107
säte[sv], 33
säteis-[fi], 134
säteislaakeri[fi], 134

säteisporakone[fi], 134
säteittäinen[fi], 134
sätthärdning[sv], 96
säädettävä kalvain[fi], 116
säädin[fi], 139
säätäjä[fi], 139
säätö[fi], 139
säätökulmain[fi], 80
säätöpelti[fi], 117
säätöruuvi[fi], 161
säätötekniikka[fi], 139
søkjar[nn], 72
søppeldunk[nb], 45
søyleboremaskin[nb], 35
såg[sv], 145
sågblad[sv], 145

T
T- handle[en], 167
taajuus[fi], 40
table[en], 150
tachometer[en], 89
tacka[sv], 12
tackjärn[sv], 4
tackle[en], 36
tahdistamaton[fi], 7
tahdistettu[fi], 167
tahko[fi], 153
tahti[fi], 37
tahtimoottori[fi], 167
tail stock centre[en], 76
tail stock spindle[en], 131
tail stock[en], 63
taittaa[fi], 107
taivuttaa[fi], 20, 107
taivutuskone[fi], 107
taka-akseli[fi], 108
takaiskuventtiili[fi], 107
takapyörä[fi], 109
takatuli[fi], 59
takoa[fi], 36
takt[nb], 37
takt[sv], 37

-tal[nn], 89
talja[fi], 36
talja[sv], 36
talje[nb], 36
tallentaa[fi], 181
taltata[fi], 105
taltta[fi], 105
tang[en], 21
tang[nb], 12
tange[nb], 21
tangentbord[sv], 18
tank[en], 167
tank[nb], 167
tank[sv], 167
tánka, 167
tanndeling[nb], 12
tannhjul[nb], 12
tannhøgd[nn], 12
tannhøyde[nb], 12
tannstang[nb], 13
tannstong[nn], 13
tanntal[nn], 13
tanntall[nb], 13
taottava[fi], 36
tap[en], 79, 84
tapahtumasarja[fi], 108
taper clamping sleeve[en], 29
taper pin[en], 33
taper tap[en], 5
taper turning[en], 99
taper[en], 98
tapered sleeve[en], 22
tapered[en], 98
tapp[nb], 34
tapp[sv], 34
tappi[fi], 34, 145
tappijyrsin[fi], 145
tarkastaa[fi], 37
tarkastus[fi], 38
tarkistaa[fi], 37
tarkistus[fi], 37
tarkkuus[fi], 37
T-arm[nb], 167

tasainen[fi], 50
tasapaino[fi], 38
tasapainoinen[fi], 159
tasapainottaa[fi], 38
tasasuuntaaja[fi], 124
tasata[fi], 23
tasauspyörastön lukitus[fi], 43
tasauspyörästö[fi], 43
tasavirta[fi], 38
taso[fi], 50
tasohiomakone[fi], 47
tasoitta[fi], 47
tasojyrsin[fi], 47
tasojyrsinkone[fi], 173
tasolaikka[fi], 50
tasosorvata[fi], 50
tastatur[nb], 18
tegnebrett[nb], 147
tegning[nb], 147
tehdas[fi], 54
teho[fi], 14
tehonsiirtohihna[fi], 86
teiknebrett[nn], 147
teikning[nn], 147
tela[fi], 17
telamatto[fi], 17
telescopic gauge[en], 167
teleskohpamihtádas, 167
teleskopmål[nb], 167
teleskopstickmått[sv], 167
-teljar[nn], 89
temper[en], 24
tempered steel[en], 39
tempering furnace[en], 24
tempering[en], 1, 24, 39
template[en], 107
tenn[sv], 38
tenning[nb], 27
tenningsanlegg[nb], 27
tenningsboks[nb], 26
tenningssystem[nb], 27
tennlödning[sv], 38
tennplugg[nb], 27

tennplugg-[nb], 70
tennpluggnøkkel[nb], 132
tennspole[nb], 27
tenon saw[en], 25
tensile strength[en], 55
tension[en], 64
teroittaa[fi], 145
teroittaminen[fi], 145
teroituslaite[fi], 123
ters[nb], 64
terä[fi], 8
teräkulma tulkki[fi], 154
teräkulma[fi], 8
terälaippa[fi], 112
terän kuoppakuluminen[fi], 72
teränpidin[fi], 121, 159
teräs[fi], 159
teräsvilla[fi], 159
test[en], 83
test[nb], 83
-testar[nn], 166
tetning[nb], 97
tetningsflate[nb], 98
tetningsring[nb], 97
tetthet[nb], 32
tetting[nb], 97
tettingsflate[nb], 98
tettingsring[nb], 97
tettleik[nn], 32
T-handtag[sv], 167
T-handtak[nb], 167
thinner[en], 122
thread gauge[en], 84
thread tap[en], 84
thread[en], 84
threading die[en], 84
threading tool[en], 84
three phase motor[en], 73
throttle valve[en], 25
thrust bearing[en], 3
thrust[en], 86
thyristor[en], 169
tiedosto[fi], 179

tieto[fi], 37
tietokone[fi], 44
tight fit[en], 29
tighten[en], 66
tiheys[fi], 32
tiiviste leikkuri[fi], 158
tiiviste[fi], 97, 158
tiivisterengas[fi], 97
tiivistin[fi], 97
tiivistyspinta[fi], 98
tilarbeide[nn], 67
tilarbeiding[nn], 66
tilbakeslag[nb], 59
tilbakeslagsventil[nb], 107
tillsatsmaterial[sv], 101
tilsatsmateriale[nb], 101
tilsett[nb], 101
tilsettmateriale[nb], 101
tiltrekkingsmoment[nb], 29
timing belt[en], 139
timing chain[en], 139
timmerman[sv], 81
tin plate[en], 16
tin shears[en], 16
tin soldering[en], 38
tin[en], 38
tina[fi], 38
tinajuotos[fi], 38
tinman[en], 15
tinn[nb], 38
tinnlodding[nb], 38
tinsmith[en], 15
tinsnips[en], 16
title block[en], 119
tittelfelt[nb], 119
T-naðða, 167
toajakierre[fi], 57
toisio-[fi], 126
tokomponentlim[nb], 24
tolerance of fit[en], 40
tolerance range[en], 168
tolerance[en], 168
tolerans[sv], 168

toleránsa, 168
toleránsaguovlu, 168
toleranse[nb], 168
toleranseområde[nb], 168
toleransområde[sv], 168
toleranssi[fi], 168
toleranssialue[fi], 168
tolk[nb], 47
tolk[sv], 47
tollekniv[nb], 23
tomgang[nb], 76
tomgangsspenning[nb], 76
tomgång[sv], 76
tomgångsspänning[sv], 76
tommegjenge[nb], 48
tommestokk[nb], 110
tong[nn], 12
-tong[nn], 103, 133
tongs[en], 12
tool box[en], 121
tool cutting edge inclina-
      tion[en], 155
tool holder[en], 121, 159
tool path[en], 121
tool[en], 12
toolmaker[en], 121
tooth depth[en], 12
tooth pitch[en], 12
toothed bar[en], 13
toothed wheel[en], 12
topplock[sv], 67
topplokk[nb], 67
torada lager[nb], 77
torque wrench[en], 117
torque[en], 89, 116
torvi[fi], 85
totaktsmotor[nb], 77
toughness[en], 40
track roller bearing[en], 78
track[en], 17
tractor[en], 168
trakt[nb], 138
traktor, 168

traktor[nb], 168
traktor[sv], 168
traktordáigu, 168
traktori[fi], 168
transformáhtor, 168
transformator[nb], 168
-transformator[nb], 166
transformator[sv], 168
transformer[en], 168
transistor, 168
transistor[en], 168
transistor[nb], 168
transistor[sv], 168
transistori[fi], 168
transition fit[en], 61
transmisjon[nb], 150
transmission belt[en], 86
transmission[en], 116, 150
transmission[sv], 150
transmišuvdna, 150
transom[en], 45
transporter[en], 56
transportør[nb], 56
transportör[sv], 56
trapesajeaŋga, 168
trapesgjenge[nb], 168
trapetsgänga[sv], 168
trapetsikierre[fi], 168
trapezoid thread[en], 168
trash barrel[en], 45
tratt[sv], 138
travelling trolley[en], 46
travers[nb], 45
travers[sv], 45
traverse crane[en], 45
traverse[en], 45
traverskran[nb], 45
traverskran[sv], 45
traversvagn[sv], 46
traversvogn[nb], 46
treat[en], 67
trefasemotor[nb], 73
trefasmotor[sv], 73

trekantfil[nb], 73
trekantsfil[sv], 73
trekkbrosj[nb], 102
trekt[nb], 138
treskrue[nb], 118
triangular file[en], 73
trim[en], 79
trimma[sv], 79
trimme[nb], 79
trimming machine[en], 107
trinnlaus[nb], 30
trinnløs[nb], 30
trinse[nb], 89
trissa[sv], 89
trommel[nb], 55
trommelbrems[nb], 55
trukkilava[fi], 130
trumbroms[sv], 55
trumma[sv], 55
trunnion[en], 34
try square[en], 160
tryckknapp[sv], 40
trycklager[sv], 3
tryckluft[sv], 41
tryckluftshammare[sv], 3
tryckreduceringsventil[sv], 42,
        64
tryckregulator[sv], 42
trykkbegrensingsventil[nb],
        42
trykkluft[nb], 41
trykkmålar[nn], 42
trykkmåler[nb], 42
trykknapp[nb], 40
trykkregulator[nb], 42
träskruv[sv], 118
tråddragning[sv], 6
trådtrekking[nb], 6
tuki[fi], 155, 160
tulkki[fi], 47, 107
tulostin[fi], 27
tulpanjohto[fi], 70
tulppa[fi], 23

tulppa-avain[fi], 132
tulppaliitin[fi], 52
tumgänga[sv], 48
tumstock[sv], 110
tunkeuma[fi], 150
tunkki[fi], 48
tunnussana[fi], 15
turbiidna, 168
turbiini[fi], 168
turbin[nb], 168
turbin[sv], 168
turbine[en], 168
turbo, 169
turbo charger[en], 169
turbo compressor[en], 169
turbo[fi], 169
turbo[nb], 169
turbo[sv], 169
turbokompressor[nb], 169
turbulence[en], 90
turbulens[nb], 90
turbulens[sv], 90
turbulensi[fi], 90
turn (of a winding)[en], 68
turn[en], 171
turner[en], 171
turning moment[en], 89
turning tool[en], 171
turnings[en], 85
turtall[nb], 89
turteller[nb], 89
tuuletin[fi], 21
tuulettimen hihna[fi], 21
tuumakierre[fi], 48
tuurna[fi], 51
tverregg[nb], 45
tverrsleide[nb], 46
tverrsnitt[nb], 155
tversavbitar[nn], 63
tversavbiter[nb], 63
tvärbalk[sv], 45
tväregg[sv], 45
tvärslid[sv], 46

T-väännin[fi], 167
tvåkomponentlim[sv], 24
tvåradigt lager[sv], 77
tvåtaktsmotor[sv], 77
tweezers[en], 131
twist drill[en], 19
twist[en], 68
twisting moment[en], 89
two component glue[en], 24
two-stroke engine[en], 77
tyhjennystulppa[fi], 78
tyhjäkäyntijännite[fi], 76
tylsyä[fi], 125
tylsä[fi], 12
tynnar[nn], 122
tynner[nb], 122
tyre[en], 41
tyristor, 169
tyristor[nb], 169
tyristor[sv], 169
tyristori[fi], 169
tyssähitsaus[fi], 47
tyssätä[fi], 48
työkalu[fi], 12
työkalulaatikko[fi], 121
työkaluntekijä[fi], 121
työkalupakki[fi], 121
työkappale[fi], 11
työkone[fi], 11, 135
työmaa[fi], 135
työntömitta[fi], 150
työntötiukkuus[fi], 80
työntötuurna[fi], 106
työpaja[fi], 9
työstää[fi], 67
työstö[fi], 66
työsuojeluasiamies[fi], 163
työtahti[fi], 11
työvara[fi], 11
työympäristö[fi], 11
täckplatta[sv], 74
tähtikolmiokytkentä[fi], 120
täljkniv[sv], 23

tändspole[sv], 27
tändstift[sv], 27
tändstiftskabel[sv], 70
tändstiftsnyckel[sv], 132
tändsystem[sv], 27
tärinä[fi], 157
täristä[fi], 157
täryttää[fi], 157
täsmällisyys[fi], 37
täthetsmätare[sv], 32
tätning[sv], 97
tätningsbricka[sv], 97
tätningsyta[sv], 98
täyteaine[fi], 125
täyteinen[fi], 43
täytelevy[fi], 62
tømrar[nn], 81
tømrer[nb], 81
tång[sv], 12
tånge[sv], 21

U
ubalanse[nb], 38
uimuri[fi], 74
ukvass[nb], 12
ulkonema[fi], 161
ulostyönnin[fi], 106
ulosvedin[fi], 64
unbalance[en], 38
unbrakonøkkel[nb], 75
underhåll[sv], 58
undertryck[sv], 179
undertrykk[nb], 179
union[en], 100
union[nb], 100
unit of measure[en], 114
uniuvdna, 100
universal joint[en], 96
universal milling machine[en], 129
universal setting gauge[en], 104
universalfresemaskin[nb], 129

universalfräsmaskin[sv], 129
universalknut[sv], 96
universalledd[nb], 96
universaltang[nb], 103
U-nyckel[sv], 133
up milling[en], 180
upottaa[fi], 72
upotuspora[fi], 72
upphetta[sv], 9
uppokanta[fi], 72
upprymma[sv], 59
upprymmare[sv], 59
uppvärma[sv], 9
upright drilling machine[en], 35
upset[en], 48
ura[fi], 77, 140
urakuulalaakeri[fi], 78
uraruuvi[fi], 78
uratappi[fi], 140
u-ringnyckel[sv], 103
urittaa[fi], 140
uritus[fi], 140
uta(n)bords-[nn], 108
utbalancera[sv], 38
utboringshode[nb], 60
utboringshovud[nn], 60
ut-eining[nn], 128
utenbordsmotor[nb], 108
ut-enhet[nb], 128
utenhet[sv], 128
utjämna[sv], 23
utkraging[nb], 137
utlopp[sv], 105
utmatting[nb], 169
utmattning[sv], 169
utombordsmotor[sv], 108
utslagar[nn], 106
utslager[nb], 106
utsprång[sv], 54
utstötare[sv], 106
utveksling[nb], 116
utvendig nøkkel[nb], 75

utväxling[sv], 116
uudelleen ladattava[fi], 64
uurre[fi], 20

V
vaahdotus[fi], 74
vaakasuora[fi], 96
vaarna[fi], 145
vacuum cleaner[en], 125
vadjanmašiidna, 169
vadjat, 169
vadnil, 54
váfistansoađis, 169
vagn[sv], 172
váhttar, 26
vahvike[fi], 119
vahvistaa[fi], 69
vahvistaminen[fi], 69
vahvistin[fi], 68
vahvistus[fi], 69
vahvuus[fi], 119
váibadahttin, 169
váidudeapmi, 170
váidudit, 170
vaier[nb], 159
vaihde[fi], 116
vaihdettava kovametalliterä-pala[fi], 74
vaihe[fi], 117
vaihesiirto[fi], 117
vaihtaa[fi], 116
vaihteisto[fi], 116
vaihtovirta[fi], 116
vaijeri[fi], 159
váikkuhusmearri, 170
vaimennin[fi], 170
vaimentaa[fi], 170
vajan, 170
vajer[sv], 159
vakaa[fi], 159
vakavuus[fi], 159
valaa[fi], 99
valaistusvoimakkuus[fi], 36

266

valaisu[fi], 36
valanne[fi], 99
váldoávju, 170
valikko[fi], 54
valimo[fi], 99
válla, 153
valljudanmálle, 170
válloruopma, 21
vállu, 21
valmistaa[fi], 67
valokaari[fi], 35
vals[nb], 104
vals[sv], 104
válsa, 104
válsadoaimmahat, 171
válsajurssan, 171
válsamašiidna, 104
valse[nb], 104
valsemaskin[nb], 104
valseverk[nb], 171
valsfres[nb], 171
valsfräs[sv], 171
valsmaskin[sv], 104
valssaamo[fi], 171
valssain[fi], 171
valssi[fi], 104
valssikone[fi], 104
valssilaitos[fi], 171
valsverk[sv], 171
valukappale[fi], 99
valurauta[fi], 99
valve disc[en], 117
valve lever[en], 162
valve rocker[en], 162
valve seat[en], 174
valve tappet[en], 174
valve[en], 173
vane[en], 156
vange[nb], 161
vann(av)kjølt[nb], 26
vanne[fi], 55
vannesaha[fi], 8
vannpumpetang[nb], 26

vannrett[nb], 96
vannutskiller[nb], 26
varaosa[fi], 101
varata[fi], 64
variaattori[fi], 171
variáhtor, 171
variator[en], 171
variator[nb], 171
variator[sv], 171
varme opp[nb], 9
varmebehandling[nb], 9
varmebestandig[nb], 9
varmefast[nb], 9
varmeverdi[nb], 100
varmistuslevy[fi], 97
varoke[fi], 149
varsellys[nb], 153
varsi[fi], 119
varsijyrsin[fi], 145
varttaa[fi], 118
varuste[fi], 6
varv[sv], 88
várve, 171
várvenbeaŋka, 171
várvenstálli, 171
várvet, 171
varvmätare[sv], 89
varvtal[sv], 89
várvvár, 171
vasara[fi], 173
vass(av)kjølt[nn], 26
vasspumpetong[nn], 26
vassrett[nn], 96
vastahitsaus[fi], 180
vastajyrsintä[fi], 180
vastamutteri[fi], 180
vastapaino[fi], 180
vastaventtiilli[fi], 107
vastavoima[fi], 180
vastus[fi], 180
vastustuskyky[fi], 180
vater[nb], 26
vaterpass[nb], 26

vátnanbeaŋka, 171
vátnat, 171
vatnutskiljar[nn], 26
vattenavskiljare[sv], 26
vattenkyld[sv], 26
vattenpass[sv], 26
vattenpumptång[sv], 26
vauhti[fi], 99
vauhtipyörä[fi], 38
vaunu[fi], 172
vávdna, 172
vávlet, 71
vávlu, 72
V-belt[en], 103
veadjoárja, 172
veaika, 172
veaikavuoidan, 172
veaiki, 172
veaiva, 173
veaktastággu, 172
veallut, 96
vealta, 173
vealujursanmašiidna, 173
veažir, 173
vecka[sv], 107
vedenerotin[fi], 26
vedlikehald[nn], 58
vedlikehold[nb], 58
vedsag[nb], 31
vehicle[en], 176
veike[nb], 172
veikesmørjing[nn], 172
veitsi[fi], 121
veitsiterä[fi], 121
veiv[nb], 173
veivaksel[nb], 173
veive, 173
veiveáksil, 173
veiveculci, 173
veivekássa, 173
veivestággu, 110
veiveviessu, 173
veivhus[nb], 173

veivi[fi], 173
veivkasse[nb], 173
veivstang[nb], 110
veivtapp[nb], 173
veke[nb], 172
veke[sv], 172
vekesmøring[nb], 172
vekselstraum[nn], 116
vekselstrøm[nb], 116
veksle[nb], 116
veksmörjning[sv], 172
vektstang[nb], 172
vektstong[nn], 172
velocity[en], 99
vendeskjer[nn], 74
vendeskjær[nb], 74
vengemutter[nn], 156
venstre-[nb], 53
vent pipe[en], 122
ventiila, 173
ventiilačohkkehat, 174
ventiilalovttan, 174
ventil[nb], 173
ventil[sv], 173
ventilasjon[nb], 2
ventilation[en], 2
ventilation[sv], 2
ventillyftare[sv], 174
ventilløftar[nn], 174
ventilløfter[nb], 174
ventilsete[nb], 174
ventilsäte[sv], 174
venting[en], 2
venttiili[fi], 173
venttiilin istukka[fi], 174
venttiilinnostin[fi], 174
venttiilinvipu[fi], 162
venytys[fi], 137
verkkojännite[fi], 56
verkkovirta[fi], 56
-verknad[nn], 177
verknadsgrad[nn], 170
verkningsgrad[sv], 170

verkstad[nn], 11
verkstad[sv], 11
verksted[nb], 11
verkty[nn], 12
verktyg[sv], 12
verktygshållare[sv], 121
verktygslåda[sv], 121
verktygsmakare[sv], 121
verktygsväg[sv], 121
verktøy[nb], 12
verktøybane[nb], 121
verktøyfeste[nb], 121
verktøykasse[nb], 121
verktøykiste[nb], 121
verktøymakar[nn], 121
verktøymaker[nb], 121
vernebriller[nb], 162
vernehjelm[nb], 162
verneombod[nn], 163
verneombud[nb], 163
verneutstyr[nb], 162
vernier caliper[en], 150
vernier[en], 125
vertical drilling machine[en],
    35
vertical[en], 30
vertikal[nb], 30
vertikal[sv], 30
vesijäähdytteinen[fi], 26
vesipumppupihdit[fi], 26
vesivaaka[fi], 26
vetolujuus[fi], 55
vetopyörä[fi], 86
vev[sv], 173
vevaxel[sv], 173
vevhus[sv], 173
vevstake[sv], 110
vevtapp[sv], 173
vian paikannus[fi], 174
vibrasjon[nb], 157
vibrate[en], 157
vibration[en], 157
vibration[sv], 157

vibrera[sv], 157
vibrere[nb], 157
vice[en], 152
viemäri[fi], 105
viemäriputki[fi], 50
vierintälaakeri[fi], 90
vierintäympyrä[fi], 88
view[en], 74
vifte[nb], 21
viftereim[nb], 21
vihkeohcan, 174
vihkket, 80
viila[fi], 57
viilaharja[fi], 57
viilain[fi], 57
viilata[fi], 57
viimeistely[fi], 56
viimeistelytappi[fi], 22
viisár, 174
viiste[fi], 78
viistää[fi], 137
viivain[fi], 101
viivoitin[fi], 101
vikke[nb], 80
vikle[nb], 68
vikling[nb], 68
vikša, 175
vilkkuvalo[fi], 138, 153
vinding[nb], 68
vinge[sv], 156
vingemutter[nb], 156
vingmutter[sv], 156
vinjubasttat, 69
vinkel[nb], 30, 175
vinkel[sv], 30, 175
vinkelhake[nb], 160
vinkelhake[sv], 160
vinkeljern[nb], 30
vinkeljärn[sv], 30
vinkelskrujern[nb], 30
vinkelskruvmejsel[sv], 30
vinkelslipar[nn], 31
vinkelsliper[nb], 31

vinkelslipmaskin[sv], 31
vinkeltransportør[nb], 30
vinkeltransportör[sv], 30
vinkeltrekker[nb], 30
vinkeltrekkjar[nn], 30
vinsch[sv], 175
vinsj[nb], 175
vinta, 104, 175
vinte, 175
vintturi[fi], 175
viđjedoaibma, 174
viđjejuvla, 174
viđjelássa, 174
viđjelohkka, 174
viđji, 174
viŋkil, 175
viŋkilšliipa, 31
vipparm[sv], 162
vippe[nb], 103
vippearm[nb], 162
vipu[fi], 65, 103, 172
vipuvarsi[fi], 103
virittää[fi], 79
virkningsgrad[nb], 170
virranjakaja[fi], 91
virransuunta[fi], 138
virta[fi], 138
virtalähde[fi], 137
virtapiiri[fi], 137
virtausmittari[fi], 25
virtavastusventtiili[fi], 25
virvelbildning[sv], 90
visar[nn], 174
visare[sv], 174
viscosity[en], 175
viser[nb], 174
viskositeetti[fi], 175
viskositehta, 175
viskositet[nb], 175
viskositet[sv], 175
vogn[nb], 172
void[en], 151
voidella[fi], 177

voidesumutin[fi], 112
voimaleikkurit[fi], 54
voiman ulosotto[fi], 55
voimanottolaite[fi], 55
voimansiirto[fi], 55
voiteluaine[fi], 177
voiteluainekerros[fi], 177
voitelukannu[fi], 128
voitelunippa[fi], 176
voitelupuristin[fi], 177
voitelurasva[fi], 177
voiteluruisku[fi], 177
voitelu-ura[fi], 176
voiteluöljy[fi], 177
voltage[en], 64
vridmoment[sv], 89
vrimoment[nb], 89
vuloštus, 175
vuodjinfievru, 176
vuogádat, 176
vuohču, 176
vuoidangurra, 176
vuoidanluodda, 176
vuoidannihppel, 176
vuoidat, 177
vuoiddanas, 177
vuoiddas, 177
vuoiddasassi, 177
vuoiddasbožán, 177
vuoiddasfilbma, 177
vuoiddasolju, 177
vuoktabohccedoaibma, 177
vuoktasoađis, 169
vuolahas, 178
vuolahasčiehka, 178
vuolahasčuohppan, 178
vuolahasdoaján, 178
vuolahasduolbadas, 179
vuolahasolggoš, 178
vuolahaspláhtta, 179
vuolahastin, 178
vuolggahangierdu, 179
vuolggahanmohtor, 179

vuolggahit, 179
vuolledeatta, 179
vuollegisdeatta, 179
vuođđo-, 176
vuođđobiire, 175
vuođđogealdu, 5
vuođđomihttu, 176
vuorká, 179
vuoro[fi], 180
vuorru, 180
vuossu, 180
vuostedeaddu, 180
vuostejursan, 180
vuostemuhtter, 180
vuostenákca, 180
vuostesveisen, 180
vuosttaldus, 180
vuoto[fi], 162, 176
vuotomittari[fi], 166
vurket, 181
väggkontakt[sv], 52
vägguttag[sv], 52
väkipyörä[fi], 17, 89
väli[fi], 3
väliaika[fi], 3
väliakseli[fi], 61
väliholkki[fi], 22
välitiukkuus[fi], 61
välitys[fi], 116
väljennin[fi], 59
väljentää[fi], 59
väljyys[fi], 102
välys[fi], 102, 146
vändskär[sv], 74
väritaso[fi], 49
värma[sv], 9
värmebehandling[sv], 9
värmebeständig[sv], 9
värmevärde[sv], 100
væske[nb], 121
väsyminen[fi], 169
vätska[sv], 121
växel[sv], 116

växellåda[sv], 116
växelström[sv], 116
växla[sv], 116
väännin[fi], 62, 87
vääntiö[fi], 87
vääntiölaikka[fi], 87
vääntömomentti[fi], 89
våglängd[sv], 12
vågrät[sv], 96

W
wagon[en], 172
washer[en], 142, 151
washing machine[en], 127
washing nozzle[en], 31
waste rock[en], 136
water cooled[en], 26
water level[en], 26
water pump pliers[en], 26
water separator[en], 26
wave length[en], 12
wear resistance[en], 101
wear[en], 73
wearing steel[en], 126
weave[en], 41
web[en], 54
wedge[en], 103
weld penetration[en], 150
weld pool[en], 164
weld[en], 164, 166
welder[en], 164
welding apparatus[en], 164
welding burner[en], 165
welding electrode[en], 165
welding helmet[en], 165
welding machine[en], 164
welding seam[en], 165
welding torch[en], 165
welding transformer[en], 166
welding wire[en], 164
welding[en], 164
wheel nut wrench[en], 143
wheel puller[en], 64

wheel[en], 92
whetstone[en], 145
whetting[en], 145
wick lubrication[en], 172
wick[en], 172
width across flats[en], 32
winch[en], 175
wind[en], 68
winding[en], 68
wing nut[en], 156
wire drawing[en], 6
wire[en], 85, 159
wire[sv], 159
wiring diagram[en], 96
wood saw[en], 31
wood-screw[en], 118
working environment[en], 11
working machine[en], 11
working margin[en], 11
working stroke[en], 11
workpiece[en], 11
works[en], 57
workshop[en], 11
worm gear[en], 19
worm wheel[en], 19
worm[en], 20
wrench[en], 152

Y
yield point[en], 106
yksitoiminen sylinteri[fi], 130
yleisjyrsinkone[fi], 129
yleiskulmamitta[fi], 30
yleiskulmamittain[fi], 104
yleisnivel[fi], 96
yleispihdit[fi], 103
ylempi myötöraja[fi], 106
ylikuormitus[fi], 101
ylipaine[fi], 8
ympyräura[fi], 140
yritys[fi], 57
yta[sv], 127
ytbehandling[sv], 128

ytnormal[sv], 128
ytråhet[sv], 128
ytterring[nb], 128
ytterring[sv], 128
yxa[sv], 4

Z
zero point[en], 125
zink-plating[en], 149

Æ
ädelgas[sv], 83
äes[fi], 79
ämne[sv], 8
ändplanfres[sv], 63
ässja[sv], 6
äänenvaimennin[fi], 13, 85
äänitorvi[fi], 85

Ø
ögleskruv[sv], 27
øks[nb], 4
øksehammar[nn], 149
øksehammer[nb], 149
öljy[fi], 129
öljyallas[fi], 128
öljykannu[fi], 128
öljykylpy[fi], 128
öppen ringnyckel[sv], 134
øreklokker[nb], 15
øreplugg[nb], 15
ørepropp[nb], 15
öronpropp[sv], 15
överbelastning[sv], 101
överföring[sv], 150
överlappning[sv], 73
övertryck[sv], 8
övre sträckgräns[sv], 106
øyebolt[nb], 27
øyre-[nn], 15
øyreklokker[nn], 15

Å
ånga[sv], 100

ångmaskin[sv], 100
åpen ringnøkkel[nb], 134

9 788293 828051